高等学校计算机专业系列教材

程序设计教程
用C/C++语言编程

周纯杰 何顶新 周凯波 彭刚 张惕远 编著

U0259587

Fundamentals of Programming
with C/C++

机械工业出版社
China Machine Press

图书在版编目（CIP）数据

程序设计教程：用 C/C++ 语言编程 / 周纯杰等编著 . —北京：机械工业出版社，2016.4
（2024.8 重印）
（高等学校计算机专业系列教材）

ISBN 978-7-111-53386-3

I. 程…　 II. 周…　 III. C 语言－程序设计－高等学校－教材　 IV. TP312

中国版本图书馆 CIP 数据核字（2016）第 065375 号

　　本书采取循序渐进、突出重点、分散难点的编写方法，系统地介绍了作为 ANSI C++ 内核的 C 语言的基本语法和程序设计方法；在此基础上，简单介绍了如何从 C 过渡到 C++ 及 C++ 的主要基础知识。

　　全书共 13 章，分为两部分。第一部分（第 1～10 章）包括 C 语言基础知识，数据类型、运算符和表达式，程序和流程控制，函数，数组，指针，字符串，结构和联合，C 语言中的文件与图形，编译预处理。第二部分（第 11～13 章）包括从 C 到 C++，类与对象，继承与多态，其中涉及 C++ 的主要基础部分，介绍了 C 和 C++ 应用场合的区别，如何从 C 快速过渡到 C++，C++ 的类与对象的基础知识，以及 C++ 的继承与多态方面的基础知识。为便于读者学习与复习，每章都有精选的例题、习题，并附有小结，所有例题都经过了上机检验。

　　本书内容新颖、通俗易懂，不仅注重培养学生的编程思想和编程规范意识，而且还注重提高学生的 C 及 C++ 的实际编程能力，是学生学习 C 及 C++ 语言的理想教材。

出版发行：机械工业出版社（北京市西城区百万庄大街 22 号　邮政编码：100037）

责任编辑：余　洁		责任校对：殷　虹	
印　　刷：北京建宏印刷有限公司		版　　次：2024 年 8 月第 1 版第 6 次印刷	
开　　本：185mm×260mm　1/16		印　　张：24	
书　　号：ISBN 978-7-111-53386-3		定　　价：49.00 元	

客服电话：（010）88361066　68326294

版权所有·侵权必究
封底无防伪标均为盗版

前　言

C 语言已经成为全球程序员的公共语言，具有功能丰富、表达力强、使用灵活方便、应用面广、目标效率高及可移植性好等特点；既具有高级语言的优点，又具有低级语言的许多特点。因此，C 语言在系统软件和应用软件的开发中得到了广泛的应用。

现在，我国高等学校的理工科专业都开设了 C 语言课程，并将之作为第一门计算机语言课程，有的甚至开设了 C++ 课程，因此，我们认为作为高校的第一门计算机语言课程，由于其开课时间大多在一年级，在 C 语言的教学中应注意教学内容的循序渐进，特别要注意对学生编程思想和编程规范意识的培养，走好第一步；在此基础上，根据课时安排，适当扩充 C 语言的内容，讲授一些 C++ 的基础知识。2005 年，我们出版了《标准 C 语言程序设计及应用》，该书受到了广大读者的好评，如视角新颖、概念清楚、贴近实际应用、注意规范等，被国内多所高校相继在教学中采用。为了适应当前高校计算机教育的发展和教学改革的需要，我们总结多年教学经验，编写了本教材。本教材的特点体现在如下几个方面。

1）充分考虑到初学者的特点，整个教材采取了循序渐进、逐层推进的编写方式，如先介绍数据和表达式，再介绍简单程序设计及流程控制。

2）考虑到函数是 C 语言程序设计的核心和重点，较早地引入函数对学生加深 C 语言模块化的理解和应用是有帮助的，因此将"函数"这一章放在讲述简单程序设计和流程控制后，在"函数"这一章，主要介绍函数的基础部分，随后在讲述数组、指针、字符串及结构体等内容时再将函数不断深入。

3）重视学生的编程思想和编程规范意识的培养。在本书中，不论是一个简单的程序（一个函数，几条语句），还是相对复杂的程序，都充分体现了编程思想并力求做到编程（书写和编程设计）规范。

4）字符串是一类特殊的数据类型，在 C 语言的教学中有特殊的地方，学生最初对其理解起来会较为困难，这也是教学的难点之一。深刻体会字符串对学习指针和函数有很大的帮助，这一部分内容相对独立，所以本书将字符串单独作为一章，以利于学生的学习。

5）建立在 C 语言语法和基本结构之上的 C++ 近年来得到了很好的发展和应用，为了使读者对 C 及 C++ 有全面的了解，专门增加了 3 章，即第 11 章、第 12 章和第 13 章，第 11 章介绍了 C 和 C++ 应用场合的区别，如何从 C 快速过渡到 C++，第 12 章和第 13 章则主要介绍 C++ 的基础，包括继承与多态方面的知识，供读者选用。

6）我们认为，学习计算机语言的最终目的是能够亲自动手编程，所以在教材中非常注意引导学生如何进行程序设计，包括简单的程序设计和复杂的程序设计。另外，在教材中我们还精选了大量例题，这些例题实用性强，都经过了上机验证。

在撰写本书的过程中，既参考了国内外多种教材，也融入了作者多年在华中科技大学自动化学院及电子与信息学院从事教学和科研的实践经验及体会，同时还吸收了同行专家学者们的建议。

本书由周纯杰教授、何顶新副教授、周凯波副教授和彭刚副教授进行整体规划，周纯杰教授完成统稿工作，其中第 1 章、第 2 章、第 9 章和第 10 章由周凯波副教授撰写，第 3 章和第 5 章由何顶新副教授撰写，第 11 章由张惕远讲师和彭刚副教授撰写，第 12 章由张惕远讲师撰写，第 13 章由彭刚副教授撰写，第 4 章、第 6 章、第 7 章、第 8 章和本书的其余部分由周纯杰教授撰写。

本书的出版得到了华中科技大学自动化学院及教务处的领导和同事们的关心与支持，机械工业出版社的有关同志为其出版也付出了辛勤的劳动，硕士研究生胡博文对资料的整理和程序的验证进行了有效的工作，另外硕士研究生彭源、张婷、汤晓庆、常昊、刘博、樊旭、姚干、徐高峰、邹育桃、曾玲也进行了部分资料整理和程序验证工作。在此一并表示感谢！

由于作者水平有限，书中疏漏或错误之处恳请广大读者批评指正。

编　者
2015 年 12 月于华中科技大学

教 学 建 议

教 学 章 节	教 学 要 求	课 时
第 1 章 概论	C 语言入门 / C 语言的基本语法单位 / 简单的输入输出	2
第 2 章 数据类型、运算符和表达式	数据类型 / 常量与变量 / 运算符和表达式	2
	位运算 / 数据类型间的转换 / 输入输出	1
第 3 章 程序和流程控制	C 语言程序的版式与语句 / 结构化程序设计思想	1
	上机实验 1　熟悉 C 语言编程环境	4
	if 语句 /switch 多分支结构 / 循环控制 / 辅助控制语句	2
	典型程序编写例子	2
	上机实验 2　顺序 / 选择 / 循环结构程序设计	4
第 4 章 函数	C 语言程序结构及模块化设计 /C 语言函数的定义、原型和调用 / 变量的存储类型	2
	函数间的数据传递 / 递归函数	2
	上机实验 3　函数 / 变量的存储类型	4
第 5 章 数组	数组的定义和应用 / 数组在函数间的传递	2
	数组程序设计举例	2
	上机实验 4　数组（1）	4
第 6 章 指针	指针的基本概念 / 指针运算 / 指针与数组	2
	上机实验 5　数组（2）/ 指针（1）	4
	指针数组与多级指针	2
	指针与函数	2
	上机实验 6　指针（2）	4
第 7 章 字符串	字符串的基本概念 / 字符串的相关库函数介绍	2
	上机实验 7　字符串处理（1）	4
	单个字符串的处理 / 多个字符串的处理 / 带参数的 main 函数 / 综合举例	3
	上机实验 8　字符串处理（2）	4
第 8 章 结构和联合	结构及结构变量 / 结构数组与结构指针	2
	结构在函数间的数据传递 / 综合应用 联合（选讲）/ 类型定义语句 typedef（选讲）/ 枚举类型（选讲）	2
	上机实验 9　结构及应用	4
第 9 章 C 语言中的文件与图形	文件的基本概念 / 文件类型指针 / 文件操作的基本函数 / 文件函数应用举例 C 语言图形程序设计的基本概念及函数介绍 / 图形操作综合举例	2

（续）

教 学 章 节	教 学 要 求	课 时
第 10 章 编译预处理	宏定义 / 文件包含 / 条件编译	1
	上机实验 10　文件与图形 / 编译预处理	4
第 11 章 从 C 到 C++（选讲）	对象的思想 / 从 C 过渡到 C++/OOP 设计思路	2
第 12 章 类与对象（选讲）	类的实例化——对象 / 类的构造函数和析构函数 /new 和 delete/this 指针 / 拷贝构造函数 / 运算符重载 / 类的特殊成员 / 对象成员 / 对象数组与对象指针 / 友元	4
第 13 章 继承与多态（选讲）	继承的实现方式 / 子类的构造函数顺序 / 多继承 / 多态的实现方式 / 虚函数表 / 重载、隐藏和覆盖的区别	4
总课时	第 1~10 章建议课时	36~40
	第 11~13 章建议课时	10
	上机实验建议课时	40

说明：

1）建议课堂教学全部在多媒体教室内完成，实现"讲 – 练"结合。

2）建议教学分为 C 语言部分（前 10 章的内容）和 C++ 基础部分（第 11～13 章的内容），其中 C 语言部分建议教学学时为 36～40 学时，C++ 部分建议学时为 10 学时，不同学校可以根据各自的教学要求和学生的学习程度调整计划学时数或对教学内容进行取舍。上表给出了信息大类专业（计算机专业除外）的建议学时数。

目 录

第 1 章 概 论

C 语言和由它发展而来的 C++ 是当今计算机界流行的两种程序设计语言，是两种重要的编程工具。C 语言最初设计为一种面向系统软件的开发语言，用来代替汇编语言，但是由于它强大的生命力，以致于它后来在事务处理、科学计算、工业控制和数据库技术等各个方面都得到了广泛应用。即便进入以计算机网络为核心的信息时代，C 语言仍然被作为通用的编程语言使用，用以开发软（件）、硬（件）结合的程序，如实时监控程序、系统控制程序和设备驱动程序等。当前作为理工科各类专业本科生的计算机基础课程"C 语言程序设计"应按照最新的美国国家标准局（America National Standard Institute，ANSI）C++ 标准的基础内核为准则来讲授，因为该标准已成为当今世界公认的 C++ 工业标准。本书将重点介绍 C 程序设计语言的主要语法和模块结构化基础知识，引导学生按照新的 ANSI C++ 标准学习和编写 C 语言程序。为此，我们首先介绍计算机的一些基础知识，为讲解 C 和 C++ 做好必要的准备。

1.1 C 语言的入门知识

1.1.1 计算机中的数据

在计算机系统中，数是以电子器件的物理状态来表示的，而这些器件只具有两种不同且又能相互转换的稳定状态，例如，晶体管的断开（OFF）和接通（ON）。由于二进制数具有可靠性高、抗干扰能力强、算术运算规则简单、便于逻辑运算等优点，所以计算机系统的数据采用二进制表示。

（1）数的多项式表示

任何一种数制表示的数都可以写成按位权展开的多项式之和。对于一个基数为 R 的 R 进制数的值可以表示为：

$$NR = K_n \times R^n + K_{n-1} \times R^{n-1} + \cdots + K_i \times R^i + \cdots + K_1 \times R^1$$
$$+ K_0 \times R^0 + K_{-1} \times R^{-1} + \cdots + K_{-i} \times R^{-i} + \cdots + K_{-m} \times R^{-m} \qquad (1-1)$$

其中，R 称为基数，表示 R 进制。K_i 为多项式的系数，它的取值范围为 $0 \sim (R-1)$，n 和 m 为幂指数，均为正整数。为了简化问题，假定 NR 是一个整数，则上式变为：

$$NR = K_n \times R^n + K_{n-1} \times R^{n-1} + \cdots + K_i \times R^i + \cdots + K_1 \times R^1 + K_0 \times R^0 \qquad (1-2)$$

（2）二进制数

如图 1-1 所示的二进制数为：0000000001011110B。通常，二进制数也称为二进制码。

二进制位	b_{15}	b_{14}	b_{13}	b_{12}	b_{11}	b_{10}	b_9	b_8	b_7	b_6	b_5	b_4	b_3	b_2	b_1	b_0
	0	0	0	0	0	0	0	0	0	1	0	1	1	1	1	0
权重值	2^{15}	2^{14}	2^{13}	2^{12}	2^{11}	2^{10}	2^9	2^8	2^7	2^6	2^5	2^4	2^3	2^2	2^1	2^0

图 1-1 整数 94 的二进制码

1）二进制数的特点。其一是具有两个不同的数字符号，即 1 和 0；其二是逢二进一。

2）二进制数转换成十进制数。其方法是将二进制数写成加权系数展开式，然后按十进制加法规则求和，如式（1-2）所示。

3）十进制数转换成二进制数。其方法是：用 2 整除十进制整数，可以得到一个商和一个余数；再用 2 去除商，又会得到一个商和一个余数，依此进行，直到商为 0 时为止，然后把先得到的余数作为二进制数的低位有效位，后得到的余数作为二进制数的高位有效位，依次排列起来。

例如：① $94 / 2 = 47$，$94 \% 2 = b_0 = 0$；

　　　② $47 / 2 = 23$，$47 \% 2 = b_1 = 1$；

　　　③ $23 / 2 = 11$，$23 \% 2 = b_2 = 1$；

　　　④ $11 / 2 = 5$，$11 \% 2 = b_3 = 1$；

　　　⑤ $5 / 2 = 2$，$5 \% 2 = b_4 = 1$；

　　　⑥ $2 / 2 = 1$，$2 \% 2 = b_5 = 0$；

　　　⑦ $1 / 2 = 0$，$1 \% 2 = b_6 = 1$；

　　　⑧ $0 / 2 = 0$，$0 \% 2 = b_7 = 0$。

所以有：$94 = 0000000001011110B$。

（3）十六进制数

十六进制具有 16 个不同的数字符号，除了数字 0～9 外，还有 A、B、C、D、E、F 等 6 个英文字母。

从表 1-1 可知，二进制数和十六进制数之间的转换非常简洁方便，即 4 位二进制数可以用一位十六进制数来表示。例如：$94 = 0101\ 1110B = 5EH$。

表 1-1　十进制、二进制和十六进制对照表

十　进　制	二　进　制	十六进制	八　进　制
0	0000	0	0
1	0001	1	1
2	0010	2	2
3	0011	3	3
4	0100	4	4
5	0101	5	5
6	0110	6	6
7	0111	7	7
8	1000	8	10
9	1001	9	11
10	1010	A	12
11	1011	B	13
12	1100	C	14
13	1101	D	15
14	1110	E	16
15	1111	F	17

（4）二进制数的原码、反码和补码

1）原码。计算机内通常取一个二进制数的最高位为符号位，1 表示负号，0 表示正号。如图 1-2 所示，一个 16 位二进制数的最高位 b_{15} 为符号位，其后 15 位是它的数值位。

这种表示法称为原码，原码表示法中 +94 和 −94 的数值位都相同，而符号位不同。原

码表示法简单易懂，但对带符号数的运算却不方便，一般地说，两异号数相加，就要做减法。为了把减法运算转换成加法运算就引入了反码和补码的概念。94 和 −94 的原码表示如图 1-2 所示。

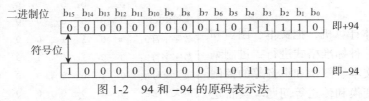

图 1-2　94 和 −94 的原码表示法

2）反码。一个二进制数逐位取反，即把 0 变成 1，把 1 变成 0，所得到的二进制数就是原来二进制数的反码。如一个 16 位二进制数 B，如图 1-3 所示，其原码用 $B_原$ 表示，反码用 $B_反$ 表示。由图 1-3 可得原码和反码之间的关系为

$$B_反 = （2^{16}-1）-B_原 \qquad （1\text{-}3）$$

$$
\begin{array}{ll}
B_原= & 0\ 0\ 0\ 0\ 0\ 0\ 0\ 0\ 0\ 0\ 1\ 0\ 1\ 1\ 1\ 1\ 0 \\
+\ B_反= & 1\ 1\ 1\ 1\ 1\ 1\ 1\ 1\ 1\ 1\ 0\ 1\ 0\ 0\ 0\ 0\ 1 \\
\hline
2^{16}-1= & 1\ 1\ 1\ 1\ 1\ 1\ 1\ 1\ 1\ 1\ 1\ 1\ 1\ 1\ 1\ 1\ 1
\end{array}
$$

图 1-3　原码和反码之间的关系

3）补码。将反码再加 1 则得到该二进制数的补码。

$$B_补 = B_反 + 1 = 2^m - B_原 \qquad （1\text{-}4）$$

（5）利用补码将减法运算转换成加法运算

二进制运算法则规定：一个正整数的补码就是它的原码，一个负整数的补码则为它的反码加 1，并且，把符号位也看成一位二进制数，在进行各种运算（包括变补运算、加法运算等）时一起参加运算。计算结果的最高位为符号位，因此，可以说参加运算的数（称为运算量）都以补码形式表示，所得的结果也是以补码形式表示的。

这样一来，就可以把减法运算转变成加法运算，如一个正整数减去另一个正整数可以看成加上一个负整数，即 $A-B=A+(-B)$，则有：

$$A_原 - B_原 = A_原 - （2^m - B_补）= A_原 + B_补 - 2^m$$

例如：94−1=94+（−1）=94+（−1）$_补$−2^m

$$94_原 = 0000000001011110$$
$$+（-1）_补 = 1111111111111111$$
$$\overline{94-1 = 0000000001011101 = 93}$$

综上所述，在一个运算式中每当遇到一次负号，则把整数运算量的二进制码变补一次。

1.1.2　二进制编码系统

计算机只能识别和处理二进制码，它不仅要用二进制码表示数值，还要用它表示其他各种信息，如字符、大小写英文字母、运算符和标点符号。而各种字符只能用按一定规则进行不同的排列和组合所构成的二进制码来表示，这就是二进制编码。对英文字母、运算符和标点符号等字符现都采用 ASCII（American Standard Code for Information Interchange，美国标准信息交换码），详见附录 A。该代码由 7 位（bit）组成，可表示 128 个字符。由于微型计算机内存的一个存储单元是 8 位，称为 1 字节（byte），因此，1 字节只能表示一个 ASCII 码

字符，最高位设置为 0。图 1-4 列举了几个重要的 ASCII 字符，其中，b_5 和 b_4 为 1 的字符（十六进制高位为 3）是数字字符，b_6 为 1 的字符（十六进制高位为 4）是英文大写字母，b_5 和 b_6 为 1 的字符（十六进制高位为 6）是英文小写字母。

对于多媒体计算机，把文本、图像和声音等信息按某种标准格式进行二进制编码，就可解决文本、图像和声音等的控制管理、存储、变换和传送等问题。具备这些功能的系统统称为二进制编码系统。

	b_7	b_6	b_5	b_4	b_3	b_2	b_1	b_0		
字符NULL:	0	0	0	0,	0	0	0	0	=	00（H）
数字字符0:	0	0	1	1,	0	0	0	0	=	30（H）
数字字符9:	0	0	1	1,	1	0	0	1	=	39（H）
英大字母A:	0	1	0	0,	0	0	0	1	=	41（H）
英大字母B:	0	1	0	0,	0	0	1	0	=	42（H）
英小字母a:	0	1	1	0,	0	0	0	1	=	61（H）
英小字母b:	0	1	1	0,	0	0	1	0	=	62（H）

图 1-4　'0'、'9'、'A' 和 'a' 等字符的 ASCII 码

1.1.3　微型计算机硬件的基本组成

即使计算机发展到今天，引起了多次世界技术革命，改变着人类生活的方方面面，但从它的基本运行原理看，与 1946 年问世的第一台电子计算机大同小异，都可统称为冯·诺依曼（Von Neumann）型计算机，仍然由机器的硬件顺序地执行一条条指令来完成所规定的任务。机器的硬件由运算器、控制器、存储器、输入设备和输出设备等部分组成。微型计算机（microcomputer，简称 MC 或 μC）是按照电子计算机的基本工作原理，借助微电子技术制造出大规模和超大规模集成电路而发展起来的，它将运算器和控制器集成在一块大规模或超大规模集成电路芯片上，这种芯片称为中央处理单元（Central Processing Unit，CPU）；再加上一个存储器和输入 / 输出接口电路就构成了一台"主机"（Host），其基本结构如图 1-5 所示。

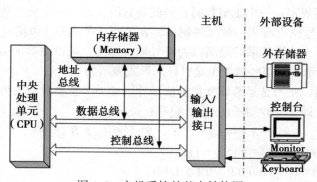

图 1-5　主机系统的基本结构图

1）中央处理单元（CPU）。它是进行数据运算和信息处理的核心部件，其输出以 3 种总线与内存储器（Memory）和输入输出接口电路相连，即地址总线、数据总线和控制总线。若将 CPU、数量有限的内存储器和输入输出接口电路集成在一块芯片上就构成了单片型微型计算机，简称"单片机"。

2）存储器。计算机与人脑的记忆神经一样有一个具有记忆功能的组成部分，叫作存储器，它不仅能记忆题目和数据，而且还能记忆运算法则、计算步骤和"口诀"等。存储器分为外存储器和内存储器，前者存储容量较大，通常放在主机外面作为计算机的外部设备，如图 1-5 中的外存储器，而图 1-5 中的内存储器属于主机不可缺少的组成部分。为了便于管理，将存储空间分成若干个存储单元，给每个存储单元编上一个号码，称为地址码。

　　3）输入输出接口电路和外部设备。一个微型计算机（微机）系统的构成如图 1-6 所示，硬件部分除了主机以外还必须连接外部设备。CPU 通过输入输出接口电路与外部设备相连，这些接口电路是用地址总线、数据总线和控制总线与 CPU 连接起来的。

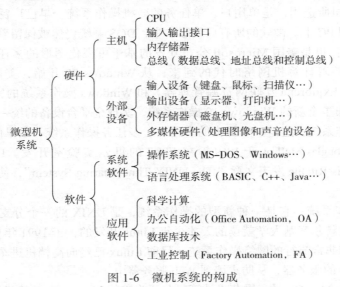

图 1-6　微机系统的构成

　　微机的软件分为系统软件和应用软件两大类，前者包含操作系统和语言处理系统，后者是计算机应用领域的大舞台，将在下面详细讨论。

1.1.4　计算机系统的层次结构

　　正如图 1-7 所示，任何计算机系统必须包含硬件及在其上运行的软件，计算机硬件俗称"裸机"（物理机器），它必须有软件的支持才能有效地运转并为人们所使用。各种软件资源是计算机系统的一部分，有时将它称为计算机软件系统。

　　若将计算机应用于各个不同的专业领域，通常都必须对其硬、软件进行"二次开发"以满足各应用领域的不同需求。为了有效地利用已有的计算机软件资源为二次开发服务，将这些软件资源按图 1-7 所示的层次结构构造成"用户开发平台"。下面我们从系统层次观点的角度，对图 1-7 简要地加以介绍。

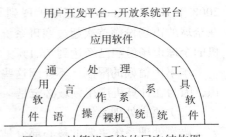

图 1-7　计算机系统的层次结构图

　　计算机软件系统通常分成"系统软件"和"应用软件"两大类。人们通常把操作系统和语言处理系统总称为"系统软件"，而把所有应用程序总称为"应用软件"。通常应用软件又可分为两类，一类是各个应用领域都可以共享的应用软件，称为"通用软件"，另一类是按应用领域分类的"应用软件"。

　　（1）操作系统（Operating System，OS）

　　它是计算机软件的核心，是硬件的第一级扩充。在它的控制下，计算机的全部资源，如CPU、内存储器、外部设备和各种软件资源可以协调一致地工作。操作系统还要协调控制许多可能"并发"执行的程序段，按照预先确定的控制策略合理地组织系统的工作流程，提高系统的执行效率，保护系统和用户的信息安全。目前在微机应用领域广为流行的有如下操作系统：

1）MS—DOS：它是美国 Microsoft 公司为 IBM—PC 微型计算机开发的磁盘操作系统，后被美国 IBM 公司所选用，是单用户、单任务的微机操作系统。早已广泛地应用在个人专用微型计算机，即 PC 上。微软的所有后续版本中，DOS 系统仍然被保留着。

2）Windows：也是美国 Microsoft 公司开发的基于可视化图形的多任务、多窗口、多用户操作系统。随着计算机网络时代的到来，从 Windows 98 开始，美国 Microsoft 公司就实现了 Internet Explorer（互联网资源管理器）和 Windows 操作系统的完全集成。至今，Microsoft 公司发布了全新的 Windows 10 操作系统，实现全平台设备的统一。

3）UNIX 操作系统：这是一个强大的多用户、多任务操作系统。最早由 Ken Thompson、Dennis Ritchie 和 Douglas McIlroy 于 1969 年在 AT&T 的贝尔实验室开发。1974 年 7 月，Ken Thompson 和 Dennis Ritchie 发表文章 "The UNIX Time Sharing System"，使 UNIX 开始广泛流行。

4）Linux 操作系统：它是一种新型的操作系统，是 UNIX 的一个分支，其内核部分最初是由当时在芬兰赫尔辛基大学就读的天才少年 Linus 开发的，于 1991 年免费提供给用户，现已发展成为当前非常流行的网络操作系统。目前 Linux 已经向高档机进军，广泛地应用于 Internet 和 Intranet 的服务器，从防火墙到 Web 服务器中。

5）Mac 系统：Mac OS 是美国苹果计算机公司为它的 Macintosh 计算机设计的操作系统，该机型于 1984 年推出，率先采用了一些至今仍为人称道的技术，最近苹果公司又发布了目前领先的个人计算机操作系统 Mac OS X EI Capitan。

6）塞班系统：Symbian 系统是塞班公司为手机而设计的操作系统。它是一个实时性、多任务的纯 32 位操作系统，具有功耗低、内存占用少等特点。2008 年 12 月 2 日，塞班公司被诺基亚收购。2011 年 12 月 21 日，诺基亚官方宣布放弃塞班（Symbian）品牌。

7）Android 系统：Android 是一种基于 Linux 的自由及开放源代码的操作系统，主要用于移动设备，由 Google 公司和开放手机联盟领导及开发。第一部 Android 智能手机发布于 2008 年 10 月。Android 逐渐扩展到平板电脑及其他领域上。2011 年的第一季度，Android 在全球的市场份额首次超过塞班系统，跃居全球第一。2013 年的第四季度，Android 平台手机的全球市场份额已经达到 78.1%。

本书因篇幅的限制，不介绍这些操作系统的具体细节，但读者应了解它们的一些基础知识，因为在计算机应用领域必定是一个各种操作系统并驾齐驱的局面。

（2）语言处理系统

语言处理系统主要的核心部分是程序设计语言的编译系统。程序设计语言是从事计算机的技术人员，特别是软件编写者不可缺少的编程工具。目前世界上经设计和实现的程序设计语言有上千种之多，常用的如图 1-8 所示，大致可分为两大类，一类是因不同计算机中央处理单元而异的汇编语言，另一类是通用的程序设计语言。前者称为低级语言，后者称为高级语言。

正如图 1-8 上方所示的几种常用高级语言：

1）FORTRAN（Formula Translation）：公式翻译语言，主要用来进行科学计算。

2）COBOL（Common Business Oriented Language）：公共商用语言，用于商业、金融业务和企业管理等方面。

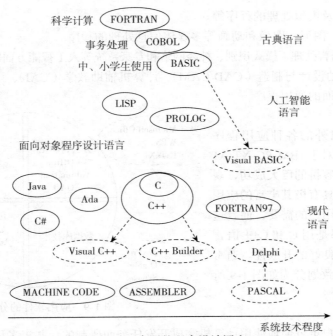

图 1-8 常用的程序设计语言

3）BASIC（Beginner's All-purpose Symbolic Instruction Code）：面向初学者的符号指令代码语言，特别适合于中、小学生。

4）PASCAL 是世界上最早（1971 年）出现的结构化程序设计语言，因其语法严谨，曾被公认为是较为理想的计算机教学语言。美国 Borland 公司将面向对象思想引入 PASCAL，推出了面向对象开发软件包 Delphi。

5）C 和 C++：C 语言是最靠近机器的通用程序设计语言，如前所述，在最初设计时是作为一种面向系统软件的开发语言，即用来代替汇编语言的，但是由于它强大的生命力，在事务处理、科学计算、工业控制和数据库技术等各个方面都得到了广泛应用。C++ 是 C 的面向对象扩展，是面向对象程序设计的第一个大众化版本。C++ 是 C 语言的超集，它保留了 C 的所有组成部分并与其完全兼容，既可以做传统的结构化程序设计，又能进行面向对象程序设计，是当今世界较为流行的面向对象程序设计语言。

6）Java 语言是 1991 年美国 SUN MicroSystem 公司推出的面向计算机网络、完全面向对象的程序设计语言。它由 C++ 发展而来，保留了 C++ 大部分内容。更重要的是 Java 语言新颖的、完全开放的软件技术思路，可做到与硬、软件平台无关。它的出现将会改变整个计算机工业的面貌，使整个计算机网络就像是一个存储数据和程序的"大仓库"，使用 Java 虚拟机就可以直接调用那里的程序。

7）C# 语言是微软公司在 2000 年 6 月发布的一种新的编程语言，主要由 Anders Hejlsberg 主持开发，它是第一个面向组件的编程语言。C# 是兼顾系统开发和应用开发的最佳实用语言。

（3）通用软件

通用软件可分为如下几组：

1）数据处理类软件：进行数值计算（行列式、矩阵、复变函数等计算）、统计分析、数学表达式分析计算及模拟处理的程序等。

2）进行声音、图形、图像和动画等多媒体信息处理的程序。

3）有关自然语言处理、模式识别、神经网络和专家系统等人工智能方面的应用程序。

4）计算机辅助设计与制造（CAD/CAM）、计算机辅助教学（CAI）、计算机辅助分析及决策支持系统等方面的通用程序。

（4）应用软件

除通用软件以外的各种应用程序统称为应用软件。对于 IBM PC-XT/AT 个人专用机及其兼容机的巨大成功，观其重要的原因是它具有极其丰富的应用软件，满足了各类用户的需要，而且这些应用软件几乎都是用 C 和 C++ 语言编写的，从而具有良好的开放性。通常人们将应用领域大致划分为如图 1-9 所示的 4 大块。

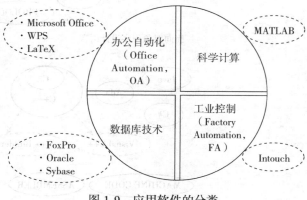

图 1-9　应用软件的分类

（5）工具软件

它是为协助用户更方便地使用计算机完成开发任务而研制的，并集多种功能于一体的支持程序软件包。典型的工具软件如 PowerBuilder 等，还有使用和维护网站与网页的工具软件 Adobe Dreamweaver、Adobe Flash 等。

1.2　C 语言的发展及特点

1.2.1　C 语言的发展过程

C 语言的发展过程可粗略地分为三个阶段：1970～1973 年为诞生阶段，1973～1988 年为发展阶段，1988 年以后为成熟阶段。

（1）C 语言的诞生

C 语言是为写 UNIX 操作系统而诞生的。1970 年美国 AT&T 公司贝尔实验室的 Ken Thompson 为实现 UNIX 操作系统而提出一种仅供自己使用的工作语言，由于该工作语言是基于 1967 年由英国剑桥大学的 Martin Richards 提出的 BCPL 语言设计的，因而被作者命名为 B 语言。1972 年贝尔实验室的 Dennis M.Ritchie 又在 B 语言基础上系统地引入了各种数据类型，并将改进后的语言命名为 C 语言。

（2）C 语言的发展

为了使 UNIX 操作系统能够在别的机器上得到推广，1977 年 C 语言的作者发表了不依赖于具体机器系统的 C 语言编译本《可移植 C 语言编译程序》，从而推动了 UNIX 操作系统在各种机器上的应用及 UNIX 操作系统的不断发展。1978 年以后相继推出了 UNIX V7、UNIX system V。1978 年 Brian W.Kernighan 和 D.M.Ritchie 以 UNIX V 中的 C 编译程序为基础写出了影响深远的名著《 The C Programming Language 》，这本书介绍的 C 语言是以后各种 C 语言版本的基础，被称为传统 C。1978 年以后，C 语言先后移植到各种大型机、中型机、小型机及微机上。目前，C 语言已成为世界上使用最广泛的通用程序设计语言之一，且不依赖于 UNIX 操作系统而独立存在。

（3）C 语言的成熟

1978 年以后，C 的不断发展导致了各种 C 语言版本的出现。1988 年，ANSI 综合了各版本对 C 语言的扩充和发展，制定了新的 C 语言文本标准，称为 ANSI C。人们通常称 ANSI C 为标准 C。1990 年国际标准化组织 ISO 公布了以 ANSI C 为基础的 C 语言的国际标准 ISO C（见参考文献 [2]）。C 语言标准的制定标志着 C 语言的成熟。

1.2.2　C 语言的特点

C 语言以如下独到的、优于其他语言的特点风靡全球，且这些特点在最新 ANSI C++ 标准中都得以保留。

（1）介乎高级语言和汇编语言之间，兼有两者的优点

在 C 语言出现之前，包含操作系统、语言处理系统的系统软件，主要用汇编语言编写。随着微型计算机的飞速发展和广泛应用，人们设想能否寻求一种兼有汇编语言和高级语言两者优点，既适合于开发系统软件，又适合于编写应用程序的语言系统，C 语言的出现使这一设想变成了现实。虽然 C 语言在最初设计时，是作为一种面向系统软件（OS 和语言处理系统）的开发语言，即用来代替汇编语言的，但是，由于它强大的生命力，以致于足以取代汇编语言来编写各种系统软件和应用软件，因此，在事务处理、科学计算、工业控制和数据库技术等各个方面都得到广泛应用。现已用 C 语言成功地编写了 Windows、UNIX 操作系统，dBaseIII、dBaseIV、Foxbase、FoxPro 数据库语言系统，PROLOG 语言解释系统，客户机 /服务器（Client/Server）结构的数据库产品 Sybase 和 Oracle 等。即便进入以计算机网络为核心的信息时代，C 语言仍然是作为主流的编程语言被使用，且由于它的开放性和兼容性，可做到与硬件平台无关。

（2）引用结构化程序设计，便于软件工程化

结构化程序设计仍然是当前软件工程最基本、最普遍采用的设计方法，自顶向下划分模块，直到最底层的每个模块都是完成单一独立的功能为止。C 和 C++ 是以函数模块为单位来思考问题的，每个模块有特定的目的和功能，一个 C 和 C++ 程序只不过是将这些模块装配起来以实现编程者所要求的全部任务。这种由众人同时进行集体性开发的软件工程技术方法加快了软件开发速度，大幅度地缩短开发周期。

（3）语言简洁，且表达能力强，使用灵活，易于学习和应用

它可以直接处理字符、数字和地址等。表 1-2 将 C 语言和 PASCAL 语言加以比较可知，C 的语句比 PASCAL 简洁，其语句简短、含义丰富，便于记忆和使用。

表 1-2　C 语言与 PASCAL 语言中语句的比较

PASCAL 语言	C 语言	注　释
BEGIN … END	{ ... }	复合语句
VAR i : INTEGER;	int i ;	定义整型变量 i 的说明语句
i := i + 2;	i += 2 ;	迭代赋值语句，将整型变量 i 加 2 后再赋给 i
i := i + 1;	i ++ ;	增量语句，将整型变量 i 的值增 1

（4）可移植性好

可移植性是指一个程序不做改动或稍加改动就能从一个机器系统移植到另一个机器系统上运行。由于 C 语言的标准化，以及 C 程序的输入 / 输出、内存管理等操作采用 C 库函数

实现而不是作为对 C 语言的语法成员，这不仅使得 C 编译程序很容易在不同的机器系统上实现，而且使得用户对 C 程序可以不做修改或仅做少量修改就能在不同的机器系统上运行。

由于 C 语言的上述优点，使它成为一种实用的通用程序设计语言，既可用于编写系统软件又可编写应用软件，特别适用于编写各种与硬件环境相关的系统软件。

值得注意的是，C 语言的使用灵活是深受程序员喜爱的原因之一，但如果用法不正确，则不能得到正确的结果，或不能正常运行甚至死机。

常见的程序错误有语法错误（编译系统能检查出来的）和非语法错误。最常见的非语法错误有：写表达式时运算符的优先级和结合性与所要表达的逻辑不一致，或未注意表达式求值的顺序、表达式求值的副作用、后缀式自增自减的计算延迟、运算过程中的类型转换等对计算结果的影响；写循环语句时循环变量未赋初值，或用作循环条件的表达式值永为真（非 0），或组成循环体的多个语句未写成复合语句；写格式输入/输出语句时用于说明数据格式的转换字符与数据的类型不一致；特别是使用指针时没有向指针赋值就向指针所指对象赋值或引用指针所指对象的值，或写出地址表达式时不注意指针的类型等，都是严重的错误。

1.3　C 语言概览

任何一种计算机程序语言都具有特定的语法规定和一定的表现形式。按照规定的格式和构成规则书写程序，不仅可以使程序设计人员和使用程序的人容易理解，更重要的是将程序输入给计算机时，计算机能够正确地执行。

1.3.1　C 语言程序的书写格式

在介绍 C 语言程序的格式之前，让我们首先来看一个用 C 语言编写的简单程序，读者可以直观地了解 C 语言程序的格式特点。

编写计算半径为 R、高度为 H 的圆柱体体积的程序。要求 R 和 H 的数值由键盘输入。用 C 语言编写的具有同样功能的程序如下：

例 1.1　圆柱体体积计算程序（下面的程序加上行号是为了叙述方便，行号不是程序的组成）。

```
1          #include <stdio.h>
2          void main( )
3          {
4                  int  r, h;
5                  float  v;
6
7                  scanf("%d%d", &r,&h);
8
9                  v=3.14159 * r * r * h;
10
11                 printf("v = %f \n", v);
12         }
```

这里，我们暂且不必顾及 C 语言程序中各个语句的功能，首先把注意力放在其格式特点上。可以看出，C 语言程序有以下若干格式特点：

1）C 语言程序习惯上使用小写英文字母。C 语言程序中也可以用大写字母，但它们常常是作为常量的宏定义和其他特殊用途使用，关于这点将在以后介绍。

2）C 语言程序也是由一个个语句组成的。每个语句都具有规定的语法格式和特定的功能。在上面的 C 语言程序中，可以得知 scanf 是用于输入变量数值的语句，此外，还有体积 V 的计算语句和输出语句 printf。

3）C 语言程序不使用行序号。但在本书中，为了解说方便，有时在给出的程序实例中加有行序号。需要注意的是，向计算机输入这些程序时，不要输入这样的行序号。

4）C 语言程序使用分号"；"作为语句的终止符或分隔符。对于初学者，这点常常被忽视，务必予以注意。

5）一般情况下，每个语句占用一个书写行的位置。更准确地说，C 语言程序不存在程序行的概念。一个程序可以自由地使用任意的书写行，即一行中可以有多个语句，一个语句也可以占用任意多行，但需要注意语句之间必须用"；"分隔。

6）C 语言程序中用大括弧对"｛｝"表示程序的结构层次范围。一个完整的程序模块要用一对大括弧表示该程序模块的范围。此外，程序体中若干结构化语句，如 if、for 等，常常是由若干语句组成的语句块，这样的语句块也要求用大括弧对包围，以表示该结构的范围（可参看后面的程序实例）。

7）在 C 语言程序中，为了增强可读性，可以使用适量的空格和空行。但是，变量名、函数名及 C 语言本身使用的单词（在 C 语言中称为保留字，如 if、for、while、char、int 等），不能在其中间插入空格。除此之外的空格和空行是可以任意设置的，C 编译系统无视这样的空格和空行。

综上所述，C 语言程序的书写格式自由度较高、灵活性很强、有较大的任意性。但是，为了避免程序书写的层次混乱不清，便于人们阅读和理解，一般都采用有一定格式的习惯书写方法。本书采用了一种使用较多的书写格式。作为说明，下面再给出一个程序实例，它是统计输入文件中行、单词和字符数量的程序。

例 1.2 统计输入文件中行、单词和字符数量的程序。

参照程序，可以归纳出这种书写格式的要点是：

1）一般情况下，每个语句占用一行。

2）不同结构层次的语句，从不同的起始位置开始，即在同一结构层次中的语句，缩进同样的字数。如程序例中 while 和 if、else 语句，其结构中的各个语句，都缩进相同位置。在计算机上输入 C 语言源程序时，一般使用 TAB 键调整各行的起始位置。

3）表示结构层次的大括弧，写在该结构化语句第一个字母的下方，与结构化语句对齐，并占用一行。

4）语句中不同单词间可以加空格，如 int 后面有一空格。

5）同一个函数中不同功能块可适当增加一个空行，如例 1.1 中输入、处理、输出之间插入一个空行，说明语句和执行语句之间插入一个空行。

采用这样格式书写的程序，结构层次清晰，充分体现了结构化程序的特点，非常便于阅读和理解。除了这里介绍的书写格式外，还有一些其他的常用书写格式，但都大同小异。感兴趣的读者可以参考其他有关资料，这里不再赘述。

```
1        #include < stdio.h >
2        void main ( )
3        {
4            int c,nl,nw,nc,inword;
5            nl = nw = nc = 0;
6
```

```
7              while ((c=getchar())! = EOF)
8              {
9                  nc++;
10                 if (c == '\n')
11                     nl++;
12                 if(c== ' ' ‖ c== '\t' ‖ c== '\n')
13                     inword=0;
14                 else if(inword==0)
15                     {
16                         inword=1;
17                         nw++;
18                     }
19             }
20
21             printf("nl= %d, nw= %d, nc= %d", nl,nw,nc);
22     }
```

1.3.2　C 语言程序的结构特点

一个计算机高级语言程序均由一个主程序和若干个（包括 0 个）子程序组成，程序的运算行从主程序开始，子程序由主程序或其他子程序调用执行。在 C 语言中，主程序和子程序都称为函数，规定主函数必须以 main 命名。因此，一个 C 程序必须由一个名为 main 的主函数和若干个（包括 0 个）子函数（简称函数）组成，程序的运行从 main 函数开始，其他函数由 main 函数或其他函数调用执行。

本节以几个具有代表性的简单 C 程序说明 C 程序的基本结构。

例 1.3　C 语言程序结构特点

可以看出，该程序由名字为 main 和 putupper 的两个函数组成。在组成 C 语言程序的函数中，必须有一个且只能有一个名字为 main 的函数，它叫作主函数。除主函数之外的函数由用户命名，如该例中的 putupper 函数。

```
1         / * print string as uppercase * /
2         # include < stdio.h >
3         # define SIZE 80
4         void putupper(char ch);
5         void main ( )
6         {
7              char str[SIZE];
8              int i;
9
10             gets(str);
11
12             for (i = 0 ; str[i] !='\0'; i++)
13             {
14                  putupper(str[i]);
15             }
16        }
17
18        void putupper(char ch)
19        {
20             char cc;
21
22             cc=(ch> ='a'&& ch<='z')? ch+'A'-'a': ch;
23
24             putchar(cc);
25        }
```

C 语言程序的执行是从主函数开始的，主函数中的所有语句执行完毕，则程序结束。如例 1.3 的程序是从第 6 行的"｛"开始，执行到第 16 行的"｝"结束。在执行第 14 行的语句时，程序控制转移到 putupper 函数中。执行完函数 putupper 的语句后，再返回主函数中继续运行。这个转移过程叫作调用函数 putupper。因此看出，在 C 语言程序中，main 函数之外的其他函数都是在执行 main 函数时，通过嵌套调用而得以执行的，在程序中除了可以调用用户自己编制的函数外，还可以调用由系统提供的标准函数，如例 1.1 中的 printf 和 scanf，以及例 1.3 中的 gets 和 putchar 等都是标准函数。

C 程序基本结构小结如下：

（1）C 程序的组成

一个 C 程序可以由若干个函数构成，其中必须有且只能有一个以 main 命名的主函数，可以没有其他函数。每个函数完成一定的功能，参数是被函数处理的数据，参数能够在函数与函数之间传递数据。

main 函数可以位于源程序文件中的任何位置，但程序的运行总是从 main 函数的第一个可执行语句开始，当遇到一个函数调用时，执行的控制转入被调用函数；从被调用函数返回到调用函数后继续执行调用点之后的代码。

（2）函数的组成

函数是一个独立的程序块，定义时不能嵌套。main 函数以外的其他任何函数只能由 main 函数或其他函数调用，自己不能单独运行。

一个函数由两个部分组成：函数头部和函数体。函数头部包括函数返回值的类型、函数名和参数表，函数头部和末尾不能加分号（；）。参数表可以为空，参数表为空时用类型 void 表示（void 可以省略）。函数体包括说明部分（局部说明）和语句部分；可以没有说明部分，也可以没有语句部分。说明部分和语句部分都为空的函数称为哑函数，如" int max (int x ,int y) {}"是一个哑函数。哑函数是一个最小合法函数，调用一个哑函数在功能上不执行任何操作，但在调试由多个函数组成的大程序方面很有用处。

（3）C 标准函数

C 函数分为两类：标准函数和用户定义函数。用户定义函数是由程序员在自己的源程序中编写的函数，如例 1.3 中的 putupper 函数。标准函数是由 C 编译程序提供的一些通用函数，这些函数以编译后的目标代码形式集中存放在称为 C 标准函数库的文件中，C 标准函数又称为 C 库函数。例如，scanf 和 printf 函数都是 C 标准函数（或 C 库函数）。

用户程序需要使用标准函数时，只需要在使用前用"＃include"包含该标准函数所需的系统头文件，如 scanf 和 printf 函数的头文件为 stdio.h，然后按规定的格式调用所需标准函数即可。系统头文件中包含了相应标准函数的说明（函数原型）、有关的类型定义及常量定义等。

C 语言程序的函数模块结构特点使得程序整体结构分明、层次清晰，它为模块化软件设计方法提供了有力的支持。关于程序各部分的意义及功能，后面各章中将陆续讨论。

1.4　C 语言的基本语法单位

任何一种程序设计语言都有自己的一套语法规则及由基本符号按照语法规则构成的各种语法成分，如常量、变量、表达式、语句和函数等。基本语法单位是指具有一定语法意义的最小语法成分，C 语言的基本语法单位被称为单词，单词是编译程序的词法分析单位。组成单词的基本符号是字符，标准 C 及大多数 C 编译程序使用的字符集是 ASCII 字符集（见附录 A）。

C 语言的单词分为五大类：标识符、关键字、常量、运算符及分隔符。

1.4.1 标识符

（1）标识符的含义

标识符的一般概念是指，在高级语言程序中由用户（即程序员）或编译程序（有时称系统）定义的常量、变量、数据类型、函数、过程和程序等的名字。在 C 程序中，标识符的含义是指用户定义的常量、变量、数据类型和函数的名字。例如，例 1.1～例 1.3 中的变量名 r、h、v、形参 ch 及函数名 putupper、main 和所有标准函数的名字（例如 scanf、printf）都是标识符。其中 main 是唯一由编译程序预定义的名字，被规定为主函数的函数名。

（2）标识符的组成规则

标识符由字母（A～Z、a～z）、下划线（_）和数字（0～9）组成，其第一个字符必须是字母或下划线，随后可以跟任意数目（包括 0 个）的字母或数字；字母要区分大小写；下划线被作为一个字母看待。

在使用标识符时，习惯上将变量名和函数名小写，将常量名和用 typedef 定义的数据类型名大写。此外，为便于阅读和记忆，应选用能够表达含义的英文单词或英文单词的一部分、缩写、组合（也可用汉语拼音）作为标识符。

例如，下面是一些合法的标识符：

```
a, A, ax, _Ax, A_x, Ax_, x1, PI, TREENOFE
```

其中，A 和 a，Ax 和 ax 都是不同的标识符。

下面的表示均不是标识符：

```
4ab                        不是以字母开头（非法表示）；
student.name               数点（.）不是字母也不是数字；
burth-date                 减号（−）不是字母也不是数字（非法表示）；
a[i]                       []不是字母也不是数字；
p->name                    ->不是字母也不是数字。
```

（3）标识符的有效长度

在组成标识符的字符中，能够被编译程序识别的那一部分字符的数目称为标识符的有效长度。也就是说，程序员可以写一个很长的标识符，但在有效长度以内的字符才是有意义的字符。标准 C 规定标识符的有效长度为前 31 个字符。在实际应用中为便于记忆和书写，在能够区别于其他标识符及能够表达一定含义的前提下，标识符应尽量简短一些。

注意：标识符不能与关键词同名。

1.4.2 关键字

关键字由固定的小写字母组成，是系统预定义的名字，用于表示 C 语言的语句、数据类型、存储类型或运算符。用户不能用它们作为自己定义的常量、变量、数据类型或函数的名字。关键字又称为保留字，即被系统保留作为专门用途的名字。

标准 C 定义的 32 个关键字如下：

```
auto       break       case        char
const      continue    default     do
double     else        enum        extern
float      for         goto        if
```

```
int        long        register     return
short      signed      sizeof       static
struct     switch      typedef      union
unsigned   void        volatile     while
```

因此，例 1.1～例 1.3 程序中的 void、int、if、else 都是关键字而不是标识符，其中 void 和 int 是数据类型名，if、else 用于功能语句。除 volatile 有特殊用途外，其余 31 个关键字将在各章内容中逐一出现并详细介绍，程序员应熟记这些关键字。

此外，有些软件公司的 C 编译程序还规定了其他关键字，如 fortran、asm、pascal、far、near 等，其含义参考具体编译程序的有关资料。这些关键字与标准 C 不兼容，不具备可移植性，最好不用或不要轻易使用。

1.4.3　分隔符

分隔符是一类字符，包括空格符、制表符、换行符、换页符及注释符。分隔符统称为空白字符，空白字符在语法上仅起分隔单词的作用。程序中两个相邻的标识符、关键字和常量之间必须用分隔符分开（通常用空格符）。或者说，如果两个单词之间不用分隔符就不能将两者区分开时，则必须加分隔符。

例如，例 1.1～例 1.3 中主函数的头部 void main (void) 不能写成以下形式：

```
voidmain(void)
```

因为，voidmain (void) 表示函数名为 voidmain，而函数返回值类型为可以缺省的 int。

此外，任何单词之间都可以适当加空白字符使程序更加清晰，更易于阅读。如将变量说明 "int a, b, c;" 写成 "int a , b , c ;" 较好，后者在每个逗号（, ）前面和后面各加了一个空格符。

1.5　简单的输入 / 输出

一个完整的计算机程序常常要求具备输入 / 输出功能。C 语言本身没有配备完成输入 / 输出的语句。C 语言程序的输入 / 输出功能是通过调用系统提供的标准函数实现的。在全面学习 C 语言程序设计之前，为了便于以后各章内容的叙述和讨论，本节首先简单介绍几种经常使用的 C 输入 / 输出标准函数。在程序中使用这些函数时，要求文件的开始写出如下语句：

```
#include <stdio.h>
```

1.5.1　格式化输入 / 输出函数

格式化输入 / 输出函数是指按照指定的格式完成输入 / 输出过程。其中，printf() 函数的功能是向标准输出设备输出信息。而 scanf() 函数的功能是从键盘接收输入信息。

（1）输出函数 printf()

输出函数 printf() 的一般使用形式如下：

```
printf("输出格式", 输出项系列);
```

例如：`printf("v=%f\n",v);`

其中 "v＝%f\n" 是给定的输出格式，而 v 是输出项，它们之间用逗号分隔。

1）printf() 函数的功能是按照给定的输出格式，将输出项输出到标准输出设备，输出格式中用 "%" 打头后面跟有一个字母的部分称为转换说明符。它规定了输出项的输出形式。常用的转换说明符及其意义如下所示：

- %d：十进制整数
- %x：十六进制整数
- %f：浮点小数（实数）
- %c：单一字符
- %s：字符串

上述的 printf() 是将输出项 v 的值按 %f 规定的浮点小数形式显示出来。

2）输出格式中除转换说明符以外的其他字符都原封不动地输出到标准输出设备显示器上。其中以"\"打头后跟一个字母或数字的部分称为换码序列。它们的作用是输出控制代码和特殊字符，如上述输出格式中的"\n"是回车换行的控制代码，有关换码序列的详细内容在第 2 章介绍。

3）使用 printf() 函数可以输出一个以上的输出项，这时输出格式中的转换说明符与输出项的个数必须相同。它们按各自的先后顺序——对应，如下所示：

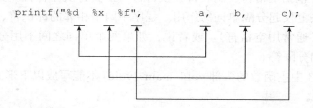

（2）输入函数 scanf()

输入函数 scanf() 的一般使用形式如下：

```
scanf("输入格式",输入项系列);
```

例如：scanf("%d%d",&r,&h);

它有两个输入项 &r、&h，输入格式中一般使用转换说明符，常用的转换说明符与前面 printf() 函数中介绍的相同。

1）输入格式中一般只使用转换说明符，否则容易出错。

2）输入项必须是地址量（变量名前加上 & 表示变量的地址）。

3）输入分隔符的指定。在双引号包围的输入格式中，两个转换说明符 % 之间出现的字符就是它们对应输入项之间的分隔符。例如：

```
scanf("%d:%d",&a,&b);
```

这时输入的数据之间必须有分隔符，如输入 3 和 5，则实际输入时一定要输入"3:5"，最后输入的结果为 a=3，b=5。

4）输入长度的给定。例如：

```
scanf(%4d%2d%2d",&a,&b,&c);
```

假设一个输入序列为：

```
19900125
```

则 a=1990，b=01，c=25。

5）输入数据时，遇到下列情况时该数据认为结束。

① 遇空格、回车或者 Tab 键。

② 遇宽度结束，如 "%3d" 只取输入项三列。

1.5.2 字符输入 / 输出函数

字符输入 / 输出函数是以 1 字节的字符代码为单位完成输入 / 输出过程的。它们是输入函数 getchar() 和输出函数 putchar()。

（1）字符输入函数 getchar()

getchar() 的功能是从键盘读入 1 字节的代码值。在程序中必须用另一个变量接收读取的代码值，如下所示：

```
c=getchar();
```

执行上面的语句时，变量 c 就得到了读取的代码值。

（2）字符输出函数 putchar()

putchar() 的功能是把 1 字节的代码值所代表的字符输出到标准输出设备显示器上显示，它的常用使用形式如下：

```
putchar(c);
```

它把变量 c 的值作为代码值，将该代码值的字符输出到标准输出设备显示器上显示。

1.6 运行 C 程序的一般步骤

运行一个 C 程序是指从建立源程序文件直到执行该程序并输出正确结果的全过程。在不同的操作系统和编译环境下运行一个 C 程序，其具体操作和命令可能有所不同，但基本过程是相同的，即必须经历如图 1-10 所示的 4 个步骤。

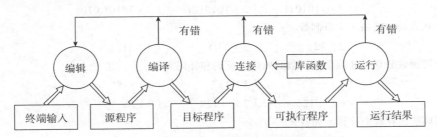

图 1-10 运行 C 程序的一般步骤

图 1-10 中的每一个圆圈表示一个处理步骤，方框表示处理的输入数据或输出数据，双线箭头表示数据的流向，单线箭头表示处理步骤之间的关系。

（1）建立源程序文件（编辑）

在适当的文本编辑环境下，如 UNIX 环境下的 vi、DOS 环境下的 edit 或 C 编译程序提供的集成开发环境中的编辑窗口，通过键盘将源程序输入计算机内建立以 .c 为扩展名的 C 源程序文件。

（2）编译

用所选用的 C 编译程序将 C 源程序翻译为二进制代码形式的目标程序。如果编译成功，则在 UNIX 环境下得到扩展名为 .o 的目标程序文件，在 DOS 环境下得到扩展名为 .obj 的目标文件。如果有语法错误，则不会生成目标程序文件，此时必须回到步骤 1，在编辑环境下修改源程序，然后重新执行步骤 2；重复此过程，直到没有语法错误为止。

（3）连接

连接即将由步骤 2 得到的目标程序与 C 库函数装配成可执行的程序。如果连接（即装配）成功，则在 DOS 环境下得到扩展名为 .exe 的可执行文件，在 UNIX 环境下得到扩展名为 .out 的可执行文件。如果连接不成功，则应根据错误情况重复步骤 1～3 或步骤 2～3，直到连接成功为止。

（4）运行

以扩展名为 .exe 的文件的文件名为命令名执行程序。如果程序不能正常运行，或输出结果不正确，则须重复步骤 1～4，直到正常运行并输出正确结果为止。

程序运行时所出现的错误称为动态错，通常是由于循环控制不当，或算法逻辑有错，或输入/输出有错而引起的。运行程序及查找和排除动态错的具体操作相关命令须参考所使用的编译程序提供的有关资料。

本章小结

本章在简要介绍计算机的基础知识后，进一步介绍了 C 语言的发展历程及特点，重点介绍了 C 语言程序的书写格式、结构特点和组成 C 语言的基本语法单位。另外为了便于以后各章内容的叙述和讨论，本章还简单介绍了几种经常使用的 C 输入输出标准函数。

习题 1

1. 将下列十进制数转换成二进制数、八进制数和十六进制数。

 （1）67   （2）128   （3）273   （4）43.6125

2. 将下列二进制数转换成十六进制数和十进制数。

 （1）1100   （2）1101011 （3）1010101 （4）10101.0101

3. 将下列十六进制数转换为十进制数。

 （1）56   （2）32   （3）33D   （4）31F1

4. 将下列十进制数分别用 8 位二进制数的原码、反码和补码表示。

 （1）−1   （2）−127   （3）127   （4）−57

 （5）126   （6）−126   （7）−128   （8）68

5. 用二进制算法运算规则计算下列各式。

 （1）101111＋11011 （2）1000−101   （3）1010×101

6. 写出下列补码的真值。

 （1）01001101B   （2）11000100B   （3）11111111B （4）10000000B

7. 已知下列 X 和 Y，求 $[X+Y]$ 补、$[X−Y]$ 补。

 （1）$X=1000110B$ $Y=0110001B$ （2）$X=−0001111B$ $Y=1100100B$

8. 简述计算机系统的组成及各部分的作用。

9. 请列举 C 语言的主要特点。

10. 何谓"标准函数库"和"头文件"？

11. 简述 C 语言程序的组成和 C 语言函数的结构特点、C 语言程序的书写格式特点及基本规范。

12. 请说明如何编译、连接和运行单文件源程序。

13. C 语言包括哪些基本语法单位？C 语言中标识符的含义是什么？

14. 编写一个完整的可运行源程序，用人机对话方式从键盘输入 a、b、c、d 4 个整数值，计算表达式 $(a+b−c)*d$ 的值，并显示计算结果。

第2章 数据类型、运算符和表达式

数据处理是计算机的基本功能之一，数据处理的对象是数据。在高级语言程序设计中，数据在计算机中的存储长度决定数据值的范围。为了数据存储和处理的需要，编译程序将数据划分为不同的数据类型，并为每一种数据类型规定了在内存中的存储单元字节数和对该类型数据所能进行的运算。运算符是对各种形式的数据进行加工处理的符号，C语言中的运算符非常丰富，本章主要介绍C语言的基本数据类型、基本运算符的运算规则和表达式的构成方法，并分析C语言中数据类型之间的转换问题。

2.1 数据类型

所谓数据类型是按照被定义数据的性质、表示形式、占据存储空间的多少、构造特点来划分的。在C语言中，数据类型可分为：基本数据类型、构造数据类型、指针类型等，如图2-1所示。

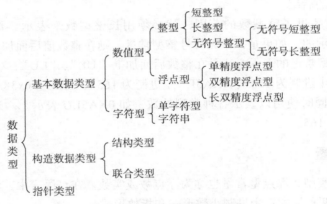

图2-1 C语言中的数据类型

基本数据类型最主要的特点是其值不可以再分解为其他类型，也就是说，基本数据类型是自我说明的。在本章中，我们仅介绍基本数据类型中的整型、浮点型和字符型。其余的数据类型将在以后各章中陆续介绍。

2.2 常量

基本数据类型量按其取值是否可改变分为常量和变量两种。总的来说，在程序执行过程中，其值不发生改变的量称为常量，其值可变的量称为变量。

常量在程序的执行过程中值保持不变。C语言中常用的常量有整型常量、浮点型常量、字符型常量和字符串常量。

2.2.1 整型常量

整型常量就是整常数。在C语言中，使用的整型常量有八进制、十六进制和十进制3

种。在程序中是根据前缀来区分各种进制数的。因此，在书写常数时不要把前缀弄错而造成不正确的结果。

（1）十进制整型常量

十进制整型常量没有前缀，其数码为 0～9。

以下各数都是合法的十进制整常数：56、−100、2004。

以下各数都不是合法的十进制整常数：023（不能有前导 0）、23D（含有非十进制数码）。

（2）八进制整型常量

八进制整型常量必须以 0 开头，即以 0 作为八进制数的前缀，数码取值为 0～7。八进制数通常是无符号数。

以下各数都是合法的八进制数：017（十进制为 15）、0101（十进制为 65）。

以下各数都不是合法的八进制数：17（无前缀 0）、082（包含了非八进制数码）。

（3）十六进制整型常量

十六进制整型常量的前缀为 0X 或 0x，其数码取值为 0～9、A～F 或 a～f。

以下各数都是合法的十六进制整常数：0X2A（十进制为 42）、0xA0（十进制为 160）、0XFFFF（十进制为 65535）。

以下各数都不是合法的十六进制整常数：5A（无前缀 0X）、0X3H（含有非十六进制数码）。

（4）整型常量的后缀

如果使用的数超过了整型数的范围，就必须用长整型数来表示。长整型数是用后缀"L"或"1"来表示的。如果是一个无符号整型常量，则在整数值后面加上"U"或"u"。对于无符号的长整型常量的表示方法是在整数后面加上"UL"、"LU"、"ul"或"lu"。

例如：158L（十进制为 158）、0XA5L（十进制为 165）、358U、0x38Au 均为无符号数。

前缀、后缀可同时使用以表示各种类型的数，如 0XA5LU 表示十六进制无符号长整型 A5，其十进制数为 165。

2.2.2　浮点型常量

浮点型也称为实型，浮点型常量也称为浮点数或实数。在 C 语言中，浮点型常量只采用十进制表示，它有两种形式：十进制小数形式和指数形式。

（1）十进制小数形式

由数字 0～9 和小数点组成（注意必须有小数点）。

例如：0.0、3.14、300.、−267.8230 等均为合法的实数。

（2）指数形式

由符号（+或−）、整数部分、小数点（.）、小数部分、指数部分（e 或 E±n）和浮点数后缀组成。其一般形式为：

$$[\pm]\ [\text{整数部分}]\ [.]\ [\text{小数部分}]\ [e/E\pm n]\ [\text{后缀}]$$

其中，"整数部分.小数部分"一般称为尾数；e±n（或 E±n）表示尾数乘上 10 的正或负 n 次方，n 称为阶码。n 为 1～3 位十进制无符号整常数，可以有前置 0，但并不代表八进制整常数。例如，−1.23456e+4 或−1.23456e+04 均表示浮点数−12345.6。

后缀表示浮点数的类型，浮点数后缀可以是 f 或 F、l 或 L。当后缀省略时，浮点数类型为 double；当后缀为 f 或 F 时，浮点数类型为 float；当后缀为 l 或 L 时，浮点数类型为 long double。

符号"[]"表示该组成部分可有可无（可选项），但必须遵守浮点数的下列组成规则：

1）一个浮点数可以无整数部分或小数部分，但不能二者全无。

2）一个浮点数可以无小数点或指数部分，但不能二者全无。

例如，以下是一些合法的浮点数：

.234e＋12	（无整数部分）	值等于 $2.34*10^{11}$
1.	（无小数部分）	值等于 1.0
25E5	（无小数点）	值等于 $2.5*10^6$
1.23	（无指数部分）	值等于 1.23
＋1.23e－4f	（全有）	值等于 $1.23*10^{-4}$（float 类型）
1.5e＋31L	（全有）	值等于 $1.5*10^{31}$（long double 类型）

以下不是合法的浮点数：

345	无小数点
－E7	阶码标志 E 之前既无整数部分也无小数部分
100.－E3	负号位置不对
－5	无阶码标志也无小数点
2.7E	无阶码

注意：123. 和 2. 是浮点数；而 123 和 2 则为整数，而不是浮点数。

2.2.3 字符型常量

字符型常量是用单引号括起来的一个字符。一个字符常量在计算机的内存中占据 1 字节。字符常量的值就是该字符的 ASCII 码值。因此，1 字节常量实际上也是 1 字节的整型常量，可以参与各种运算。

例如：'a'、'C'、'＝'、'＋'、'?' 都是合法字符常量。但是，单引号中的内容不能是单引号、双引号和反斜线。

例如：' ' '、' " '、' \ ' 都是不合法的。这是因为单引号、双引号和反斜线具有其他的特殊用途。如果需要表示它们，正确的写法是 ' \' '、' \" '、' \\ '。

转义字符是一种特殊的字符常量。转义字符以反斜线"\"开头，后跟一个或几个字符。转义字符具有特定的含义，不同于字符原有的意义，故称"转义"字符。例如，在前面各例题 printf 函数的格式串中用到的 ' \n ' 就是一个转义字符，其意义是"回车换行"。转义字符主要用来表示那些用一般字符不便于表示的控制代码。

常用的转义字符如表 2-1 所示。广义地讲，C 语言字符集中的任何一个字符均可用转义字符来表示。表中的 "\ddd" 和 "\xhh" 正是为此而提出的。ddd 和 hh 分别为八进制和十六进制的 ASCII 代码。如 "\101" 表示字母 A，"\102" 表示字母 B，"\134" 表示反斜线，"\X0A"表示换行等。

表 2-1 常用的转义字符及其含义

转 义 字 符	转义字符的意义	ASCII 代码
\n	回车换行	10
\t	横向跳到下一制表位置	9
\b	退格	8
\r	回车	13

（续）

转 义 字 符	转义字符的意义	ASCII 代码
\f	走纸换页	12
\\	反斜线符（\）	92
\'	单引号符（'）	39
\"	双引号符（"）	34
\a	鸣铃	7
\0	空字符（＝NULL）	0
\ddd	1～3 位八进制数所代表的字符	
\xhh	1～2 位十六进制数所代表的字符	

例 2.1　转义字符使用的程序。

```
1        #include <stdio.h>
2        void main( )
3        {
4               char ch;
5               ch='\44';              //将ASCII码为'\44'即36的字符赋给ch
6               printf("ch is %c\n",ch); //输出字符, ASCII码为'\44'对应的字符为$
7        }
```

输出结果：

```
ch is $
```

2.2.4　字符串常量

字符串常量是由一对双引号括起的字符序列。例如："CHINA"、"C program"、"$12.5" 等都是合法的字符串常量。

字符串常量和字符型常量是不同的量。它们之间主要有以下区别：

1）字符常量由单引号括起来，字符串常量由双引号括起来。

2）字符常量只能是单个字符，字符串常量则可以包含一个或多个字符。

3）可以将一个字符常量赋予一个字符变量，但不能将一个字符串常量赋予一个字符变量。

在 C 语言中没有相应的字符串变量，这与 BASIC 等其他高级语言不同，但是可以用一个字符数组来存放一个字符串，这方面的内容将在数组一章内予以介绍。

4）字符型常量占一字节的内存空间。字符串常量占的内存字节数等于字符串中字符数加 1。增加的一字节用于存放字符 '\0'（ASCII 码为 0）。这是字符串结束的标志。

例如：字符串 "C program" 在内存中所占的字节为：

C		p	r	o	g	r	a	m	\0

其中，每个格子表示一字节，存放一字符，最后一字节存放字符 ' \0 '，表示该字符串的结束。

字符型常量 'a' 和字符串常量 "a" 虽然都只有一个字符，但在内存中的情况是不同的。字符型常量 'a' 在内存中占 1 字节，可表示为：

字符串常量 "a" 在内存中占 2 字节，可表示为：

a	\0

2.2.5　符号常量

常量除了可以用上述方法直接表示外，还可以采用符号表示，称为符号常量。符号表示是用标识符代表一个常量，如用 PI 表示 3.1 415 926。符号常量在使用之前必须先定义，其一般形式为：

#define 标识符 常量

其中 #define 也是一条预处理命令（预处理命令都以"#"开头），称为宏定义命令。其功能是将该标识符定义为其后的常量值。一经定义，以后在程序中所有出现该标识符的地方均代之以该常量值。使用符号常量的好处是：含义清楚，能做到"一改全改"。

例 2.2　采用宏定义的方式定义符号常量的程序。

```
1        #include <stdio.h>
2        #define PI 3.14159                    //定义符号常量PI，值为3.14159
3
4        void main( )
5        {
6                double radius = 10.0;
7                double perimeter;
8                double area;
9
10               perimeter = 2 * PI * radius;   //使用符号常量
11               area = PI * radius *radius;    //使用符号常量
12
13               printf("radius=%lf,perimeter=%lf,area=%lf\n", \
14               radius,perimeter,area);
15       }
```

输出结果：

```
radius=10.000000,perimeter=62.831800,area=314.159000
```

2.3　变量

在程序执行过程中，值可以改变的量称为变量。一个变量应该有一个名字，同时在内存中占据着一定的存储单元。变量值的改变实际上就是对应存储单元中内容的改变。

变量的命名必须遵循以下几条规则：

1）必须是以英文字母或下划线开头的，由字母、数字和下划线组成的字符序列。例如，max_number、NameOfFile、_day、group3 等都是合法的变量名；而 my-name、5month 则属于非法的变量名。

2）不能与 C 语言的关键字（保留字）重名，因为关键字已经被赋予了特殊的含义。

3）变量名的长度不受限制。

4）C 语言对变量名的大小写敏感，如 Max 和 max 就是不同的变量名。

另外，在 C 语言的长期使用过程中还形成了一些约定俗成的规则：

1）尽量使变量名能够表达出该变量的含义，如 year、max 等，最好不要使用 a、j、sp5 等类似无意义的变量名，因为这将降低程序的可读性。

2）C 语言系统内部已经定义了一些以下划线开头的标识符，为了避免冲突和以示区别，用户最好不要用下划线来作为变量名的开头。

3）习惯上符号常量的标识符用大写字母，变量标识符可大小写结合。

在程序中出现的变量都必须先说明再使用，变量的说明也叫作变量的定义。变量数据类型的说明格式为：

> <数据类型> 变量名   [= 初值];

例如：`int max , min ;`

       `float number ;`

       `char FirstWord ;`

也可以在说明变量的同时给变量赋值，如 int year＝2004，month＝9。

2.3.1　整型变量

在 C 语言中，整型用 int 表示。根据整型数在存储器中占用的字节数，又可以用 long 和 short 来修饰 int，表示长整型和短整型；根据其是否带有符号，又可以用 signed 和 unsigned 来修饰 int，表示带符号整型和无符号整型。当整型带有修饰语时，可将 int 省略，如 short int 可以写为 short，unsigned long int 可以写为 unsigned long。带有不同修饰语的整型具有不同的字节数及数据范围。

各种无符号类型量所占的内存空间字节数与相应的有符号类型量相同。但由于省去了符号位，故不能表示负数，数据范围也不同。表 2-2 中列出了 BC31 编译系统中各类整型量所分配的内存字节数及数的表示范围。

例如：有符号短整型变量表示的最大正数为 32 767：

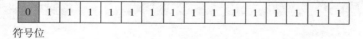

符号位

无符号短整型变量最大表示 65 535：

2.3.2　浮点型变量

C 语言中提供了两种浮点数的类型：

`float`　　单精度型
`double`　双精度型

它们之间的区别在于，在 BC31 中，float 型数据占 4 字节，double 型数据占 8 字节。同时它们表示的数据范围和精度也不同。与整型数不同，浮点数均为有符号浮点数，不能用 signed 和 unsigned 修饰。但是，符号 long 可以用来修饰 double 形成 long double 类型（长双精度型）。BC31 中，各类型浮点型数据所表示的数的范围以及有效位数见表 2-2。

表 2-2 BC31 中数据类型的长度和值域

类　型　名	说　　明	数　的　范　围	字　节　数
int	整型	−32 768～32 767	2
signed int	有符号整型	−32 768～32 767	2
unsigned int	无符号整型	0～65 535	2
short int	短整型	−32 768～32 767	2
signed short int	有符号短整型	−32 768～32 767	2
unsigned short int	无符号短整型	0～65 535	2
long int	长整型	−2 147 483 648～2 147 483 647	4
signed long int	有符号长整型	−2 147 483 648～2 147 483 647	4
unsigned long int	无符号长整型	0～4 294 967 295	4
float	单精度浮点型约	$\pm\|3.4\times10^{-38}\|\sim\pm\|3.4\times10^{38}\|$ 有效数位 7 位	4
double	双精度浮点型	约 $\pm\|1.7\times10^{-308}\|\sim\pm\|1.7\times10^{308}\|$ 有效数位 15 位	8
long double	长双精度浮点型	约 $\pm\|3.4\times10^{-4932}\|\sim\pm\|3.4\times10^{4932}\|$ 有效数位 18 位	10
char	字符型	−128～127	1
signed char	有符号字符型	−128～127	1
unsigned char	无符号字符型	0～255	1

2.3.3　字符变量

字符变量用来存储字符常量，即单个字符。字符变量的类型说明符是 char。在 C 语言中，字符型也可以分为 signed 和 unsigned，它们的区别在于取值范围的不同，有关规定见表 2-2。每个字符变量被分配一字节的内存空间，因此只能存放一个字符。字符值是以 ASCII 码的形式存放在变量的内存单元中的。

例如，x 的十进制 ASCII 码是 120，y 的十进制 ASCII 码是 121。对字符型变量 a、b 赋予值 'x' 和 'y'：

```
a='x';
b='y';
```

实际上是在 a、b 两个单元中存放 120 和 121 的二进制代码：

a: | 0 | 1 | 1 | 1 | 1 | 0 | 0 | 0 |

b: | 0 | 1 | 1 | 1 | 1 | 0 | 0 | 1 |

所以，也可以把字符变量看成是整型量。C 语言允许对整型变量赋以字符值，也允许对字符变量赋以整型值。在输出时，允许把字符变量按整型量输出，也允许把整型量按字符变量输出。由于整型量为多字节量，字符变量为单字节量，当整型量按字符型变量处理时，只有低 8 位数据参与处理。

例 2.3　字符变量与整型量之间的联系程序。

```
1          #include <stdio.h>
2          void main( )
3          {
4                  char ch='a';
5                  int i=ch;
6
7                  printf ("%c ASCII is %d\n",ch,ch);    //将字符变量按整型量处理
8                  printf ("%c ASCII is %d\n",i,i);      //将整型量按字符变量处理
9          }
```

输出结果：

```
a ASCII is 97
a ASCII is 97
```

2.3.4　指针变量

在 C 语言中，还存在一种特殊性质的变量，即指针变量。它和普通变量一样占用一定的存储空间，但是指针变量存放的不是普通的数据，而是变量的地址。当将某一地址量赋予指针变量时，称该指针变量指向了那个地址的内存区域。这样就可以通过指针变量对其所指向的内存区域中的数据进行各种加工或处理。如整型指针变量可定义为 int *pa，指针变量名为 pa，pa 前加 * 表明该变量为指针变量。有关指针变量的详细介绍见第 6 章。

2.4　运算符和表达式

运算是对数据进行加工，实现对数据的各种操作。记述各种不同运算过程的符号称为"运算符"，C 语言中提供了多种运算符，它们与数据相结合形成了形式多样、使用灵活的表达式。正是丰富的运算符和表达式使 C 语言功能十分完善，使用也非常方便。C 语言的运算符按其所在表达式中参与运算的操作数的数目来分，可分为单目运算符、双目运算符和三目运算符；按照其功能又可分为算术运算符、赋值运算符、关系运算符、逻辑运算符、位运算符、自增自减运算符、条件运算符、逗号运算符等。

2.4.1　表达式

一般来讲，表达式是由运算符和运算量组成的符合 C 语法的算式。运算量可以是变量、常量、有返回值的函数等。从本质上讲，表达式是对运算规则的描述并按一定规则执行运算的算式。C 语言中的表达式根据运算符的种类可以分为：算术表达式、关系表达式、逻辑表达式、赋值表达式、条件表达式、逗号表达式及混合表达式等。无论是什么种类的表达式，也无论表达式多复杂，最后都有一个结果（或值），结果的数据类型称为表达式结果（或值）的类型。也就是说，C 程序中任何一个表达式表示的都是具有某个数据类型的一个值。

从严格的定义上讲，表达式定义为：程序中的变量、常量、有返回值的函数的调用是表达式；表达式为运算量的表达式也是表达式；用"（ ）"括起来的表达式还是表达式。可见，表达式的定义是递归的（也就是可用表达式来定义表达式）。本书中表达式的概念是广义的，它不仅包括不含运算符的单个数据（简单表达式），而且包含由运算符连接各种运算对象所组成的复杂算式。

2.4.2 算术运算符与算术表达式

C 语言中，算术运算符有 5 个，它们的具体含义见表 2-3。

表 2-3 C 语言中的算术运算符及含义

运算符	使用形式	含　义
+	单目或双目运算符	单目运算符表示正号，双目运算符表示加法
-	单目或双目运算符	单目运算符表示负号，双目运算符表示减法
*	双目运算符	乘法运算
/	双目运算符	除法运算
%	双目运算符	取模运算（求余数）

算术运算符的使用有以下规则：

1）+、-、*、/ 运算符的运算量可为任何整型或浮点型的常量、变量、有返回值的函数及表达式。

2）正如在数学中除法运算的除数不能为 0 一样，在 x/y 中，操作数 y 的取值也不能为 0，否则将出现错误。

3）% 运算符要求操作数必须是整型，且"%"后面的操作数不能为 0。

4）当双目运算符的两个操作数的数据类型相同时，它们的运算结果的类型与操作数类型相同。

5）当双目运算符的两个操作数的类型不同时，运算前遵循类型的一般转换规则将操作数自动转换成相同的类型，运算结果的类型与转换后的操作数的类型相同（类型的一般转换规则将在本章的后面介绍）。

例 2.4 5 种算术运算示例程序。

```
1           #include <stdio.h>
2           void main ( )
3           {
4                   int x, y;
5                   float x1, y1;
6
7                   x=15;
8                   y=6;
9                   x1=15.0;
10                  y1=6.0;
11
12                  printf ( "x+y=%d,x-y=%d\n",x+y,x-y );
13                  printf ( "x+x1=%f\n",x+x1 );
14                  printf ( "x*y1=%f\n",x*y1 );
15                  printf ( "x/y=%d...%d\n",x/y,x%y );
16                  printf ( "x1/y1=%f\n",x1/y1 );
17           }
```

运行结果：

```
x+y=21,x-y=9
x+x1=30.000 000
x*y1=90.000 000
```

```
x/y=2…3
x1/y1=2.500 000
```

在上述程序中，x 与 x1 类型不同，运算时 x 将转换成浮点型数 15.0，然后进行运算，结果为浮点型数 30.0。同理，在进行 x*y1 运算时，由于 x 与 y1 类型不同，运算量将进行类型转换，故其结果为 90.0。在进行 x/y 运算时，由于 x 和 y 均为整型数，其结果也为整型数，故运算结果为整型数 2，小数部分被省去，余数为 3。由于 x1 和 y1 均为浮点数，在进行 x1/y1 运算时，其结果也为浮点数 2.500 000。

2.4.3 关系运算符与关系表达式

C 语言中的关系运算符包括 <（小于）、<=（小于或等于）、==（等于）、>=（大于或等于）、>（大于）、!=（不等于）6 种。

关系运算符都是双目运算符，它用来比较两个操作数之间的关系。用关系运算符将前、后两个操作数连接起来的式子称为"关系表达式"，这两个操作数可以是任意表达式。当关系表达式成立时，表达式的结果为整数 1，否则为整数 0（注意：与其他高级语言不同，C 语言中没有用来表示逻辑真和逻辑假的布尔型数据，而是规定任何非 0 值都表示逻辑真，整数 0 表示逻辑假）。

关系表达式的作用主要是用来描述条件，这方面的应用将在第 3 章中介绍。下面举例说明关系表达式的值。

例 2.5 关系表达式值的程序。

```
1        #include <stdio.h>
2        void main( )
3        {
4                char ch1,ch2;
5                ch1 = 'a';
6                ch2 = 'b';
7
8                printf("%c == %c----%d\n",ch1,ch2,ch1 == ch2);
9                                                        //ch1等于ch2，输出0
10               printf("%c< %c----%d\n",ch1,ch2,ch1 < ch2);//ch1小于ch2，输出1
11               printf("%c> %c----%d\n",ch1,ch2,ch1 > ch2);//ch1大于ch2，输出0
12       }
```

运行结果：

```
a == b----0
a < b----1
a > b----0
```

2.4.4 逻辑运算符与逻辑表达式

C 语言中的逻辑运算符包括 &&（逻辑与）、||（逻辑或）、!（逻辑非）。其中，逻辑"与"和逻辑"或"是双目运算符，逻辑"非"是单目运算符。逻辑运算符及其运算量构成的表达式称为逻辑表达式。逻辑运算符的运算量可以为任何基本数据类型。逻辑运算符 && 和 || 的两个表达式的类型也可以不同，在运算时不必进行类型转换，只要遵循一条规则：非 0 值的表达式视为逻辑真，0 值的表达式视为逻辑假。逻辑运算的结果为整型值，当结果为真时，值为非 0，当结果为假时，值为 0。逻辑运算符的运算规则见表 2-4。

表 2-4　逻辑运算符的运算规则

表达式 X	表达式 Y	!X	!Y	X&&Y	X‖Y
非 0	非 0	0	0	1	1
非 0	0	0	1	0	1
0	非 0	1	0	0	1
0	0	1	1	0	0

由表 2-4 可以看出，当 X 和 Y 均为"真"时，逻辑与的结果才为真；只有当 X 和 Y 均为"假"时，逻辑或的结果才为"假"。

基于上述特性，C 语言为了提高程序运行的速度，规定：对于逻辑与（&&）运算，若左表达式为"假"，则无须判断右表达式的值即可断定逻辑表达式的值为假；只有当左表达式为"真"时，才需要继续判断右表达式。类似地，对于逻辑或（‖）运算，当左表达式为"真"时，则无须判断右表达式的值即可断定逻辑表达式的值为真；只有当左表达式为"假"时，才需要继续判断右表达式。

例 2.6　逻辑运算符 && 使用的程序。

```
1       #include <stdio.h>
2       void main( )
3       {
4               int a , b , c , max;
5
6               a = 10;
7               b = 20;
8               max = b;
9               c = ( a > b ) && ( max = a ) ;
10                      // ( a>b ) 的结果为0，不再运算右表达式(max=a)
11
12               printf("a = %d , b = %d , c = %d , max = %d\n",a,b,c,max);
13      }
```

运行结果：

```
a = 10 , b = 20 , c = 0 , max = 20
```

从程序运行的结果中可以看出，因为 && 运算符的左运算量的结果为 0，所以右表达式（赋值表达式 max=a）并没有执行。

需要注意的是，如果你将一个赋值表达式放在右表达式中时，它可能不被执行，因此，尽量不要把赋值表达式放在逻辑运算符的右表达式中。

2.4.5　自增和自减运算

自增、自减运算符分别为：++（自增）、−−（自减）。

++ 和 −− 是单目运算符，它的运算量一般是整型变量。"++"将运算量的值加 1，"−−"将运算量的值减 1，结果类型与运算量的类型相同。

++ 和 −− 分别都有两种不同的形式：前置式和后置式。运算符在运算量之前称为前置式，如 ++i、−−i；运算符在运算量之后称为后置式，如 i++、i−−。前置形式和后置形式在单独使用时没有什么差别，但是，当它与其他运算符结合在一个表达式中使用时，就有明显的区别。

1）前置运算是变量先自增 1 或自减 1 后，再参与其他的运算，即先变后用。

2）后置运算是该变量先以原来的值参加其他运算，然后再自增 1 或自减 1，即先用后变。

3）自增自减运算符只能作用于变量，不能用于常量和表达式。

例如：　　　9 ++ ;　　　　// 出错

　　　　　　(i + j) ++ ;　// 出错

因为 9 为常量，不可能改变它的值。而表达式在内存中是不分配存储空间的，所以 (i+j) 增 1 后的结果值没有地方存放，因此在编译时将出错。

例 2.7　自增自减运算符运算的程序。

```
1          #include <stdio.h>
2          void main( )
3          {
4                  int x,y;
5
6                  x = 0;
7                  y = 10;
8                  printf("x = %d , y = %d\n", x ++ , -- y);
9                          //变量x先输出值，再自增，变量y先减，再输出值
10                 printf("x = %d , y = %d\n", x , y);
11         }
```

运行结果：

```
x = 0 , y = 9
x = 1 , y = 9
```

2.4.6　赋值运算符与赋值表达式

基本的赋值运算符是"="，它可以和算术运算符（+、-、*、/、%）及位运算符（&、|、^、<<、>>）结合组成复合运算符。

（1）基本赋值运算

基本赋值运算符"="是一个双目运算符，它的一般表达式形式为：

左值表达式 = 右值表达式

在基本赋值表达式中，左值表达式一般为变量名。它的功能是首先计算右表达式的值（如果需要计算的话），然后将右值表达式的值赋给左值表达式对应的存储单元。两个表达式结果的类型可以不同，但是在进行赋值操作前，将右值表达式结果值的类型自动转换成左值表达式的类型，然后再将值赋给左值表达式所在的存储单元。

（2）复合赋值运算

在赋值运算符"="前加上其他运算符，便构成了复合赋值运算符。C 语言中的复合赋值运算符共有 10 种：+=、-=、*=、/=、%=、&=、|=、^=、<<=、>>=。

如果用标记符 op 代表加在"="之前的运算符，则复合赋值运算符可表示为"op="。复合赋值表达式的形式为：

左值表达式 op=右值表达式

该表达式等价于：

$$左值表达式 = 左值表达式\ op\ 右值表达式$$

例如：　　　i += j　　　等价于　　i = i + j

x*=y-5　　　等价于　　x=x*(y-5)

2.4.7　条件运算符与条件表达式

条件运算符（?：）是 C 语言中唯一的一个三目运算符，由条件运算符可以构成条件表达式，它的格式为：

$$表达式 1\ ?\ 表达式 2：表达式 3$$

它的操作过程是：判断表达式 1 的值，如果为非 0 值，则求解表达式 2 的值，并将其作为该条件表达式的值；如果表达式 1 的值为 0，则求解表达式 3 的值，并将其作为该条件表达式的值。

例 2.8　条件运算符使用的程序。

```
1        #include <stdio.h>
2        void main( )
3        {
4                int a,b,c;
5
6                a = 10;
7                b = -5;
8                c = (b > 0) ? a+b : a-b;
9                     // 当b>0时，c的值等于a+b；当b<=0时，c的值等于a-b
10               printf("a = %d,b = %d,a + |b| = %d\n",a,b,c);
11       }
```

运行结果：

```
a = 10,b = -5,a + |b| =15
```

2.4.8　逗号运算符与逗号表达式

逗号运算符是双目运算符，利用它可以构成逗号表达式，结构为：

$$表达式 1，表达式 2，表达式 3，\cdots，表达式 n$$

逗号运算符的每个表达式的求值是分开进行的，对逗号运算符的表达式不进行类型转换。运算过程为：先求表达式 1 的值，然后再求表达式 2 的值，依次计算，最后表达式 n 的值也就是该逗号表达式的值。

例如：　　int b,a=10;

b =(a++ , a % 3);

先求表达式 1 的值，结果为 10。同时计算 a++，此时 a 的值为 11；然后求表达式 2 的值，由于在计算表达式 2 之前，变量 a 的自增运算已经完成，因而表达式 2 的值为 2。这样，整个逗号表达式的值为 2。

2.5　位运算

任何数据在计算机存储器内都是以二进制数的形式存在的，例如字符型数据 'y' 在内存中的存储形式为：

0	1	1	1	1	0	0	1

每个格子代表一位，格子中的数字 0 或 1 代表该位的数字，而所谓的位运算就是针对二进制位进行的运算。正是因为提供了对二进制位进行操作的位运算，C 语言可以实现由汇编语言所能完成的一些功能，与其他高级语言相比，具有能直接进行机器内部操作的优越性。

C 语言中的位运算包括：&（按位与）、|（按位或）、^（按位异或）、>>（二进制右移）、<<（二进制左移）、~（按位取反）6 种。

位运算符中除了 "~" 是单目运算符，其余的都是双目运算符。所有位运算符的运算量都必须是整型或字符型数据，两个运算量的类型可以不同，但是，运算前须遵照一般算术转换规则自动转换成相同的类型，运算结果的类型与转换后的运算量的类型相同。

2.5.1 按位与运算符 "&"

按位与运算是对两个操作数逐位 "求与"，当它们都为 1 时，结果为 1，否则为 0。与运算符的定义如表 2-5 所示。

例如，a＝0x96，b＝0x80，则 a&b 的结果为 0x80。运算过程为：

表 2-5 位逻辑与操作的 "真值表"

位 1	位 2	位 1 & 位 2
0	0	0
0	1	0
1	0	0
1	1	1

	a=0x96	二进制表示	1001 0110
&	b=0x80	二进制表示	1000 0000
=	0x80	二进制表示	1000 0000

按位与的作用如下：

（1）将某些位清零

在实际应用中通常遇到这样一种情况，根据特定的需要将某些数字的某些二进制位清零，如 a＝0x55，要将 a 的低四位清零，那么就要将 a 与一个数进行按位与运算，这个数的低四位为 0，其他位为 1。运算过程如下：

	a=0x55	二进制表示	0101 0101
&	b=0xf0	二进制表示	1111 0000
=	0x50	二进制表示	0101 0000

运算的结果是对象数据的低四位清零，其他不变。

（2）取数中的特定位

与上述操作相反，在实际操作中通常要求保持某些位的状态，如 a＝0x55，要保持 a 的低四位而其他位清零，那么就要将 a 与一个数进行按位与运算，这个数的低四位为 1，其他位为 0。运算过程如下：

	a=0x55	二进制表示	0101 0101
&	b=0x0f	二进制表示	0000 1111
=	0x05	二进制表示	0000 0101

运算的结果是对象数据的低四位不变，其他位清零。

2.5.2　按位或运算符"|"

按位或运算是对两个操作数逐位"相或"。当它们都是 0 的时候，结果为 0，否则为 1。按位或运算符的定义如表 2-6 所示。

例如，a＝0x36，b＝0x55，则 a|b 的结果为 0x77，运算过程为：

表 2-6　位逻辑或操作的"真值表"

位 1	位 2	位 1|位 2
0	0	0
0	1	1
1	0	1
1	1	1

```
    a=0x36   二进制表示   0011 0110
|   b=0x55   二进制表示   0101 0101
─────────────────────────────────
=     0x77   二进制表示   0111 0111
```

按位或的作用如下。

（1）将数的某些位置 1

在实际应用中有时也遇到这样一种情况，根据特定的需要将某些数字的某些二进制位置 1，如 a＝0x55，要将 a 的低四位置 1，那么就要将 a 与一个数进行按位或运算，这个数的低四位为 1，其他位为 0。运算过程如下：

```
    a=0x55   二进制表示   0101 0101
|   b=0x0f   二进制表示   0000 1111
─────────────────────────────────
=     0x5f   二进制表示   0101 1111
```

运算的结果是对象数据的低四位置 1，其他位不变。

（2）把一串二进制数连接到另一串二进制数后

在实际应用中有时也需要将一串二进制数连接到另一串二进制数后，对于这样的问题一般是这样处理的：先在对象字符串的末尾加上 N 个零，N 为要连接的二进制串的位数，然后进行按位或操作，得到的结果即为所求。如 a＝0x55，要连接的数据为 8 位二进制串，表示成十六进制为 0xaa；则首先将 a 的后面加 8 个 0；变成 0x5500，然后与 0xaa 按位或。运算过程如下：

```
    a=0x55+8个0.  0101 0101 0000 0000
|   0xaa          0000 0000 1010 1010
──────────────────────────────────────
=   0x55aa        0101 0101 1010 1010
```

2.5.3　按位异或运算符"^"

按位异或运算是将两个操作数逐位"相异或"，当它们一个为 1，一个为 0 时，其相异或的结果为 1，否则为 0。按位异或运算符的定义如表 2-7 所示。

表 2-7　位逻辑异或操作的"真值表"

位　1	位　2	位 1^位 2
0	0	0
0	1	1
1	0	1
1	1	0

例如，a＝0x36，b＝0x0f，则 a^b 的运算过程为：

```
    a=0x36   二进制为   0011 0110
^   b=0x0f   二进制为   0000 1111
──────────────────────────────────
=     0x39   二进制为   0011 1001
```

按位异或的作用：将某些位取反。

在实际应用中通常遇到这样一种情况，根据特定的需要将某些数字的某些二进制位取反，如 a＝0x55，要将 a 的低四位取反，那么就要将 a 与 0x0f 进行按位异或运算。运算过程如下：

$$
\begin{array}{llll}
& a=0x55 & \text{二进制表示} & 0101\ 0101 \\
\char`^ & b=0x0f & \text{二进制表示} & 0000\ 1111 \\
\hline
= & 0x5a & \text{二进制表示} & 0101\ 1010
\end{array}
$$

从所得的结果看，某位要保持不变就异或 0，某位要取反就异或 1。

根据异或的概念，一个数异或它本身所得结果为零，与全零异或其结果为它本身，与全 1 异或相当于本身取反。据此可以实现交换两个整数 a、b 的功能，而且不使用中间变量，具体实现过程为：

a＝a ^ b;
b＝a ^ b; ①
a＝a ^ b; ②

分析：从①式看 b＝a ^ b＝a ^ b ^ b＝a；从②式看 a＝a ^ b＝(a ^ b) ^ (a ^ b ^ b)＝b；从而实现了 a、b 的交换。

2.5.4　二进制左移运算符 "<<"

二进制左移运算符将数据向左移动若干位，移出左边界的所有位都将丢失，右侧新增加的位为 0。

例如：int a = 4 , a << 2 的结果为 16。

因为变量 a 在内存中的二进制表示为 00000100，向左移动两位并在右端补 0 后的二进制值为 00010000，对应结果为 16。

向左移动一位等同于乘以 2，向左移动两位等同于乘以 4，因此可以得到一个规律：在变量可以表示的范围内，向左移动 n 位等同于乘上 2 的 n 次方。

2.5.5　二进制右移运算符 ">>"

二进制右移运算符将数据向右移动若干位，移出右边界的所有位都将丢失，左侧的新位的补充遵循下面的规则：

1）对于无符号数，右移时左侧的新位一律补 0，称为"逻辑右移"。

2）对于有符号数，若符号位是 0，则左侧新位一律补 0；若符号位是 1，则左侧新位一律补 1，称为"算术右移"。

例如，变量 a 是无符号数，a＝8，其二进制表示为 00001000，右移两位且左侧新位补 0 后结果为 00000010，所以 a>>2 的结果为 2。

变量 b 是有符号数，b＝−10，其二进制补码表示为 11110110，因为符号位为 1，所以变量 b 右移一位且在左侧新位补 1 后的结果为 11111011，所以 b>>1 的结果为 −5。

2.5.6　按位取反运算符 "~"

按位取反运算符是将操作数进行逐位"取反"。例如，变量 a＝0x6a，二进制表示为 01101010，按位取反后为 10010101，所以 ~a 的结果为 0x95。

2.6 各类数值型数据间的混合运算

2.6.1 自动类型转换

在 C 语言中，字符型、整型和浮点型数据可以在同一表达式中混合使用，C 语言编译系统会按照一定的准则自动进行类型转换。当出现下列 3 种情况时发生自动类型转换：

1）当双目运算符的两个操作数类型不相同，进行算术运算时。

2）当一个值赋予一个不同类型的变量时。

3）函数调用中实参与形参类型不同时。

在本节中仅介绍前两种转换，函数调用转换将在本书的后面部分介绍。另外，在 C 语言中，还可以进行强制类型转换。

（1）算术运算时的自动类型转换

它的基本规则可描述为：双目运算符的两个运算量中，值域较窄的类型向值域较宽的类型转换。"值域"就是类型所能表示的值的最大范围。算术运算遵循的类型转换方向如图 2-2 所示。

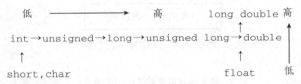

图 2-2 算术类型转换示意图

同时要注意以下 3 点：

1）表达式中的有符号和无符号字符以及短整型一律被转换为整型，如果 int 类型能表示原来类型的值，则转换成 int 类型，否则转换成 unsigned 类型。

2）当一个运算量为 long 类型，另一个为 unsigned 类型时，如果 long 能表示 unsigned 类型的全部值，则将 unsigned 转换成 long 类型；否则将两个运算量都转换为 unsigned long 类型。

3）当两个运算量中值域较宽的类型是 float 类型时，将 float 和另一运算量转换成 double 类型。

下面举例说明算术转换的过程。

例如：

```
float f = 3.6;
int n = 6;
long k = 21;
double ss =    f  *  n  +  k  /  2;
```

计算 ss 时，首先将 f（float 型）和 n（int 型）转换成 double 类型数，得到它们的积为 21.6；然后计算 k/2 得整除运算结果为 10（long int 型），再将 long int 型的数字 10 转换成

double 型数 10.0。21.6（double 型）和 10.0（double 型）两个数相加，得到最后结果为 31.6（double 型）。

（2）赋值运算时的自动类型转换

赋值转换将右值表达式的类型转换成左值表达式的类型。赋值转换具有强制性，它不受算术转换规则的约束，转换结果的类型完全由左值表达式的类型决定。

例如：
```
int i,j;
float m;
```

则表达式 i＝m * j 的类型转换过程为：赋值运算符右侧表达式的值为 float 类型，经过赋值转换变成 int 类型，所以赋值表达式的值为 int 类型。

（3）强制类型转换

强制类型转换是靠强制类型转换运算符来实现数据类型转换的，因此强制类型转换也叫作显式转换，而自动类型转换也叫作隐式转换。强制类型转换是人为的，自动类型转换是自动的。强制类型转换在效果上与赋值转换相同，它们的转换方向都不受算术转换规则的约束。

强制类型转换表达式形式为：

> （类型名）表达式

它的作用是将表达式转换成"类型名"所指定的类型。

例如：
```
float m,n;
(int)m;          // 将变量 m 的值转换成 int 类型，表达式的值为 int 类型
(int)m+n;        // 表达式的结果为 double 类型，因为括号运算符 "()" 的优先级高于
                 //   加法运算符 "+"，所以表达式只对变量 m 进行了强制类型转换，然后
                 //   进行自动类型转换，将运算符 "+" 左边的表达式的值转换成类型 double，
                 //   然后再与变量 n 相加，所以表达式的结果为 double 类型
(int)(m+n);      // 表达式的结果为 int 类型
```

需要注意的是，无论是自动类型转换还是强制类型转换，都只是将变量或常量的值的类型进行暂时的转换，用于参与运算和操作，而变量和常量本身的类型和数值并没有改变。

例如：
```
float x=6.5;
int y;
y=int(x);        // 将单精度浮点型变量 x 的值强制类型转换为 int 类型，并赋给变量 y，
                 //   在执行了这条语句后，变量 y 的值为 6，而变量 x 的类型仍然为单精度浮点
                 //   型，变量 x 的值也仍然为 6.5
```

另外，无论是自动类型转换还是强制类型转换，如果是把数据长度较长的类型转换成数据长度较短的类型，那么将截去被转换数据的超长部分，导致数据精度的降低。

2.6.2   运算符的优先级

除了在前面几节中已经介绍的运算符外，还有括号运算符"( )"，及在本书的后面章节将要介绍的下标运算符"[ ]"、成员运算符和指向运算符"->"等。C 语言中总共有 44 个运算符，当这些运算符在一个表达式中同时出现时，它们的运算顺序应该如何确定呢？应该从左至右还是从右至左运算呢？这就涉及运算符的优先级和结合性两个概念。C 语言将 44 个运算符分为 15 个优先级，1 级最高，2 级次之，依此类推，15 级最低。优先级高的运算

符先执行运算。运算符的结合性是指当一个运算对象两侧的运算符优先级相同时，进行运算处理的结合方向。结合方向分为：从左向右和从右向左。表 2-8 列出了 C 语言中运算符的优先级和结合性。

表 2-8　C 语言中运算符的优先级

优先级	运算符	名　称	结合方向
1	() [] -> .	括号运算符 数组下标 指向结构体成员运算符 结构体成员访问运算符	从左向右
2	++, -- & * ! ~ +, - （数据类型） sizeof	自增，自减运算符 取地址运算符 取指针所指内容运算符 逻辑非 按位求反 取正数，取负数 强制类型转换 计算数据类型长度	从右向左
3	*, /, %	乘法，除法，求余	从左向右
4	+, -	加法，减法	
5	<<, >>	左移位，右移位	
6	<=, >, >=	小于，小于等于，大于，大于等于	
7	==, !=	相等，不相等	
8	&	按位与	
9	^	按位异或	
10			按位或	
11	&&	逻辑与	
12	||	逻辑或	
13	? :	条件运算符	从右向左
14	=, +=, -=, *=, /=, %=, &=, ^=, |=, <<=, >>=	赋值运算符	
15	,	逗号运算符	从左向右

例如：　　`int x,y,z;`

　　　　　　`z= y<=-x+2&&!x;`

表达式中各运算符的优先级为："！"＝"－"（负号运算符）＞"＋"（加法运算符）＞"＜＝"＞"&&"＞"＝"。所以表达式的运算过程可以表示为：

`z＝(y<＝(-x＋2)) &&(!x);`

2.7　输入 / 输出的进一步讨论

在第 1 章已经对格式化输入 / 输出函数进行了简单介绍，其中的输出转换控制部分是由"%"后接转换字符（英文小写字母 d、o、x 等），事实上在转换控制部分还可以指定域宽和精度宽度，下面做详细介绍。

2.7.1　格式化输出函数 printf

在标准 C 的格式化输出函数中常见的格式符有 8 种，如表 2-9 所示。

表 2-9　printf 函数格式化字符

格 式 字 符	说　　明
d	以带符号的十进制形式输出整数（正数不输出符号）
o	以八进制无符号形式输出整数
x、X	以十六进制无符号形式输出整数，用 x 则输出十六进制数的 a～f 时以小写形式输出；用 X 时，则以大写字母输出
u	以无符号十进制形式输出整数
c	以字符形式输出，只输出一个字符
s	输出字符串
f	以小数形式输出单精度数，隐含输出 6 位小数
e、E	以指数形式输出实数，如用 "E"，则在输出时指数以大写 E 表示

在格式化说明中，在 "%" 和上述格式字符间可以插入以下几种附加符号（又称修饰符），如表 2-10 所示。

表 2-10　printf 函数的附加格式说明字符

字　　母	说　　明
i	用于长整型整数，可加在格式符 d, o, x, u 前面
m（代表一个正整数）	数据最小宽度
n（代表一个正整数）	对实数，表示输出 n 位小数，表示截取的字符个数
—	输出的数或字符在域内向左靠；无 "—" 时，在域内向右靠

下面将它们归纳为 3 类加以说明。

（1）整数

它包括 %d、%o、%x、%u，这里以 %d 为例加以说明。

1）%d，按整数型数据的实际长度输出。

2）%md，m 为指定的输出字段的宽度。如果数据的位数小于 m，则左端补以空格；若大于 m，则按实际位数输出。

3）%ld，输出长整型数据。

例如：`long int x =256790;`
　　　`printf("%ld",x);`

如果用 "%d" 输出，就会发生错误，因为整型数据的范围为 –32 768～32 767。对于 long 型数据，应当用 "%ld" 格式输出。对于长整型数据，也可以指定字段宽度，如将上例中的 "%ld" 改为 "%8ld"，则输出为：

　　　【空格】【空格】256790

一个 int 型数据可以用 %d 或 %ld 格式输出。

%o、%u、%x 中加入类似的修饰符，分析同上。

（2）字符串

s 格式符用来输出一个字符串，有以下几种用法：

1）%s 输出指定字符串。

2）%ms 输出的字符串占 m 列，如果字符串本身长度大于 m，则突破 m 的限制，将字符串全部输出。若串长度小于 m，则左补空格。

3）%-ms。如果串长小于 m，则在 m 列范围内，字符串向左靠，右补空格。

4）%m.ns 输出占 m 列，但只取字符串中左端 n 个字符。这 n 个字符输出在 m 列的右侧，左补空格。

5）%-m.ns。其中 m、n 含义同上，n 个字符输出在 m 列的左侧，右补空格。如果 n>m，则 m 自动取 n 值，即保证 n 个字符正常输出。

例 2.9　字符串输出的程序。

```
1 #include <stdio.h>
2 void main()
3 {
4     printf("%3s,%7.2s,%.4s,%-5.3s\n","HUST",HUST",HUST",HUST");
5 }
```

输出如下：

```
HUST, _ _ _ _ _HU, HUST, HUS_ _
```

其中，第三个输出项的格式说明 "%.4s"，即只指定了 n，没指定 m，自动使 m＝n＝4，故占 4 列。

（3）浮点数

f 格式符用来输出实数（包括单、双精度），以小数形式输出。有以下几种用法。

1）%f，不指定字段宽度，由系统自动指定，使整数部分全部如数输出，并输出 6 位小数。应当注意，并非全部数字都是有效数字。单精度实数的有效位数一般为 7 位。

2）%m.nf 指定输出的数据占 m 列，其中有 n 位小数。如果数值长度小于 m，则左端补空格。

3）%-m.nf 与 %m.nf 基本相同，只是使输出的数值向左靠，右端补空格。

例 2.10　输出实数时指定小数位数的程序。

```
1        #include <stdio.h>
2        void  main()
3        {
4              float  x =357.987;
5              printf("%f  %10f %10.2f  %.2f  %-10.2f \n",x,x,x,x,x);
6        }
```

输出结果：

```
357.987000 357.987000_ _ _ _ _357.99 357.99 357.99_ _ _ _
```

2.7.2　格式输入函数 scanf

```
scanf（格式控制，地址表列）
```

其中，格式控制的含义同 printf 函数；地址表列是由若干个地址组成的表列，可以是变量的地址，或字符串的首地址。这些在第 1 章已经介绍，这里对格式输入中的格式说明做补充说明。

与 printf 函数中的格式说明相似，以"%"开始，以一个格式字符结束，中间可以插入附加符。表 2-11 列出 scanf 用到的格式字符。表 2-12 列出了 scanf 函数可以用到的附加说明字符（修饰符）。

表 2-11　scanf 函数格式字符

格 式 字 符	说　　明
d	用来输入有符号的十进制整数
u	用来输入无符号的十进制整数
o	用来输入无符号的八进制整数
x、X	用来输入无符号的十六进制整数
c	用来输入单个字符
s	用来输出字符串，在输入时以空白字符开始，以一个空白字符结束
f	用来输入实数，可以用小数形式或指数形式输入

表 2-12　scanf 函数的附加格式说明符

字　　符	说　　明
l	用于输入长整型数据（可用 %ld、%lo、%lx）及 double 型数据（%lf）
h	用于输入短整型数据（可用 %hd、%ho、%hx）
域宽	指定输入数据所占宽度（列数），域宽应为正整数
*	表示本输入项在读入后不赋给相应变量

说明：

1）对 unsigned 型变量所需的数据，可以用 %u、%d 或 %o、%x 格式输入。

2）可以指定输入数据所占列数，系统自动根据它截取所需数据。

例如：scanf("%3d%3d", &a,&b);

若输入：123456

则系统自动将 123 赋给 a，将 456 赋给 b。此方法也可用于字符型。

例如：scanf("%3c", &ch);

如果从键盘连续输入 3 个字符 abc，由于 ch 只能容纳一个字符，系统就把第一个字符 'a' 赋给 ch。

3）如果在"%"后有一个"*"附加说明符，表示跳过指定的列数。

例如：scanf("%2d%*3d%2d", &a, &b);

如果输入如下信息：

　　　12 345 67

则将 12 赋给 a，%*3d 表示读入 3 位整数，但不赋给任何变量。然后再读入 2 位整数 67 赋给 b。即第 2 个数据"345"被跳过。在利用现成的一批数据时，有时不需要其中某些数据，可用此方法"跳过"它们。

4）输入数据时不能规定精度。

例如：`scanf("%7.2f", &a);`

是不合法的，不能企图利用这样的 scanf（ ）函数并输入以下数据而使 a 的值为 12 345.67：

`1234567`

本章小结

本章所描述的 C 语言基础知识是编写 C 语言程序的基础。在编写 C 语言程序时，应注意以下几个方面的问题：

1）不同数据类型的变量有不同的取值范围。

2）正确使用运算符来表示现实世界中的问题。对于较为复杂的表达式，建议使用圆括号来区分计算的优先顺序，这有助于提高程序的可读性。

3）运算符的优先级问题。

4）数据类型之间的强制转换问题。

5）输入 / 输出库函数的正确使用问题。

本章中还列举了一些简单的程序范例来说明 C 语言基础知识在程序中的使用。读者可借鉴这些范例，将自己的疑问和想法写成程序语句，再上机调试、运行，通过程序的运行结果来分析问题，进一步掌握 C 语言的基本语法规则，这有助于提高大家对 C 语言知识的理解，提高大家的编程能力。

习题 2

一、选择题

1. 不属于字符型常量的是（ ）。

A）'A'   B）"B"   C）'\N'   D）'\X72'

2. 属于整型常量的是（ ）。

A）12   B）12.0   C）–12.0   D）10E10

3. 属于实型常量的是（ ）。

A）'A'   B）"120"   C）120   D）1E–1

4. '\72' 在内存中占（ ）字节，"\72" 在内存中占（ ）字节。

A）4   B）3   C）2   D）1

5. char 型常量在内存中存入的是（ ）。

A）ASCII 代码值   B）BCD 代码值   C）内码值   D）十进制代码值

6. 已知字符 'A' 的 ASCII 代码值是 65，字符变量 c1 的值是 'A'，c2 的值是 'D'。执行语句 "printf("%d, %d", c1, c2–2);" 后，输出的结果是（ ）。

A）A，B   B）A，68   C）65，68   D）65，66

7. 字符串 "\\\"ABC\"\\" 的长度是（ ）。

A）11   B）7   C）5   D）3

8. 设有整型变量 i，其值为 020；整型变量 j，其值为 20。执行语句：

`printf("%d,%d\n", i , j);` 后，输出结果是（ ）。

A）20，20   B）20，16   C）16，16   D）16，20

9. 设整型变量 a 为 5，使整型变量 b 不为 2 的表达式是（ ）。

A）b＝a / 2   B）b＝6–(–a)   C）b＝a % 2   D）b＝a＞3 ? 2 : 1

10. 设整型变量 x 为 5，y 为 2，结果值为 1 的表达式是（　　　）。

　　A）!(y==x / 2)　　　　B）y !=x % 3　　　　C）x>0 && y<0　　　　D）x !=y || x>=y

11. 设有整型变量 n1、n2，其值均为 3，执行语句"n2=n1++, n2++, ++n1;"后，n1 的值是（　　　），n2 的值是（　　　）。

　　A）3　　　　　　　　B）4　　　　　　　　C）5　　　　　　　　D）6

12. 设单精度型变量 f、g 均为 5.0，使 f 为 10.0 的表达式是（　　　）。

　　A）f+=g　　　　　　B）f-=g+5　　　　　C）f*=g-15　　　　　D）f/=g*10

13. 执行语句"x=(a=3, b=a--);"后，x、a、b 的值依次为（　　　）。

　　A）3，3，2　　　　　B）3，2，2　　　　　C）3，2，3　　　　　D）2，3，2

14. 表达式"1 ? (0 ? 3 : 2) : (10 ? 1 : 0)"的值为（　　　）。

　　A）3　　　　　　　　B）2　　　　　　　　C）1　　　　　　　　D）0

15. sizeof(double) 的结果是（　　　）。

　　A）8　　　　　　　　B）4　　　　　　　　C）2　　　　　　　　D）出错

16. 设 x、y、z 均为实型变量，代数式"x / (yz)"的正确写法是（　　　）。

　　A）x / y * z　　　　　B）x % y % z　　　　C）x / y / z　　　　　D）x % * z

17. 设实型变量 f1、f2、f3、f4 的值均为 2，整型变量 m1、m2 的值均为 1，表达式语句"(m1=f1>=f2) && (m2=f3<f4);"的值是（　　　）。

　　A）0　　　　　　　　B）1　　　　　　　　C）2　　　　　　　　D）出错

18. 设整型变量 x 的值为 35，则表达式"(x & 15) && (x | 15)"的值是（　　　）。

　　A）0　　　　　　　　B）1　　　　　　　　C）15　　　　　　　　D）35

19. 设有单精度变量 f，其值为 13.8。执行语句"n=((int) f) % 3;"后，整型变量 *n* 的值是（　　　）。

　　A）1　　　　　　　　B）4　　　　　　　　C）4.3333333　　　　D）4.6

二、判断题（判断下列描述的正确性，对则划√，错则划 ×）

1. 任何字符常量与一个任意大小的整型数进行加减都是有意义的。　　　　　　　　　　　　　（　　　）

2. 转义字符表示法只能表示字符不能表示数字。　　　　　　　　　　　　　　　　　　　　（　　　）

3. 在命名标识符中，大小写字母是不加区分的。　　　　　　　　　　　　　　　　　　　　（　　　）

4. 在 C 程序中，对变量一定要先说明再使用，说明只要在使用之前就可以。　　　　　　　　（　　　）

三、填空题

1. 已知字符 A 的 ASCII 码值为 65，以下语句的输出结果是　__(1)__　。

```
char ch='B';
printf("%c %d", ch, ch );
```

2. 有以下语句段：

```
int n1=10, n2=20;
printf("_(1)_", n1, n2);
```

要求按以下格式输出 n1 和 n2 的值，每个输出行从第一列开始：

```
n1=10
n2=20
```

3. 有以下程序：

```
#include<stdio.h>
```

```
void main()
{
    int t=1,i=5;
    t*=(i++)+(--i);
     printf("%d",t);
}
```

该程序执行后，输出结果是 ___（3）___。

四、计算下列各表达式的值（下列各表达式是相互独立的，不考虑前面对后面的影响）

1. 已知 unsigned int x = 015, y = 0x2b;

（1）x | y;   （2）x ^ y;   （3）x & y

（4）~x + ~y   （5）x <<= 3;   （6）y >>= 4;

2. 已知 int i = 10, j = 5;

（1）++i – j – –;   （2）i = i *= j;   （3）i = 3/2 * (j = 3–2);

（4）~i ^ j;   （5）i & j | 1;   （6）i + i & 0xff;

3. 已知 int a = 5, b = 3; 计算下列各表达式的值以及 a 和 b 的值。

（1）!a && b ++;   （2）a || b + 4 && a * b;

（3）a = 1,b = 2,(a > b) ? ++a : ++b;   （4）++b, a = 10, a + 5;

（5）a += b %= a + b;   （6）a != b > 2 <= a + 1;

4. 计算下列表达式的值，并指出结果值的类型，以及变量 x、y 最后的值。

（1）3+7%4–1

（2）已知 int x=24, y=3

x++/– –y   x&y   x&&y   x|y   x||y

x>>=y–1   y<<=3   x^y   ~x+~y

（3）已知 int x=0, y=1

x!=y<=2<x   (x=y)?x++:y– –   (x==y)?x++:y– –

x– =y*=x+3   x=2,y=x*++y

五、程序分析题（写出下列程序的输出结果）

程序 1：

```
#include <stdio.h>
void main(  )
{
    int a = 1, b = 1;
    a += b+= 1;
    {
            int a = 10, b = 10;
            a += b += 10;
            printf("b = %d\t", b);
    }
    a *= a *= b * 10;
    printf ("a = %2d\n", a);
}
```

程序 2：

```
#include <stdio.h>
void main(  )
```

```
{
    int a = 1, b = 2, c = 3;
    ++a;
    b += ++c;
    {   int b = 4,c = 5;
        c = b * c;
        a += b += c;
        printf("a1 = %d , b1 = %d\n", a, b, c);
    }
    printf("a2 = %d , b2 = %d\n", a ,b, c);
}
```

程序 3：

```
#include <stdio.h>
void main( )
{
    char c;
    printf("Input print_char : ");
    scanf("%c", &c);
    printf("%4c\t%c\n", c, c);
    printf("%2c\t%c\t%3c\t%c\n", c ,c ,c, c);
    printf("%c\t%c\t%5c\t%c\n", c , c, c, c);
    printf("%c\t%c\t%5c\t%c\n", c, c, c, c);
    printf("%2c\t%5c\n", c, c);
    printf("%3c\t%c\n", c, c);
    printf("%2c\t%5c\n", c, c);
    printf("%c\t%c\t%5c\t%c\n", c, c, c, c);
    printf("%c\t%c\t%5c\t%c\n", c, c, c, c);
    printf("%2c\t%c\t%3c\t%c\n", c, c, c, c);
    printf("%4c\t%c\n", c, c);
}
```

第 3 章　程序和流程控制

计算机程序是指一系列可以被计算机设备所接受的指令或语句，这些指令或语句可以使计算机执行一种或多种运算。由此可见，计算机程序设计是计算机软件设计的基础，它的主要功能就是处理语句以及语句之间的关系或语句的集合（程序模块）及其之间的关系，以期结果（即程序）具备很好的性能；而其性能的好坏可用：可靠性（包括正确性）、效率、易用性、可读性（可理解性）、可扩展性、可复用性、兼容性、可移植性等指标来衡量；而对单个程序来讲，编程者主要是要注意编程的风格、程序的效率和程序的可靠性等几个方面的问题，特别是编程风格对初学者至关重要，世上不存在最好的编程风格，一切因需求而定；软件开发讲究风格一致，如果读者未掌握更适合的编程风格；那么就请采用本书的编程风格，并在每次实践中应用它，不要只看不用。

本章主要介绍单个函数的程序设计（本章中所提到的 C 语言程序都是指单个函数的程序），有关多函数的程序结构问题将在第 4 章详述。

3.1　C 语言程序的版式及语句

3.1.1　C 语言程序的版式

有关程序的编程格式已在第 1 章中说明，本章主要从编程的思路出发，从理解程序的结构框架出发，来说明程序的构架和格式，这里将它叫作程序的版式。

首先来看一个简单的 C 语言程序的例子，从键盘上输入两个整数，在屏幕上输出它们的和。

例 3.1　求两个整数之和的程序。

```
1        #include <stdio.h>           //预处理
2        void main( )                 //函数定义
3        {
4            int a,b;                  //变量说明
5            int sum;
6            scanf("%d %d",&a,&b);     //数据输入
7            sum = a + b ;            //执行部分
8            printf("sum=%d",sum);     //信息输出
9        }
```

运行结果：

```
7   8        //输入
sum=15
```

这是一个典型的只包含单个函数（即 main( )）的程序，编写单个函数的程序是整个编程的基础和入门，也是决定能否成为高水平编程者的关键，初学者必须掌握一些编程规律和方法，才能尽快进步和成长。

编写 C 语言程序一般应包含如下几个部分：

1）注释部分，格式为"/* 注释内容 */"或"// 注释内容"；在函数的最上端，一般都应有一段注释信息，主要说明函数的功能、输入/输出及其限制；若是商用软件还应包含版权信息，在程序的其他部分也可加注释。编程者要养成一边编程序、一边加注释的习惯。一般长段的注释用"/* 注释内容 */"形式，短段的注释用"// 注释内容"形式。

2）预处理块、全局变量说明等（参见后面章节）。

3）函数定义部分，包括函数返回值类型、函数名及参数表，由于只有一个函数故取名 main（），由于无返回值故类型为 void，无参数输入时，main（）内参数表为空。

4）变量说明部分，对所用的变量进行说明。

5）数据输入部分，对要使用的变量赋初值，可直接或间接输入，有些是在第 4 部分完成（即变量直接初始化）。

6）执行部分，它是整个程序的核心，一般是用结构化程序设计方法进行程序算法描述，然后将其转化成对应的 C 语言语句。

7）信息输出部分，根据要求输出所求的信息或返回结果；有些是在第 6 部分一边执行一边输出。

如上述程序的执行部分采用函数调用则上述程序应为例 3.2 形式。

例 3.2　求两个整数之和的程序。

```
10        #include <stdio.h>              //预处理
11        int add(int x,int y);           //函数声明
12        void main( )                     //函数定义
13        {
14                int a,b;                 //变量说明
15                int sum;
16                scanf("%d %d",&a,&b);    //数据输入
17                sum = add(a, b) ;        //执行部分
18                printf("sum=%d",sum);    //信息输出
19        }
20                                         //求和函数，输入参数为两个整数，返回值为其和
21        int add(int x, int y)            //函数定义，其返回值为整数，故函数类型为int
22        {
23                int z;                   //变量说明
24                z = x + y;               //执行部分
25                return z;                //信息输出（返回结果）
26        }
```

运行结果：

```
7   8                  //输入
sum=15
```

从上面程序看，对于函数 add(int x, int y) 也是大致包含上面七个部分，只是其数据输入部分完全依靠参数传递完成（有关参数传递将会在第 4 章详细介绍）。在编写的时候，各功能部分应都考虑周全，并以空行隔开。

程序的分界符"{"和"}"应独占一行并且位于同一列，同时与引用它们的语句左对齐；"{ }"之内的代码块在"{"右边数个空格处左对齐。

如果出现嵌套的"{ }"，则使用缩进对齐，如：

```
{
    ...
        {
```

```
        ...
      }
   ...
}
```

3.1.2　C 语言的语句

　　语句是程序的基本元素，程序中的各功能部分都是由一定含义的语句组成的，换句话说，语句是一个完整程序的基本组成部分。C 语句的特点是以分号为结束符。

　　例如：x = 10　　　　　　/* 不是语句 */

　　　　　y = 7;　　　　　　/* 分号结束，构成语句 */

　　根据语句的作用可以把语句分成说明语句和执行语句两大类。

1. 说明语句

　　用来对程序中所使用的各种类型变量及属性进行说明，按其所起作用有时称为定义语句：

　　说明语句的格式为：

```
<存储类型> 数据类型 变量名列表;
```

　　例如： int i, j ;

　　说明了两个整型变量 i 和 j，执行语句中所使用的每一个变量都必须在此前说明过。

　　说明语句也可以初始化，如：

```
char  ch = 'H';
unsigned  long  y = 0x356847412 ;
```

2. 执行语句

　　执行语句一般包含四大类，分别是：

- 表达式语句（包括空语句）。
- 复合语句。
- 流程控制语句。
- 辅助控制语句。

　　（1）表达式语句

　　任何一个表达式加上一个分号就是一条语句，只有分号而没有表达式的语句叫空语句；一般的格式为：

```
表达式; //表达式语句
       ; //空语句
```

可以认为上一章中学习的表达式是为本章的表达式语句服务的，表达式表示一定的功能，而表达式语句执行一定的功能；除了上一章学习的内容外，还有一种常用的语句就是函数调用表达式加一个分号构成的函数调用语句；其中有返回值的函数调用表达式还可以作为赋值表达式的右值赋给左值的某个变量保存起来，例如：

```
sum = add( a , b) ;
//赋值语句，将函数调用的结果赋给变量sum
```

```
printf( "hello !")  ;
//完成一定功能的函数调用语句
```

空语句主要用在特定的控制结构中，表示该处要执行语句但不完成功能。

有关空语句的用途将在 3.5 节中给予介绍。

（2）复合语句

将若干语句用花括号"{ }"括起来就构成了复合语句，复合语句在语法上相当于一个语句，在程序结构上以整体出现，相当于程序块（Block），当一个功能必须用多条语句才能完成时，就需要使用复合语句。复合语句的一般格式为：

```
{
        说明语句；
        可执行语句；
}
```

一般情况下建议复合语句里只写执行语句，而说明语句统一放在函数开始的位置。

3.2　结构化程序设计和流程控制

3.2.1　结构化程序设计

结构化程序设计的基本思想：任何程序都可以用三种基本结构表示，即顺序结构、选择结构和循环结构。由这三种基本结构经过反复嵌套构成的程序称为结构化程序。

顺序结构：按语句顺序依次执行。如图 3-1 所示。

选择结构：根据给定的条件进行判断，由判断结果决定执行两支或多支程序段中的一支，如图 3-2 所示。由两分支选择结构可以派生出另一种基本结构，多分支选择结构。

循环结构：在给定条件成立的情况下，反复执行某个程序段。有当型循环结构和直到型循环结构，如图 3-3 所示。

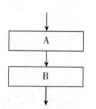　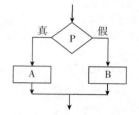　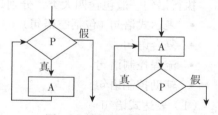

图 3-1　顺序结构示意图　　图 3-2　选择结构示意图　　图 3-3　循环结构示意图

3.2.2　C 语言的流程控制语句和辅助控制语句

根据结构化程序设计的基本思想，程序的执行过程可以用上述的流程结构和结构的嵌套表示出来，而 C 语言又为这种流程结构提供了对应的流程控制语句，这样就能非常方便地将程序的执行过程用 C 语言描述出来，程序执行过程的 C 语言描述就是我们所编写的程序的主体。如图 3-4 所示的控制语句是最基本的，我们只要灵活地运用它们，就会编写出各种复杂

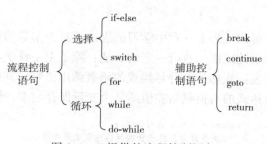

图 3-4　C 提供的流程控制语句

的程序。所以也可以把这些语句叫结构化语句，具体将在下一节详细说明。

3.3　if 语句

3.3.1　if 语句的标准形式

if-else 条件分支语句的流程和语句形式如
图 3-5 所示。
例如：

```
if(a>=0)
{
    printf("come on ,baby!");
}
else
{
    printf("go away!");
}
```

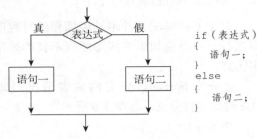

图 3-5　标准 if-else 的流程和语句

为提高程序的可读性和可靠性，建议结构化语句的执行体部分都采用复合语句，哪怕是只有一条语句，如上例。这一点对初学者尤其重要。

if 后面圆括号中的表达式一般是关系表达式或逻辑表达式，它表示分支的条件。
在 C 语言程序中，下面两种方法经常使用：

```
if(x)  等价于 if(x!=0)
if(!x) 等价于 if(x==0)
```

假设布尔变量名字为 flag，它与零值比较的标准 if 语句如下：

```
if (flag)          // 表示flag为真
if (!flag)         // 表示flag为假
```

其他的用法都属于不良风格。
如变量 x 为 int，则与零值比较的标准 if 语句如下：

```
if ( x == 0)
if ( x != 0)
```

如变量 x 为 float 等实型变量，则与零值比较的标准 if 语句如下：

```
if (fabs(x)<= 1e-6 )
```

读者可以从不同类型的变量的值的二进制表示形式来理解上述写法。
程序中有时会遇到 if/else/return 的组合，应该将如下不良风格的程序：

```
if (condition)
    return x;
return y;
```

改写为：

```
if (condition)
{
        return x;
}
```

```
else
{
    return y;
}
```

或者改写成更加简练的：

```
return (condition ? x : y);
```

对于上述情况，并不是说那样编写程序会错误执行，而是说如果养成随便或不良的风格将贻害无穷。

if 分支是 if-else 分支的缺省情况，即缺省 else 时的条件分支。如图 3-6 所示。

例如：
```
if ( i<100)
{
    i++ ;
}
```

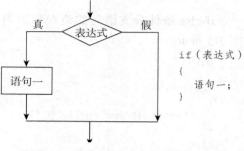

图 3-6   缺省 else 时的条件分支的
流程和语句

3.3.2   条件分支嵌套

```
if(表达式1)
    语句1;
else if(表达式2)
        语句2;
    else if…
            …
        else
语句n;
```

多条件分支所表示的流程结构如图 3-7 所示。

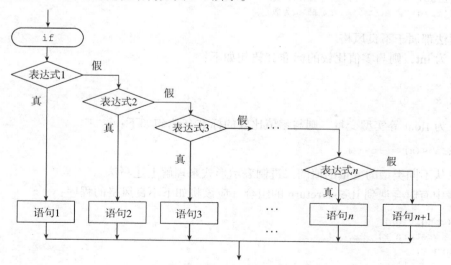

图 3-7   多条件分支下的流程控制

例 3.3   为了给某班学生的一次考试成绩分等级，其中 i 表示学生成绩，grade 表示等级。90 分以上的为 A，70 分到 90 分之间的为 B，60 分到 70 分之间的为 C，60 分以下的为 D。以下是程序的执行部分。

```
1              ...
2              ...
3              if (i>=90)
4              {
5                      grade= 'A'  ;
6              }
7              else if (i>=70)
8              {
9                      grade= 'B'  ;
10                     else if (i>=60)
11
12             {
13                     grade= 'C'  ;
14             }
15             else
16             {
17                     grade= 'D'  ;
18             }
```

这种 if 语句是编写多路判断最常用的方法。其中各表达式依次求值，一旦某个表达式值为真，则执行后面的语句，并终止整个语句序列的执行。很多问题的求解都可归纳为这种程序结构。

例 3.4　求一元二次方程 $ax^2+bx+c=0$ 的根，实系数 a、b、c 从终端输入。应考虑两个不同实根、相同实根和复根的情况。

分析：我们先要求输入的系数满足方程是一元二次方程，所以必须判断 a 是否为 0。接着分三种情况讨论。

- 当 $\Delta = b^2-4ac>0$ 时，有两个不同的实根，其中 $x1$、$x2$ 为其两个根。
- 当 $\Delta = b^2-4ac=0$ 时，有两个相同的实根，其中 $x1$、$x2$ 为其两个等根。
- 当 $\Delta = b^2-4ac<0$ 时，有两个共轭的虚根；我们把虚根的实部 $x3$ 和虚部 $x4$ 分成两部分分开计算，后来再组合在一起。

程序如下：

```
1              #include <stdio.h>
2              #include <math.h>
3              void main( )
4              {
5                      float a,b,c;
6                      float x1,x2;
7                      float x3,x4;
8                      printf("input the numbers: a ,b ,c");
9                      scanf("%f%f%f",&a,&b,&c);
10                     if (fabs(a)<1e-6)
11                     {
12                             printf("the input is error\n");
13                             return ;
14                     }
15                     if ( b*b > 4*a*c)
16                     {
17                             x1 = (-b+sqrt(b*b-4*a*c))/(2*a);
18                             x2 = (-b-sqrt(b*b-4*a*c))/(2*a);
19                             printf("x1=%.2f,x2=%.2f",x1,x2);
20                     }
```

```
21                   else if (fabs(b*b-4*a*c)<1e-6)
22                   {
23                           x1 = x2 = (-b+sqrt(b*b-4*a*c))/(2*a);
24                           printf("x1=x2=%.2f",x1);
25                   }
26                   else
27                   {
28                           x3 = -b/(2*a);
29                           x4 = sqrt(4*a*c- b*b)/(2*a);
30                           printf("x1=%.2f+%.2f i\n",x3,x4);
31                           printf("x2=%.2f-%.2f i\n",x3,x4);
32                   }
33           }
```

运行结果（分四种情况）：

```
（1）
  0  1  4                     //输入
  the input is error          //输出
（2）
  1  4  3                     //输入
  x1=-1.00 ,x2=-3.00          //输出
（3）
  1  4  4                     //输入
  x1=x2=-2.00                 //输出
（4）
  1  2  4                     //输入
  x1=-1+1.73 i                //输出
  x2=-1-1.73 i
```

3.4　switch 多分支选择语句

　　switch 也是分支选择语句，它可以是多分支选择，而 if 语句只有两个分支可供选择。虽然可以用嵌套的 if 语句来实现多分支选择，但在某些情况下，当选择的分支比较多且处理的功能要求比较高的情况下，如果还采用嵌套的 if 语句来编程的话，那样的程序不仅冗长难读而且效率不高，这就是 switch 语句存在的理由。其流程图和程序形式如图 3-8 所示。

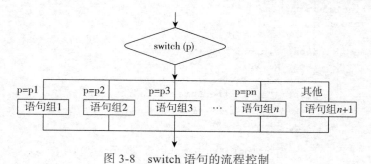

图 3-8　switch 语句的流程控制

对应的语句形式如下：

```
switch(表达式)
{
    case 判断值1:   语句组1;
                    break;
    case 判断值2:   语句组2;
```

```
                    break;
    . . .
    case 判断值 n:    语句组n;
                    break;
    default:        语句组;
                    break;
}
```

　　表达式是选择条件，可以是单个变量，也可以是组合表达式，但无论如何其最终的结果必须是一整数值，"{ }"内的所有内容是 switch 语句的主体，内含多个 case 分支，判断值必须是一个常量（代表一个具体整数），case 分支根据判断值标识条件选择入口；break 语句用于退出 switch 语句，如果不用 break 语句，则程序会依次往下执行。

　　例 3.5　编写一个示意性的菜单处理程序，按下一个功能键，执行相应的功能处理。

```
1          #define ESC  0x11b;
2          #define F1   0x3b00    //F1键的键值为0x3b00
3          #define F2   0x3c00
4          #define F3   0x3d00
5          #define F4   0x3e00
6          #define F5   0x3f00
7          #define F6   0x4000
8          #include <stdio.h>
9          #include <bios.h>
10         void main( )
11         {
12         unsigned  int  key_value;
13         key_value = bioskey(0);
14         switch (key_value)
15         {
16             case F1:   F1功能处理程序;
17                 break;
18             case F2:   F2功能处理程序;
19                 break;
20             case F3:   F3功能处理程序;
21                 break;
22             case F4:   F4功能处理程序;
23                 break;
24             case F5:   F5功能处理程序;
25                 break;
26             case F6:   F6功能处理程序;
27                 break;
28                 ...
29             default:   相应处理程序;
30                 break;
31         }
32     }
```

　　上述程序如果采用嵌套的 if 语句来编写，特别是功能键很多的时候，则程序结构和功能都难以理解，不像采用 switch 语句那样结构明了。

　　bioskey() 是一个库函数，其函数的原型说明包含在头文件 <bios.h> 中，故在程序前面的文件包含预处理有 "#include <bios.h>"。bioskey(0) 的功能是等待从键盘按下功能键，并返回其键值，键值是一无符号整型值，如按下 F1 键则返回键值 0x3b00，上述示意程序是编写键盘交互程序最常用的方法，读者可将上述示意程序具体化并上机实验。

对于上述内容，以下几点说明是通用的：

1）switch( ) 后面圆括号中的表达式要求结果是整数（整型变量），各个 case 的判断值要求是整型常量。

2）各个 case 和 default 及其下面的语句组的顺序是任意的，但各个 case 后面的判断值必须是不同的值。

3）多个分支语句组的 break 语句起着退出 switch-case 结构的作用，若无此语句，程序将顺序执行下一个 case 语句组。

4）当表达式的结果值与所有的 case 的判断值都不一致时，程序执行 default 部分的语句组。所以 default 部分不是必需的。

对于表达式的多个结果值执行相同的语句组，这时程序的形式是多个 case 重叠。我们看下面的例子。

例 3.6 我们在数学中经常遇到下面的计算式，输入一个数值 x，请计算结果。

$$y = \begin{cases} x+1 & 0 \leq x < 2 \\ 2x+2 & 2 \leq x < 4 \\ 3x+3 & 4 \leq x < 6 \\ 4x+4 & 6 \leq x < 8 \end{cases}$$

分析：对于这个公式，我们可以利用 if 语句写成一个嵌套式的 if 语句形式，具体程序如下。
[例程 3.6-1]

```
1          #include <stdio.h>
2          void main( )
3          {
4                  float x, y;
5                  printf("input the number x=");
6                  scanf("%f",&x);
7                  if( x >= 0 && x < 2 )
8                  {
9                          y = x + 1;
10                 }
11                 else if (x >= 2 && x < 4)
12                 {
13                         y = 2*x + 2;
14                 }
15                 else if ( x >= 4 && x < 6)
16                 {
17                         y = 3*x + 3 ;
18                 }
19                 else if ( x >= 6 && x < 8)
20                 {
21                         y= 4*x + 4;
22                 }
23                 else
24                 {
25                         printf("error in input data\n");
26                 }
27                 printf("y=%.2f",y);
28         }
```

运行结果：

```
1.00    //输入
2.00    //输出
```

利用 switch 语句同样可以实现上述功能，我们可以写成如下形式：

[例程 3.6-2]

```
1          #include<stdio.h>
2          void main( )
3          {
4                  float x,y;
5                  printf("input the number x=");
6                  scanf("%f",&x);
7                  switch((int)x)
8                  {
9                          case 0:
10                         case 1:
11                                 y = x +1;
12                                 break;
13                         case 2:
14                         case 3:
15                                 y = 2*x+2;
16                                 break;
17                         case 4:
18                         case 5:
19                                 y=3*x+3;
20                                 break;
21                         case 6:
22                         case 7:
23                                 y = 4*x + 4;
24                                 break;
25                         default:
26                                 printf("error in input data\n");
27                                 break;
28                 }
29                 printf("y = %.2f ", y );
30         }
```

我们要注意其中的 (int)x 是类型强制转换表达式，用于将浮点型 x 的值强制转化成整型，switch(表达式) 中的表达式必须为整型、字符型和枚举型，同一个 case 后面的常量不能相等，每一个 case 后面的语句可以是零个语句，也可以是多个语句，有多个语句时可以不用加"{ }"。

switch 语句一旦发现表达式的值与某个 case 的常量值相等，则从该 case 后面的第一个语句开始依次执行，执行完这个 case 语句之后自动进入下一个 case 语句继续执行，直到 switch 语句体中最后一个语句执行完成。如果执行一个 case 语句之后便跳出 switch 语句，则要利用 break 语句。

3.5 循环控制

3.5.1 while 语句

循环结构是在给定条件时，反复执行某个程序段，反复执行的程序叫循环体。C 语言有三种循环流程控制。while 循环、for 循环、do—while 循环。

while 循环的程序流程见图 3-9。

例 3.7　用 while 循环语句编写一程序求 $\sum\limits_{i=1}^{100} i$ 的值。

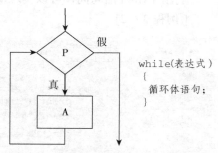

```
1              #include <stdio.h>
2              void main( )
3              {
4                      int i ;
5                      int sum ;
6                      sum = 0;
7                      i = 1;
8                      while (i <= 100)
9                      {
10                             sum = sum + i ;
11                             i ++;
12                     }
13                     printf("sum = %d\n" , sum);
14             }
```

图 3-9　while 语句的流程及语句形式

运行结果：

sum =5050

说明：

1）while 循环的表达式是循环进行的条件。用作循环条件的表达式中一般至少包括一个能够改变表达式的变量，这个变量称为循环变量。

2）当条件表达式的值为真（非零）时，执行循环体，为假（等于 0）则循环结束；因此 while(x) 等价于 while(x!＝0)、while(!x) 等价于 while(x＝＝0)、while(1) 表示无限循环。

3）当循环体不需要实现任何功能时，可用空语句作为循环体。

如：`while((ch=getchar())!='A');`

4）循环语句应有出口（通过循环语句的条件或循环体中的 break 语句）。

5）对于循环变量的初始化应在 while( ) 语句之前进行，通过适当的方式给循环变量赋初值。

6）while 语句中条件表达式的写法与前面 if 语句中条件表达式的写法基本相似。

3.5.2　for 语句

for 循环是功能上比 while 循环更强的一种循环结构，for 循环的程序流程见图 3-10。

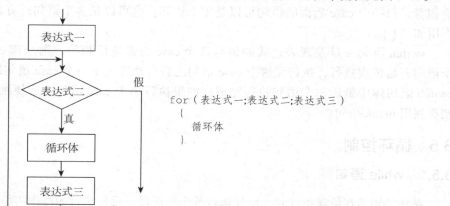

图 3-10　for 循环的流程和语句形式

for 循环通常用于构造"初值、终值、步长"型循环，如：

```
for ( i=0 ; i<100; i+=5)
{
    printf("%d\n",i);
}
```

for 循环的三个表达式起着不同的作用：表达式 1 用于进入循环前给某些变量赋初值；表达式 2 表明循环的条件；表达式 3 用于循环，并依次对某些变量的值进行修改。

在 for 循环中，表达式 1 和表达式 3 经常是逗号运算表达式。

例 3.8　我们还是用上一节的例子，利用 for 循环语句编写程序求 $\sum_{i=1}^{100} i$ 的值。

```
1        #include <stdio.h>
2        void main( )
3        {
4                int i ;
5                int sum ;
6                for (i = 1, sum = 0; i <= 100; i ++)
7                {
8                        sum += i;
9                }
10               printf("sum = %d \n", sum);
11       }
```

运行结果：

```
sum =5050
```

1）注意，表达式 1、表达式 2 和表达式 3 可以全部或部分省掉，但是分号不能省，相当于永真条件（条件永远成立），即 for(;;) 等同于 for(;1;)，此种情况下，必须在循环体中使用 break 来控制循环的结束。

2）循环体也可以为空语句，如：

```
for(int i=0 ; i<10000 ; i++) ;或for(int i=0 ; i<10000 ; i++) { }
```

这样的语句是起延迟一段时间的作用。

3）不可在 for 循环体内修改循环变量，防止 for 循环失去控制。

4）建议 for 语句的循环控制变量的取值采用"半开半闭区间"写法。

相比之下，如下示例 a 的写法更加直观，尽管两者的功能是相同的，都是循环 N 次。

for (int x=0 ; x<N ; x++)
{
　…
}
	for (int x=0 ; x<=N–1 ; x++)
	{
	　…
	}

示例 a) 循环变量属于半开半闭区间	示例 b) 循环变量属于闭区间

对于循环 N 次的结构，在某种特殊场合，如循环变量参加运算的情况下（如上例），也常用如下结构：

```
for (int x=1; x<=N ; x++)
{
    …
}
```

3.5.3 do-while 语句

do-while 循环程序流程和程序形式如图 3-11 所示。
例如，下面的代码用来显示：

```
0  1  2  3  4
int i=0;
do
    {
        printf("%3d" , i++) ;
    }while(i<5);
```

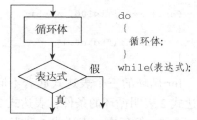

图 3-11 do-while 语句的流程与语句形式

do-while 循环体类似于 while 循环，不同之处是，它们执行循环体与计算表达式的先后顺序不同。从流程图可以看出：do-while 循环要至少执行一次循环体。一般情况下，do-while 循环比 for 循环用得少得多。

能用 while 循环和 for 循环描述的程序大多数情况下都能用 do-while 循环描述，比如上节中的例子也可用 do-while 循环来编写。

能用 do-while 循环描述的程序一定能用 while 循环和 for 循环描述，所以读者不习惯用 do-while 循环来编程，也可以不用它，但要明白它的意义，以便看懂别人编写的 do-while 循环程序。

例 3.9 利用 do-while 循环编写程序求 $\sum\limits_{i=1}^{100} i$。

```
1        #include <stdio.h>
2        void  main( )
3        {
4            int  i ;
5            int sum ;
6            sum = 0;
7            i = 1;
8            do
9            {
10               sum = sum + i ;
11               i ++;
12           } while ( i<=100);
13           printf("sum = %d \n", sum);
14       }
```

运行结果：

```
sum =5050
```

3.5.4 从一重循环到多重循环

由于 do-while 循环可以用 while 循环代替，故我们在本节不考虑用 do-while 循环。先考虑 while 循环，在一重循环中，while 循环语句的格式如下：

```
while(条件表达式)
{
  循环体部分;
}
```

当循环体部分的功能无法用顺序和选择结构而必须用循环结构来实现时，上述的结构就变成如下形式：

```
while(条件表达式1)
{
    while(条件表达式2)
    {
        循环体部分2;
    }
}
```

这种结构的形式就是二重循环，可以用来解决比一重循环更复杂的问题；内层循环可以认为是外层循环的循环体部分，也就是说外层循环每执行一次，内层循环就必须循环一遍。依此类推，如果循环体部分 2 的功能无法用顺序和选择结构而必须用循环结构来实现时，上述结构就变成了三重循环。

用上述的道理再考虑 for 循环，在只考虑二重循环的情况下有如下几种形式：

```
1) while(…)
   {
       …
       while(…)
       {
           …
       }
       …
   }
```

```
2) while(…)
   {
       …
       for(…; …; …)
       {
           …
       }
       …
   }
```

```
3) for(…; …; …)
   {
       …
       for (…; …; …)
       {
           …
       }
       …
   }
```

```
4) for(…; …; …)
   {
       …
       while(…)
       {
           …
       }
       …
   }
```

编写多重循环时我们应注意以下几点：

1）对于多重循环，特别要注意给与循环有关的变量赋初值的位置：只需执行一次的赋初值操作应放在最外层循环开始执行之前，作为外循环的一部分。

2）内外循环变量不应该同名，否则将造成循环控制混乱，导致死循环或计算结果错误。

3）应正确地书写内外循环体，需要在内循环中执行的所有语句必须用"{ }"括起来组成复合语句作为内层循环体；属于外循环的语句应放在内层循环体之外，外循环之中。

4）不应该在循环中执行的操作应放在最外层循环进入之前或最外层循环结束后。

多重循环又称循环的嵌套。上面的几种循环可以用来处理同一个问题，一般情况下，它们可以互相代替。其中第 3 种多重循环结构最常用。

在前面的基础上，我们列举一个用嵌套的 for 循环语句的程序，例如 3.10 所示。

例 3.10　编程显示输出如下所示的三角形的程序。

```
    *
   ***
```

```
     *****
    *******
   *********
  ***********
```

当然最简单的方法是直接用六条 printf() 语句实现；但这里如果我们规定每个 printf() 只输出一个字符：空格或 * 号，那么问题就必须认真分析了。

分析：如下所示，我们可以先找出规律。

	行数	* 号前空格数	* 数
*	0	5	1
***	1	4	3
*****	2	3	5
*******	3	2	7
*********	4	1	9
***********	5	0	11
	i	5−i	2*i+1

程序如下：

```
1          #include <stdio.h>
2          void main( )
3          {
4                  int i,j;
5                  for ( i = 0 ; i < 6 ; i ++)
6                  {
7                          printf("\n");
8                          for(j = 0 ; j < 5-i ; j ++)
9                          {
10                                 printf(" ");
11                         }
12                         for(j=0 ; j<2*i+1 ; j++)
13                         {
14                                 printf("*");
15                         }
16                 }
17         }
```

例 3.11 用如下格式输出乘法九九表。

```
 *  1   2   3   4   5   6   7   8   9
 1  1   2   3   4   5   6   7   8   9
 2      4   6   8  10  12  14  16  18
 3          9  12  15  18  21  24  27
 4             16  20  24  28  32  36
 5                 25  30  35  40  45
 6                     36  42  48  54
 7                         49  56  63
 8                             64  72
 9                                 81
```

简要分析：第一步我们先输出一行，即先输出 '*'，然后依次输出从 1 到 9 的 9 个数字。第二步换行到第二行。第三步我们用多重循环结构输出。即如果行号 i 小于列号 j 时，输出 i*j；反之，则输出空白字符 ' '。

程序如下：

```
1        #include<stdio.h>
2        void main( )
3        {
4            int i,j;
5            printf("%4c" , '*');
6            for(i=1;i<=9 ; i++)
7            {
8                printf("%4d" , i);
9            }
10           printf("\n");
11           for(i=1 ; i<=9 ; i++)
12           {
13               printf("%4d" , i);
14               for(j=1 ; j<=9 ; j++)
15               {
16                   if(i<=j)
17                       printf("%4d",i*j);
18                   else
19                       printf("%4c" , ' ');
20               }
21               printf("\n");
22           }
23       }
```

为了提高效率，在多重循环中，如果有可能，应当将最长的循环放在最内层，最短的循环放在最外层，以减少 CPU 跨切循环层的次数。例如示例 a 的效率比示例 b 的低。

`for (row=0; row<100; row++)`
`{`
 `for (col=0; col<5; col++ )`
 `{`
 `sum = sum + a[row][col];`
 `}`
`}`
	`for ( col=0; col<5; col++ )`
	`{`
	 `for (row=0; row<100; row++)`
	 `{`
	 `sum = sum + a[row][col];`
	 `}`
	`}`

示例 a）低效率：长循环在最外层	示例 b）高效率：长循环在最内层

3.6　辅助控制语句

C 语言的辅助控制语句包括 break、continue、return 和 goto 语句。

3.6.1　break 语句

break 语句不能用于循环体语句和 switch 语句之外的任何其他语句。

1）可以使流程跳出 switch 结构，继续执行 switch 下面的语句。有关应用已在 3.4 节详细讲述，在此就不再重复。

2）可以用来从循环体内跳出循环体，即结束当前循环，执行循环下面的语句。

注意：break 语句只能跳出一层循环。

我们先来看一个例子：将例 3.5 的要求进行简单修改。

编写一个示意性的菜单处理程序，要求按下功能键，执行相应的功能处理，重复执行直到按 ESC 键退出。

例 3.12 将例 3.5 进行简单修改得如下程序：

```
1         #define ESC   0x11b
2         #define F1    0x3b00                        //F1键的键值为0x3b00
3         #define F2    0x3c00
4         #define F3    0x3d00
5         #define F4    0x3e00
6         #define F5    0x3f00
7         #define F6    0x4000
8         ...
9         #include <stdio.h>
10        #include <bios.h>
11        void main( )
12        {
13                unsigned  int  key_value;
14                while(1)
15                {
16                        key_value = bioskey(0);
17                        if(key_value == ESC)    break; // 此处的break用于退出循环
18                        switch (key_value)
19                        {
20                                case F1:   F1功能处理程序;
21                                        break;              //此处的break用于退出switch语句
22                                case F2:   F2功能处理程序;
23                                        break;
24                                case F3:   F3功能处理程序;
25                                        break;
26                                case F4:   F4功能处理程序;
27                                        break;
28                                case F5:   F5功能处理程序;
29                                        break;
30                                case F6:   F6功能处理程序;
31                                        break;
32                                ...
33                                default:   相应处理程序;
34                                        break;
35                        }
36                }
37        }
```

3.6.2 continue 语句

结束本次循环，即跳过循环体尚未执行的语句，接着进行下一次是否执行循环的判定。

continue 语句和 break 语句的区别是：continue 语句只是结束本次循环，而不是中止整个循环，而 break 语句则是结束整个循环过程，不再判断执行循环的条件是否成立。

例 3.13 将 0～100 之间能被 5 整除的数输出。

程序如下：

```
1         void main( )                          void main( )
2         {                                     {
3                 int n;                                int n;
```

```
4                    for(n=0;n<=100;n++)              for(n=0;n<=100;n++)
5                    {                                {
6                        if(n%5!=0)                       if(n%5==0)
7                            continue;                        printf("%d\t",n);
8                        printf("%d\t",n);            }
9                    }                            }
10               }
```

上面的两个程序都能完成指定的功能。经过比较，我们会发现它们的循环条件有所不同，是从两个相反的方面考虑的。所以在某些场合使用 continue 语句可以提高整个程序的效率。

下面我们在一个例子中同时使用 break 和 continue 语句，来说明它们的区别。

例 3.14 输入一个圆的半径，输出圆的面积。

现在我们对这个程序进行改动，要求：

1）允许反复地输入半径，计算并显示圆的面积，直到输入的半径是 0 时为止（输入 0 半径是终止程序运行的信号）。

2）对输入的半径进行检查，若发现是负数将提示操作者重新输入。

程序如下：

```
1        #include<stdio.h>
2        #include<math.h>
3        #define PI 3.1415926
4        void main( )
5        {
6            double r,area;
7            while(1)
8            {
9                printf("input the radius:");
10               scanf("%lf", &r);
11               if(fabs(r)  <= 1 e-5)  break ;
12               else if(r<0.0)
13               {
14                   printf("the input is error\n");
15                   continue;
16               }
17               area = PI*r*r;
18               printf("the area is:%lf\n",area);
19           }
20       }
```

运行结果：

```
input the radius:-1   //输入
the input is error
input the radius:1
the area is: 3.1415926
input the radius:0    //退出整个while循环
```

注意，由于我们不知道到底要输入多少次，所以我们将 while 的循环条件设为 1，由 continue 和 break 来退出循环。其中利用 break 退出整个 while 循环，不再输入；利用 continue 结束本次循环，即下面的程序不执行，重新输入半径。

3.6.3　goto 语句和标号

在程序中使用 goto 语句时要求与标号配合，一般形式为：

```
goto    标号;
…
标号：  语句;
```

goto 语句的功能是，把程序控制转移到标号指定的语句处。即执行 goto 语句后，程序从指定标号处的语句继续执行。

注意：goto 语句常用来退出多重循环。

自从提倡结构化设计以来，goto 就成为有争议的语句。首先，由于 goto 语句可以灵活跳转，如果不加限制，它的确会破坏结构化设计风格。其次，goto 语句经常带来错误或隐患。它可能跳过了某些对象的构造、变量的初始化、重要的计算等语句，例如：

```
goto state;
string s1, s2;     // 被goto跳过
int sum = 0;       // 被goto跳过
…
state:
…
```

如果编译器不能发觉此类错误，每用一次 goto 语句都可能留下隐患。

很多人建议废除 C++/C 中的 goto 语句，以绝后患。但实事求是地说，错误是程序员自己造成的，不是 goto 的过错。goto 语句至少有一处可显神通，它能从多重循环体中一下子跳到外面，不用写多次 break 语句，例如：

```
{ …
    { …
        { …
            goto error;
        }
    }
}
error:
…
```

所以我们主张少用、慎用 goto 语句，而不是禁用。

3.7　典型程序编写方法举例

编程初学者（当然也包括部分编程老手）在编程时往往一开始就写程序语句，很少进行必要的分析。这样的结果一般是，除了少数极具天赋的能编写出理想的程序外，大多数情况都不太理想，往往是自己以为不错的程序问题百出，出现问题的原因在哪呢？

编写程序是来解决特定问题的，一般情况下，编写一个程序主要从两个方面来考虑问题，一个方面的问题是"静态"的，即我们不管编写什么样的程序都要考虑：该程序涉及哪些初始数据、输入数据、中间数据和结果数据。这些数据的结构如何，特性（包括数据类型和存储类型）如何，边界（可能的最大和最小值）如何，以及如何命名。当然本章主要考虑的是比较简单的单个程序的编写，问题的"静态"方面主要是指要说明什么样的变量，以及该变量能否满足对象数据的边界要求。比如有的编程者在编写求 10！的程序时，程序过程

没有任何问题，但就是结果不对，花了很长时间查错，最后才发觉是将结果变量定义成了 int 型，而 10! 超过了 int 型的最大值，这个错误就是编程者在说明变量时未考虑对象数据的边界要求造成的。

编程考虑的第二个方面的问题是"动态"的，大家知道：任何问题都有相应的解题过程，这个过程是与时间有关的动态过程，可以用一定的工具加以描述，这种对解题的步骤和过程的描述就是算法，算法从原则上应该具有有穷性、确定性和有效性的特点，有零个和多个输入、一个和多个输出。有些编程者辛辛苦苦编完了解题程序，却没有一条输出语句，看似程序是解决了问题，但执行程序时却没有解决问题；而计算机是通过执行程序来表现其功能的。故没有输出是没有任何意义的。算法不完全等同于问题的数学解题步骤，这一点是从高中过渡到大学的初学者要特别注意的，初学者应该逐步习惯数学思维向计算机思维的转变。

在本章我们强调了程序的风格和结构的规范化，但是当我们面对一个较为复杂的编程问题时，是不可能立即编写出风格和结构俱佳的程序的，一般的方法是采用自顶向下、逐步求精的模块化、结构化的方法进行分析和设计，把一个复杂问题变成若干便于实现的小问题，本章讲述的是单个程序的编写，即如何编写这些便于实现的小问题的程序，下面针对几类问题进行分析和实现。

（1）典型问题一

例 3.15 求序列：1、3、5、7、9……的前二十项之和。

分析：我们可以由上面的数列观察得出如下规律：

第 $i+1$ 项＝第 i 项＋2

由此我们可以先编写出程序然后再进行分析。

程序如下所示：

```
1          #include<stdio.h>
2          void main( )
3          {
4                  int  i;
5                  int  sum, t ;   //sum代表和, t代表某项
6                  sum  =  0 ;
7                  t    =  1 ;
8                  for (i=1 ; i<=20 ; i++)
9                  {
10                       sum + = t;
11                       t += 2;
12                  }
13                  printf(" sum = %d",sum);
14          }
```

运行结果：

```
sum = 400
```

分析上面的程序我们不难得出该程序的结构大致如下：

```
头文件部分
void main()
    {
              变量说明部分;
```

初始化（和清零，项变量初始化第一项）

```
        循环 (根据条件决定)
        {
            累加一项；
            根据本项计算下一项；
        }

        输出结果；
    }
```

根据上述程序的结构规律我们可以将其推广到任何多项序列求和的编程，只要项与项之间有规律即可，再看下面的例子。

例 3.16 求序列：1!、2!、3!、4!……的前八项之和。

首先分析项与项的关系，可以得出如下规律：

第 $i+1$ 项＝第 i 项 $*(i+1)$；

由此根据上面的通用程序结构可以编写出对应程序如下：

```
1          #include<stdio.h>
2          void main( )
3          {
4              int   i;
5              long    sum, t ;   //sum代表和，t代表某项
6              sum = 0 ;
7              t   = 1 ;
8              for (i=1;i<=8;i++)
9              {
10                  sum + = t;
11                  t *= (i+1);
12              }
13              printf(" sum = %ld",sum);
14          }
```

运行结果：

```
sum = 46233
```

比较例 3.15 和例 3.16，虽然两个程序完成的功能不同但两个程序却是如此相似，区别仅仅在于以下几点：

1）变量说明不一样；这恰恰是编程者应该注意的，我们在编写此类程序时一定要注意项和结果的数据类型及它们的数据范围，在用 printf() 语句输出时也要注意此点。

2）循环的条件不一样，这一点一般很容易根据要求得出。

上述编程思路略加变化又可以进行推广。

例 3.17 求序列：$\frac{1}{2}$、$\frac{3}{4}$、$\frac{5}{8}$、$\frac{7}{16}$、$\frac{9}{32}$……所有大于或等于 0.000001 的数据项之和，显示输出计算的结果。

分析：我们虽然不能直接用算术表达式表达某项与它的前一项的关系，但可以通过拆分的方法表达两项之间的关系。如本数列的项可以拆分成分子和分母。

第 i 项分子：$a_i = a_{i-1} + 2$

分母：$b_i = b_{i-1} * 2$

根据上述的通用结构，我们可以编写相应程序如下：

```
1        #include <stdio.h>
2        void main( )
3        {
4
5               float    sum, a,  b ;          //sum代表和，a为分子，b为分母
6               sum = 0 ;
7               a  = 1 ;                        //分子赋初值
8               b  = 2 ;                        //分母赋初值
9               while (a/ b>=1e-6)
10              {
11                     sum = sum + a/ b ;       //累加一项
12                     a  = a+2 ;               //求下一项的分子
13                     b  = b*2 ;               //求下一项的分母
14              }
15              printf(" sum = %f",sum);
16       }
```

运行结果：

```
sum =2.999999                                //浮点数的舍入误差造成的现象
```

再推广可应用到更复杂的情况，如下所示。

例 3.18　计算 $\sin(x)=x-\dfrac{x^3}{3!}+\dfrac{x^5}{5!}-\dfrac{x^7}{7!}+\dfrac{x^9}{9!}\cdots$，并使最后一项的绝对值小于 1e–6 为止。

分析：相对于上例，本数列的项除了可以拆分成分子和分母外还包含符号。

第 $i+1$ 项分子：　　$a_i=a_{i-1}*x*x$

　　　　　分母：　　$b_i=b_{i-1}*2i*(2i+1)$

　　　　　符号：　　$s=s*(-1)$

根据上述的通用结构，我们可以编写相应程序如下：

```
1        #include<stdio.h>
2        #include<math.h>
3        void main( )
4        {
5               int  i;
6               float  x, sum, a, b ;          //sum代表和，a为分子，b为分母
7               char s ;
8               printf("please input x:");
9               scanf("%f", &x);
10              s=1;
11              sum = 0 ;
12              a  = x ;                        //分子赋初值
13              b  = 1 ;                        //分母赋初值
14              for (i=1; a/ b>=1e-6 ; i++)
15              {
16                     sum = sum + s* a/ b ;   //累加一项
17                     a  = a*x*x ;            //求下一项的分子
18                     b  = b*2*i*(2*i+1) ;    //求下一项的分母
19                     s*=-1;
20              }
21              printf("sum = %f\n",sum);
22       }
```

运行结果：

```
please input x:2
sum = 0.9092974
```

依上面规律可以将其推广到类似更加复杂的应用。

（2）典型问题二

首先我们来看一个例子。

例 3.19 求 100～999 之间所有的水仙花数。所谓水仙花数即数的百位、十位和个位数的立方和恰好等于它本身。

我们先编写程序如下，再进行分析。

```
1          #include<stdio.h>
2          void main( )
3          {
4                  int  i,a,b,c;
5                  for (i=100;i<=999; i++)
6                  {
7                          a = i/100 ;              //求百位数
8                          b =(i-a*100)/10;         //求十位数
9                          c = i%10;                //求个位数
10                         if( a*a*a + b*b*b +c*c*c == i)
11                         {
12                                 printf("%6d", i);
13                         }
14                 }
15         }
```

运行结果：

```
153    370    371    407
```

分析上面的程序我们不难得出该程序的结构大致如下：

```
头文件部分
void main()
    {
            变量说明部分;

            初始化(可缺省);

            循环(根据条件决定)
            {
                先期处理(可缺省);
                根据条件判断输出所得结果(也可能是包含循环的程序结构);
            }
    }
```

根据上述程序的结构规律我们可以将其推广到其他类似求满足条件的程序编写中，这种循环条件加判断的编程方法我们这里将它叫作试数法。

例 3.20 小学生的加法算式：

$$a\ b\ c$$
$$+\ c\ b\ a$$
$$\overline{1\ 3\ 3\ 3}$$

a、b、c 为一位数，试编程求所有可能 a、b、c 的值。

要编写本程序，我们可以套用试数法的编程结构轻易得如下程序：

```
1        #include<stdio.h>
2        void main( )
3        {
4                int  i;
5                int a, b ,c;
6                for ( i=100 ; i<=999; i++)      //i代表abc，显然可以让初值等于300
7                {
8                        a = i/100 ;             //求百位数
9                        b =( i-a*100)/10;       //求十位数
10                       c = i%10;               //求个位数
11                       if( 1333 == a*100+b*10 + c + c*100 + b*10 + a)
12                       {
13                               printf("a= %d b=%d c=%d\n", a,b,c);
14                       }
15               }
16       }
```

运行结果：

```
a=4, b=1, c=9
a=5, b=1, c=8
a=6, b=1, c=7
a=7, b=1, c=6
a=8, b=1, c=5
a=9, b=1, c=4
```

比较例 3.19 和例 3.20，我们发现这两个程序基本一致，但完成的是不同的功能，不同的地方仅仅在于判断和输出的不同，为什么仅仅是判断与输出的不同就实现了不同的程序功能呢，是因为这两个问题是一类问题，可用相同的程序结构来表示，这种结构可以推广用于解决很多问题。

例 3.21 求已知两个正整数的最大公约数。

编写这样的程序虽然可以用一些数学算法来实现，但同样可以用上述试数法的程序结构来描述，而且程序更直观。程序如下：

```
1        #include<stdio.h>
2        void main( )
3        {
4                int  i;
5                int a, b ;
6                printf("please input a ,b:");
7                scanf("%d %d", &a,&b);
8                for ( i= a<b ? a:b ; i>0 ; i--) // i初值为a、b中的较小值
9                {
10                       if( a%i ==0  && b%i==0)
11                       {
12                               printf("the max  = %d ", i  );
```

```
13                              break;
14                      }
15              }
16      }
```

运行结果：

```
please input a ,b:6  4
the max  =2
```

用同样的方法也可以编写出求已知两个正整数的最小公倍数的程序，程序看起来几乎一致（读者可以尝试编写一下，循环条件和判断条件根据问题最原始的定义来确定，这也是试数法的根本）。

比较例 3.19 和例 3.20 或例 3.21，我们发现程序基本结构一致，但也有不同：例 3.21 的 if 语句后有 break 语句而例 3.19 或例 3.20 没有，原因是例 3.21 所求的结果是唯一的而例 3.19 或例 3.20 不是，在进行编程时，条件语句中是否应用 break 语句以及如何运用都要根据具体情况而灵活使用。

例 3.22   编程判断一个正整数是否为素数。

```
1           #include<stdio.h>
2           void main( )
3           {
4                   int i;
5                   int a ;
6                   printf("please input a: ");
7                   scanf("%d", &a);
8                   for ( i=2 ; i < a ; i++)
9                   {
10                          if( a%i == 0 )    //能整除就不是素数
11                          {
12                                  break;
13                          }
14                  }
15                  if(i>=a)
16                  {
17                          printf("%d is sushu",a);
18                  }
19                  else
20                  {
21                          printf("%d is not sushu",a);
22                  }
23          }
```

运行结果：

```
please input a:17
17 is sushu
```

比较例 3.21 和例 3.22，这两个程序在试数过程中都使用了 break 语句，但例 3.21 是先找到了唯一结果用 break 退出，而例 3.22 用 if 语句找到的是结果的反值，所以不能在循环体内找到结果，必须在循环体外进行判断。在本例中，在循环体外进行判断时只有两种情况：一种是"结果不是素数"，那么一定是通过 break 语句退出循环的，这时 i 的值一定是小于 a 的；另一种是"结果是素数"，那么一定是循环结束后退出的，那么 i 的值实际就是 a，所以在程序的最后使用 i 是否大于等于 a 来判断最后结果。这种技巧在很多场合都有应用。

下面我们来看一个更复杂的例子。

例 3.23 编程显示 10～100 之间的所有素数。

用前面所述的试数法的基本程序结构，不难得出程序的基本形式如下：

[例程 3.23.1]

```
1       #include<stdio.h>
2       void main( )
3       {
4               int  a;
5               for ( a= 10 ; a<=100 ; a++)
6               {
7                       判断a是否为素数，如果是就显示结果;
8               }
9       }
```

显而易见，上面的"判断 a 是否为素数，如果是就显示结果"实际上就是例 3.22 解决的问题；所以此例实际上就是试数法基本结构的一种嵌套形式，综合例 3.22 和例 3.23 不难得出本例的最终程序如下。

[例程 3.23.2]

```
1       #include<stdio.h>
2       void main( )
3       {
4               int a;
5               int i ;
6               for ( a= 10; a<=100 ; a++)
7               {
8                       for ( i = 2 ; i < a ; i++)
9                       {
10                              if( a%i ==0 )              //能整除就不是素数
11                              {
12                                      break;
13                              }
14                      }
15                      if(i>=a)
16                      {
17                              printf("%d\t",a);          //显示结果;
18                      }
19              }
20      }
```

运行结果：

| 11 | 13 | 17 | 19 | 23 | 29 | 31 | 37 | 41 | 43 | 47 | 53 | 59 | 61 | 67 | 71 | 73 | 79 | 83 | 89 | 91 |

上述通用的结构也可推广成如下程序结构：

```
头文件部分
void main( )
 {
    变量说明部分;
```

初始化 (可缺省);

多重循环(根据条件决定)
{
    前期处理(可缺省);
    根据条件判断输出所得结果(也可能是包含循环的程序结构);
}
}

与前面的程序结构相比，循环部分由一重循环变成了多重循环。

例 3.24 百钱买百鸡问题，用 100 元钱买 100 只鸡，其中母鸡每只 3 元，公鸡每只 2 元，小鸡 1 元 3 只，且每种鸡至少买一只，试编写程序列出所有可能的购买方案。

分析：根据要求每种鸡的数量为 1～98；可作为循环条件。

钱的总数和鸡的总数为 100 是判断条件，因此可以套用上述程序结构的程序如下：

```
1        #include <stdio.h>
2            void main()
3            {
4                int a, b , c;      //a,b,c分别代表母鸡,公鸡和小鸡数
5                for ( a=1; a<=98;a++)
6                {
7                    for (b=1;b<=98;b++)
8                    {
9                        for(c=1;c<=98;c++)
10                        {
11                            if((a+b+c==100)&&(a*3+b*2+c/3==100)&&(
                                c%3==0))
12                            printf("母鸡数:%d 公鸡数:%d 小鸡数:%d\
                                n",a,b,c);
13                        }
14                    }
15                }
16            }
```

运行结果：

```
母鸡数:5  公鸡数:32  小鸡数:63
母鸡数:10 公鸡数:24  小鸡数:66
母鸡数:15 公鸡数:16  小鸡数:69
母鸡数:20 公鸡数:8  小鸡数:72
```

3. 典型问题三

在程序设计中，有关条件选择或多重条件选择的问题相对比较容易；如输入学生成绩显示其等级，这些问题之所以我们能很快编写出程序的原因是这些给定的条件是显式的，我们一看题目就知道怎么做。而事实上很多问题都是根据输入或已知条件进行判断和处理的，而初学者往往对这类问题束手无策，原因何在呢？往往是因为这类问题条件的给定是隐式的，所以我们遇到这类问题时要善于发现其隐式给定的条件。如果这个问题解决了其他问题就迎刃而解了。

例 3.25 编程实现一个最简单的计算器的功能，如输入"3＋5"回车显示"3＋5＝8"，输错就退出（输入的不是加减乘除的运算就为错）。

分析：

1）上述问题从总体上看是一个循环，循环退出的条件也很清楚。

2）而看具体的处理过程，我们发现这是一个隐式的多重条件选择问题，即根据输入表达式的操作符来判断应该做哪类运算；分析到此问题就解决了，对应的程序编写如下。

```
1          #include <stdio.h>
2          void main( )
3          {
4                  float   a , b, s ;
5                  char op ;
6                  while(1)
7                  {
8                          scanf("%f %c %f", &a,&op, &b)
9                          if((op!='+') &&(op!='-')&& (op!='*')&&(op!='/'))
10                                         //不是加减乘除运算，退出
11                                  break;
12                          switch(op)        //按运算符号进行相应运算
13                          {
14                                  case '+' :      printf("%f+%f=%f",a,b,a+b);
15                                                  break;
16                                  case '- ':      printf("%f-%f=%f",a, b, a-b);
17                                                  break;
18                                  case '*' :      printf("%f * %f=%f",a,b,a*b);
19                                                  break;
20                                  case '/ ':      if(fabs(b)<1e-6)
21                                                          printf("除法错");
22                                                  printf("%f / %f =%f",a,b,a/b);
23                                                  break;
24                          }
25                  }
26          }
```

运行结果：

```
12.3+45.6   //输入:
12.30000+45.600000=57.900000
```

例 3.26　编写程序为小学生出一套最简单的整数（最大不超过 100）加减乘运算的试题，试题共十道题，每道题随机产生，产生后学生立即给出答案，计算机立即判断出正确和错误，十道题做完给出成绩。

分析：1）上述问题从总体上看是一个循环，循环次数为 10 次。

2）看具体的处理过程，同样发现这也是一个隐式的多重条件选择问题，即根据随机产生的数字来确定操作符进而确定试题表达式，由此对应的程序编写如下。

```
1          #include <stdio.h>
2          #include <time.h>
3          #include <stdlib.h>
4          void main( )
5          {
6                  int   a , b, s, i;
7                  char op ;
8                  int score=0;
9                  randomize();                    //随机数发生器初始化
10                 for (i =0; i<10; i++)
```

```
11                    {
12                            a = random(101);        //随机产生一个0～100的整数
13                            b = random(101);        //随机产生一个0～100的整数
14                            op = random(3);         //随机产生一个0～2的整数
15                            if(op == 0)             //0代表加
16                            {
17                                    printf("%d + %d = ? ",a ,b);
18                                    scanf("%d", &s);
19                                    if (s==a+b)
20                                    {
21                                            printf("true");
22                                            score =score+10;
23                                    }
24                                    else
25                                    {
26                                            printf("false");
27                                    }
28                            }
29                            else  if(op == 1)        //1代表减
30                            {
31                                    printf("%d - %d = ? ",a ,b);
31                                    scanf("%d", &s);
32                                    if (s==a-b)
33                                    {
34                                            printf("true");
35                                            score =score+10;
36                                    }
37                                    else
38                                    {
39                                            printf("false");
40                                    }
41                            }
42                            else if(op == 2)         //2代表乘
43                            {
44                                    printf("%d * %d = ? ",a ,b);
45                                    scanf("%d", &s);
46                                    if (s==a*b)
47                                    {
48                                            printf("true");
49                                            score =score+10;
50                                    }
51                                    else
52                                    {
53                                            printf("false");
54                                    }
55                            }
56                    }
57            printf ("score =%d ", score);
58    }
```

本章小结

1. 关于编程风格

培养良好的编程风格是学习程序设计的重要一环。世上没有最好的编程风格，但编程者应至少要学会几种公认的比较常用的编程风格之一；学会后要一如既往地坚持并保持风格的一致，程序的风格虽然都是一些细小的事情，但对程序的质量起到至关重要的作用。

2. 关于结构化编程

结构化编程是程序设计的基础，初学者要在掌握基本语法要点的基础上，通过大量的编程实践来熟练掌握条件语句和循环语句的用法。程序设计是一门实践性非常强的课程，不实践是学不好的。

习题 3

一、填空题

1. 下面的程序输出结果为（　　　）

```c
#include<stdio.h>
void main ( )
   {
   int  s=2,k;
   for(k=7;k>=4;k--)
   {
        switch(k)
        {
        case 1:
        case 4:
        case 7:
           s++;
           break;
        case 2:
        case 3:
        case 6:
           break;
        case 0:
        case 5:
           s+=2;
        break;
        }
   }
   printf("s=%d\n",s);
}
```

2. 下列程序运行后的输出结果为（　　　）。

```c
#include<stdio.h>
void main()
{
int i,j,p,s;
s=0;
for(i=1;i<=4;i++)
  {
    p=1;
    for(j=1;j<=4;j++)
    p=p*j;
      s=s+p;
  }
  printf("s=%d\n",s);
}
```

3. 下面的程序将输入的小写字母转换为大写字母输出，当输入为 '$' 字符时，则停止转换，请在空白
处填上合适的语句，以使程序正确运行。

```
#include<stdio.h>
    void main( )
    {
        char c;
        do{
            printf("enter a char:");

            if('a'<=c&&c<='z')
                printf("%c\n",_____);
        }while(c!='$');
    }
```

二、编程题

1. 输入两个整数，输出其中较大者。
2. 有 3 个整数 a、b、c，由键盘输入，输出其中最大的数。
3. 从 1 累加到 100，用 while 语句。
4. 已知 $a_1=10$，$a_2=-3$，$a_n=3a_{n-1}+a_{n-2}$，求 $\{a_n\}$ 的前十项。
5. 输入一个自然数，判断它是奇数还是偶数。
6. 已知 $a_1=8$，$a_n=a_{n-1}+b_n$，$b_1=1$，$b_n=b_{n-1}+3$，求 $\{a_n\}$ 前 10 项之和。
7. 有一个函数：

$$Y=\begin{cases} x & (x<1) \\ 2x-1 & (1\leq x<10) \\ 3x-11 & (x\geq10) \end{cases}$$

编写一个程序，输入 x，输出 Y 的值。

8. 给出一个不多于 5 位的正整数，要求：求出它是几位数，分别打印出每一位数字，最后按照逆序打印各位数字，如原数为 321，应输出 123。
9. 编写一个猜数游戏程序，随机产生某个整数，从键盘反复输入整数进行猜数，当未猜中时，提示输入过大或过小；猜中时，指出猜的次数，最多允许猜 20 次。
10. 计算 1～999 中能被 3 整除，且至少有一位数字是 5 的所有整数。
11. 输入两个整数，求它们的最大公约数和最小公倍数。
12. 输入一个整数，求它包含多少个 2 的因子。（例如，8 含有 3 个 2 的因子，10 含有 1 个 2 的因子，15 不含 2 的因子。）
13. 计算 1!、2!、3!，…，10!。
14. 猴子吃桃问题：第一天吃掉总数的一半多一个，第二天又将剩下的桃子吃掉一半多一个，以后每天吃掉前一天剩下的一半多一个，到第十天准备吃的时候见只剩下一个桃子，求第一天开始吃的时候桃子的总数。
15. 输入圆锥体的底半径 r 和高 h，计算出圆锥体的体积并输出，圆锥体积公式为：
$V=1/3\pi r*r*h$。

第4章 函 数

C语言程序的结构特点是，程序整体是由一个或多个被称为函数的程序块组成。每个函数都具有各自独立的功能和明显的界面，从而程序整体具有清晰的模块结构。因此，C语言是一种十分适宜实现模块化软件设计的程序语言。C语言程序的这种结构特点为提高软件开发效率，改善软件质量提供了有力的保障。

在C语言程序设计中，无论多么复杂、规模多么大的程序，最终都落实到一个个小型简单函数的编写工作上，因此，C语言程序设计的基础工作是函数的设计和编制。本章讲述C语言函数的特点、函数的定义和调用，以及函数之间传递数据的方法。它们都是函数编制中必需的基本知识。

4.1 C语言程序结构及模块化设计

4.1.1 结构化软件及其优越性

当开发一些比较复杂的软件时，结构化的开发方法是常采用的方法，结构化开发方法的基本要点是：①自顶向下；②逐步求精；③模块化设计。结构化开发方法的基本思想：把一个复杂问题的求解过程分阶段进行，每个阶段处理的问题都控制在人们容易理解和处理的范围内。

（1）自顶向下

将复杂的大问题分解为相对简单的小问题，找出每个问题的关键和重点所在，然后用精确的思维定性定量地去描述问题。其核心本质是"分解"。

（2）逐步求精

将现实世界的问题经过几次抽象（细化）处理，最后到求解域中只是一些简单的算法描述和算法实现问题。即将系统功能按层次进行分解，每一层不断将功能细化，到最后一层都是功能单一，简单易实现的模块。求解（抽象）过程可以划分为若干个阶段，在不同阶段采用不同的工具来描述问题。实现细则在前期阶段可以不考虑。在每个阶段有不同的规则和标准，产生出不同阶段的文档资料。

总之，用结构化方法求解问题不是一开始就用计算机语言去描述问题，而是分阶段逐步求解。先用自然语言，数据流程图等工具一步步去抽象描述问题，最后，得到用计算机可求解的算法描述后，才用计算机语言去实现。

（3）模块化设计

逐步求精的结果是以子功能块为单位的算法描述。以子功能为单位进行程序设计，实现其求解算法的方式即模块化。模块化目的是为了降低程序设计复杂度，使程序设计、调试和维护等操作简单化。

结构化设计得到的一个重要结果就是所设计系统的软件结构图即软件模块结构图，图4-1给出了模块化软件设计的软件结构图示意图。图中的矩形框表示功能模块，它们都具有相对独立的单一功能。连接矩形的箭头表示模块间的调用关系。箭头指向的是被调用模块。从图中看出，软件功能 A 的实现需要调用模块 B 和 C 的功能。而 B 的功能是通过调用 D 和 E 的功能来实现的。其中 D 模块又需要使用 H 模块的功能等。

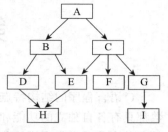

图 4-1　模块化软件示意图

　　例如：一个"工资计算程序"的自顶向下开发如图 4-2 所示。首先将"工资计算程序"这一较大任务划分成三个较小模块："输入信息"、"计算工资额"和"打印工资表"。"输入信息"模块专门用来输入工资的有关信息，而"打印工资表"模块专门用来进行输出操作，打印工资报表，输出所有的工资计算结果，它们都是功能单一独立的模块，不需要再划分。对于"计算工资额"模块，经分析仍然是一个复杂的任务，需继续向下划分成"计算应发额"和"计算扣除"两个模块。前者用于计算应发给职工的工资金额，后者用来计算从该职工应发额中扣除的金额。由于我国职工工资结构的复杂性，再将"计算应发额"模块继续向下划分成"基本工资计算"和"奖金额"两个模块，而将"计算扣除"模块继续向下划分成房租、水电费等，直到最底层的每个模块都是完成单一独立的功能为止。

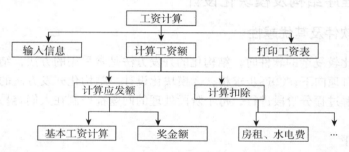

图 4-2　"工资计算程序"的自顶向下开发

　　结构化软件有许多优越性，其中主要有以下几点：

　　1）由于结构化中的模块是相对独立的，并且其功能单一完整，所以每个模块都可以独立地设计其算法，单独进行编写测试。从而使复杂的程序研制工作得以简化，有效地控制了程序设计的复杂性。

　　2）由于结构化中的模块是相对独立的程序块，所以一个模块中的错误不易扩散和蔓延到其他的模块中去，从而使软件的可靠性有了很大的提高。

　　3）对于大型软件，采用结构化开发方法，可以由众人同时进行集体性开发，从而加快了软件开发速度，能够大幅度地缩短开发周期。

　　4）由于软件具有模块结构，所以软件开发工作可以如同搭积木那样，把各个功能模块进行组合。这就使一人做出的模块可以被他人使用，一次开发出的模块可以在不同的程序中多次使用。从而避免了程序开发的重复劳动，提高了软件开发效率。

　　5）软件投入运行后，在对软件进行维护时，能够以模块为单位进行测试和修正。修正一个模块时不会影响其他模块的功能。在软件需要扩充功能时，只需增加若干功能模块，而不会涉及整个程序的大面积修改。因此模块化软件有良好的可维护性。

　　从软件工程上看，可靠性、效率、可维护性是软件质量的主要评价指标。因此，模块化软件能够成为高质量的软件。

4.1.2 C 语言程序的结构

C 语言是适合结构化软件开发的程序语言之一，这是因为用 C 语言编制的程序本身就具有模块化结构。C 语言程序是由一个或多个称为函数的程序模块组成，每个函数都具有相对独立的单一功能，所以我们说 C 语言程序是函数的集合体。例如，图 4-1 那样的模块化软件，用 C 语言编制程序时，每一个模块都对应一个函数。模块间的调用关系，就是在一个函数中调用其他函数的功能。

在组成 C 语言程序的若干函数中，必须有且只有一个函数称为主函数。它被规定命名为 main。程序的执行总是从主函数开始。主函数中的所有语句按先后顺序执行完，则程序执行结束。在一个函数内可以使用另一个函数的功能，如在图 4-3 中，在 main 函数内编写一条 "funA();" 语句，该语句称为函数调用语句，当程序执行到它时就转移去执行该被调用函数 funA()，从而调用了该函数。从图 4-3 也可以明显地看出 C 语言程序的模块化结构特点。

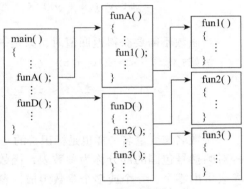

图 4-3 中每个函数的程序块称为该函数的定义。从形式上看，一个 C 语言源程序清单是由一个或多个函数定义组成的。组成 C 程序的函数，除了由用户定义的函数外，还有由系统提供的标准库函数。

图 4-3 函数的调用关系

4.2 C 语言函数的定义、原型和调用

C 语言中的函数和变量一样，具有存储类型和数据类型。此外，函数在定义时有特定的格式，在调用函数时要遵循特定的规则。本节介绍这些方面的内容。它们是编写函数时必须掌握的基础知识。

4.2.1 函数的定义

函数的定义就是编写完成函数功能的程序块。函数定义的一般格式是：

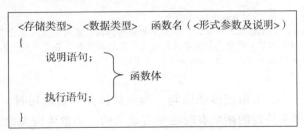

函数的定义由函数头和函数体两部分组成，函数头在函数定义的第一行，它指定了该函数的存储类型、函数返回值的数据类型和形式参数表；函数头中函数名后括号内列举形式参数及其数据类型的说明。形式参数表是函数接收输入数据（即实参）的入口，经处理和计算后得到结果作为返回值传递给调用函数。

说明：

1）函数的存储类型说明只有 extern（外部）和 static（静态）两种。当函数的存储类型

说明缺省时，定义的函数为外部函数。外部函数可被任何源文件所调用。

2）函数的数据类型是函数返回值的数据类型，可以是各种基本数据类型（char、int、double 等）和复杂数据类型，其中还包含指针类型和结构体。

例如：
```
double sum_double(double x , double y)
{
return( x + y);
}
```

只有当函数的返回类型为 int 型时，类型说明才可缺省。

例如：
```
sum(int x , int y)              // 相当于 int sum(int x , int y)
{
    return( x + y);
}
```

当函数不需要获得返回值时，只是一个过程调用，则将函数的类型指定为"void"。

例如：
```
void delay(long t)
{
  for(int i = 1; i < t; i ++)
    ;                    // 循环体为空语句
}                        // 延迟一段时间
```

函数名与变量名一样也是标识符的一种，与变量名命名规则类似，最好"见名知意"。由一对圆括号包围的部分称为参数表，函数定义时的参数表称为形式参数表，简称形参表。形参表可由零个、一个或多个参数组成，参数个数为零表示没有参数，但圆括号不能省。多个参数间应该用逗号分隔开来，每个参数包括参数名和类型说明，即用类型指定参数的数据类型。由类型说明、函数名和形参表构成了"函数头"，它既说明了函数的返回值，也说明了每个参数的数据类型。这种定义方式称为"现代风格定义方式"，具有直观、便于编译和不易出错等优点。

3）由大括号括起来的程序部分称为函数体。函数定义部分的函数体，在语法上可看成是一个复合语句。函数定义部分是由函数头和函数体组成。函数体内允许编写调用另一个函数的语句，也可以说明该函数所使用的局部变量、外部变量及要使用的外部函数。

例如：
```
double sh(double x)
{
        extern double exp(double);
        /* exp( ) 为标准库函数，在调用它的函数体内应该用函数原型向编译系统声明，若该源文
        件内有很多函数要调用它，可在文件的开头处用函数原型集中声明一次即可。*/
        return ((exp(x)-exp(-x)) / 2.0);
}
```

函数体内可以是 0 条、1 条或多条语句。当函数体是 0 条语句时，称该函数为空函数。空函数作为一种什么都不执行的函数有时也是有意义的。函数体内无论有多少条语句，其中括号都是不能省的。

例如：
```
void nothing(void)
{
  <空>    //0 条语句
}
```

但不允许在函数体内定义另一个函数。

例如:
```
void main(void)
{
   int x ;
   x = sub(20, 10);
   sub(int a, int b)      // 不允许在函数体内定义
   {                         另一个函数sub()
      return( a - b);
   }
   ...
}
```

main() 函数的定义部分

4.2.2 函数的调用

1. 函数的执行过程

在一个函数中调用另一个函数时，程序控制就从调用函数中转移到被调用函数中，并且从被调用函数的函数体起始位置开始执行该函数的语句。在执行完函数体中的所有语句后，或遇到 return 语句时，程序控制就返回调用函数中原来的断点位置继续执行。

2. 函数的原型（也称函数声明）

在程序中调用一个函数时，应该提供给编译系统该函数的特定信息，让系统知道该函数期望接受的是什么类型和多少数量的参数，知道函数的返回值类型。ANSI C 使用函数原型提供给系统该函数的特定信息。

在一个函数中调用另外一个函数（即被调用的函数）需要具备下列条件：

1）被调用的函数必须是已经存在的函数（是库函数或用户自己定义的函数）。

2）如果使用库函数，在本文件的开头用 #include 命令将调用有关函数时所需要的信息"包含"到本文件中来。例如：使用数学库中的函数，应该用 #include <math.h>，.h 是头文件所用的后缀。

如果调用的是用户自己定义的函数，则在调用函数所在文件中，对被调用函数进行声明。函数的声明可以在函数内部，也可以在函数外部。函数的声明既可以按照惯例置于程序首部，也可以置于相应的 .h 文件中，并以 #include"xx.h" 形式声明（此时头文件应使用双引号 " "），一般来说一个 .c 文件对应一个 .h 文件。与变量说明一样，函数声明的程序位置决定了它的可见性和使用范围。

在 C 语言中，函数原型的一般形式为：

① 函数数据类型 函数名（参数类型 1，参数类型 2…）；
② 函数数据类型 函数名（参数类型 1 参数名 1，参数类型 2 参数名 2…）；

第一种形式是基本形式，为了便于阅读，也允许在函数原型中加上参数名，就成了第二种形式。使用原型最方便且最安全的方法是把原型置于一个独立的文件中，当其他文件需要这个函数的原型时，就使用 #include 指令包含该文件。

3. 函数调用时参数的使用

在调用一个函数时，必须使用具有实际量的值作为函数的参数，这时函数的参数称为实

参数。

1）实参数的个数和顺序必须与函数定义的形式参数保持一致；

2）实参数据类型必须和相应的形式参数相同。

可以这样认为：实参的值是形参初始化的初值。从函数的调用特性可以知道：调用一个函数时，只需知道函数的功能（做什么），其参数（输入）及返回值（输出）的性质和意义，就可以正确使用它。对于函数如何完成功能的并不需要有任何了解。

4. 函数调用的方式

凡是已定义的函数就可以用如下格式直接调用它：

函数名（实参表）；

源程序中可出现以下三种函数调用方式：

（1）函数调用语句

将函数调用表达式后面加上一个分号构成了函数调用语句。

例如：函数原型：　`void delay(unsigned t);`
　　　调用语句：　`delay(60000);`

此时，不需要函数的返回值，而只要求它完成一定的功能操作，例如延时功能。

（2）函数表达式

将函数调用表达式放在一个表达式中，这时要求函数带回一个确定的返回值以参加表达式计算。这种调用方式用得最多的是，把函数调用表达式作为赋值运算的右值。

例如：　　　`v = volume(3, 4, 5);`
　　　　　　`c = 2 * max(a, b);`

（3）作为函数的实参

例如：`m = max(a, max(b, c));`

其中 max(b, c) 是第一次函数调用，它的返回值作为 max( ) 第二次调用的实参。m 的值取 a、b、c 中最大值。

再如：`printf("%d", max(a, b));`

4.2.3　参数数目可变的函数

C 语言中可以定义参数数目可变的函数。定义参数数目可变的函数时，必须至少明确说明一个形参；在列出的最后一个行参后面用省略符（…）来说明该函数的参数数目可变。调用参数数目可变的函数时，实参的数目必须等于或大于形参表中明确说明的形参的数目；实参在类型和次序上应与形参一致。标准输入 / 输出函数 scanf 和 printf 就是典型的参数数目可变的函数。

例如：函数原型：`int printf(char * format,…);`
　　　调用形式：`printf(`格式化字符串，输出参数 1，输出参数 2，…，输出参数 *n*`);`

其中第一个参数（格式化字符串）是必须的，其余参数可以有 0 个、1 个或多个。调用时，系统根据第一个参数中转换说明的数目和转换字符来决定其余参数的数目和类型。

4.3 变量的存储类型

4.3.1 概述

C 语言中的变量具有两种属性：根据变量所存放数据的性质不同而分为各种数据类型；根据变量的存储方式不同而分为各种存储类型。变量的数据类型决定了该变量所占内存单元的大小及形式；变量的存储类型规定了该变量所在的存储区域，因而规定了该变量作用时间的长短，即寿命的长短，这种性质又称为"存在性"。变量在程序中说明的位置决定了该变量的作用域，即在什么范围内可以引用该变量，"可引用"又称为"可见"，所以这种性质又称为"可见性"。

计算机的内存和 CPU 中的寄存器都可以存放数据，变量究竟存放在何处则由存储类型来决定。存储类型用来说明变量的作用域、生存期、可见性和存储方式。下面解释几个概念：

（1）作用域

作用域是该变量在其中有定义的程序部分，通俗地说，是该变量起作用的某个程序区域。

（2）变量的生存期

变量的生存期是指它从产生到消亡的存在时间，即变量从定义开始到它所占有的存储空间被系统收回为止的这段时间。

（3）变量的可见性

在某个程序区域，若可以对某变量进行访问（或称存取）操作时，则称该变量在该区域为可见的，否则为不可见的。

（4）全局变量和局部变量

在一个函数内部或复合语句内部定义的变量叫内部变量，又称为"局部变量"。在函数外定义的变量称为外部变量，又称为"全局变量"。

例如：
```
       int x ;
       void main( )
       {
              int a, b;
              float c;
              ...
       }
```

x：定义在函数外，是全局 int 型变量。

a，b：定义在 main() 函数内，是局部 int 型变量。

c：定义在 main() 函数内，是局部 float 型变量。

（5）动态存储变量和静态存储变量

在程序运行期间，所有的变量均需占用内存，有的是临时占用内存，有的是程序运行过程中从头到尾占用内存。在程序运行期间，根据需要进行临时性动态分配存储空间的变量称为"动态存储变量"，对于在程序运行期间永久性占用内存的变量称为"静态存储变量"。

一个正在运行的程序可将其使用内存的情况分为如下三类（如图 4-4）：

程序代码区：程序的指令代码存放在程序代码区。

静态存储区：静态存储变量存放区，包括全局变量。

动态存储区：存放局部自动变量、函数的形参以及函数调用时的现场保护和返回地址等。

变量定义的一般形式为：

图 4-4 内存分配情况

> < 存储类型 > 数据类型 变量名表；

存储类型包括：

auto	自动型
register	寄存器型
extern	外部参照型
static	静态型

4.3.2 自动型变量

1. 自动变量用关键字 auto 进行存储类型声明

（1）
```
void main
{
    auto int x, y;
    auto float z;
    ...
}
```

在主函数内定义了自动型 int 变量 x、y 和自动型 float 变量 z，在函数内或复合语句中定义自动型变量时 auto 可缺省，所以上例可以简写为：

```
void main
{
    int x, y;
    float z;
    ...
}
```

前面章节所定义的变量用的就是这种简化形式，所以前面章节所用变量都是 auto 型变量，一般情况下 auto 都缺省。

（2）
```
if (x!=y)
    {
        int i ;
        for (i = 0 ; i < 10 ; i++)
        {
            int  j ;
            ...
        }
    }
```

在条件判断后的那个复合语句中定义了一个自动型 int 变量 i，在 for 循环后的那个复合语句中定义了一个自动型 int 变量 j，虽然我们不提倡这种说明变量的方式，但 c++ 可以这样定义。

2. 作用域及寿命

由于自动型变量只能作内部变量，所以自动变量只在定义它的函数或复合语句内有效，即"局部可见"。

变量的作用域是指该程序中可以使用该变量名字的范围。对于在函数开头声明的自动变量来说，其作用域是声明该变量的函数。不同函数中声明的具有相同名字的各个局部变量之间没有任何关系。函数的参数也是这样的，实际上可以将它看作是局部变量。

例 4.1

```
1    #include <stdio.h>
2    void  main( )
3    {
4        int x=5;              //auto缺省………(1)
5        printf("x=%d\t",x);
6        if(x>0)
7        {
8            int x=10;    //auto缺省……………(2)
9            printf("x=%d\t",x);
10       }
11       printf("x=%d\n",x+2);
12   }
```

运行结果：

```
x=5      x=10     x=7
```

第一个 printf() 语句中的 x 的是在（1）处说明的，所以 x=5；

第二个 printf() 语句中的 x 的是在（2）处说明的，虽然 if 语句后的一对花括号包含在外层的花括号内，即前面一个 x 变量的内存还没释放，但 C++ 规定当出现类似的情况时，以内层说明优先，即相当于内层说明的变量 x 是另外一个变量 x'，在其所在的花括号内如果不包括更深层次的同名变量说明，则其中所引用的 x 就是 x'，所以 x=10；

第三个 printf() 语句中的 x 的是在（1）处说明的，因为这时（2）处说明的变量 x 已释放，故结果为 x＝7。

例 4.2 下面的例子说明了自动变量的特性。

```
1        #include<stdio.h>
2        void func( );
3        void func( )
4        {
5            auto int a = 0;
6            printf(" a of func( ) = %d\n",++a);
7        }
8        void main( )
9        {
10           int a = 10 ;
11           func( );                 // 调用func( )函数
12           printf(" a of main( ) = %d\n",++a);
13           func( );                 // 调用func( )函数
14           func( );                 // 调用func( )函数
15       }
```

运行结果：

```
a of func ( )=1
a of main( )=11
```

```
a of func ( )=1
a of func ( )=1
```

当第一次调用 func( ) 函数时，系统首先在动态存储区为 func( ) 函数的自动变量 a 分配内存空间，并将初值 0 存放在这一空间内；接着用 printf( ) 把自动变量 a 自增 1 后再输出显示值 1，随后遇到右花括号就离开它的作用域，这时 func( ) 函数内的自动变量的内存将释放，该变量将不存在，然后返回到主函数的下一条语句。它又是一条 pintf( ) 调用语句，把主函数内的同名自动变量 a 自增 1 后再输出显示，其值为 11，接着第 2 次调用 func( ) 函数，系统再次为 func( ) 函数内的自动变量 a 分配内存空间，并初始化为 0 重复执行上述过程。

例 4.3 下面的程序说明自动变量的初始化和作用域。

程序如下：

```
1       #include<stdio.h>
2       int n;
3       void show( );
4       void show( )
5       {
6           auto int i=3;
7           n++;
8           i++;
9           printf("input the value: n=%d  i=%d\n", n, i);
10          {
11              auto int  i=10;
12              i++;
13              printf("now the value i=%d \n",i);
14          }
15          printf("then the value i=%d\n",i);
16      }
17
18      void main( )
19      {
20          auto int i;
21          auto int n=1;
22          printf("at first n=%d\n",n);
23          for(i=1;i<3;i++)
24          {
25              show( );
26          }
27          printf("at last n=%d",n);
28      }
```

运行结果：

```
at first n=1
input the value: n=1  i=4
now the value i=11
then the value i=4
input the value: n=2  i=4
now the value i=11
then the value i=4
at last n=1
```

在函数外定义的变量 n 是全局变量, 初值为 0, 其寿命和作用域是全局的, 在 main() 函数内定义的变量 n 是局部变量, 初值为 1, 其作用域是在其所在的花括号对内, 在其范围内定义的变量 n 与全局变量 n 重名, 根据就近原则, 在 main() 函数中出现的 n 就是局部变量 n。

在 show() 函数中的变量 n 是全局变量, 其值被加 1 后存入 n, 故第一次调用 show() 时 n 的值为 1, 而第二次调用时 n 的值再被加 1, 故 n 的值为 2; 而对变量 i, 由于是局部 auto 型变量, 故两次调用时 i 的值是一致的。

在 show() 函数体的复合语句中, 分别有一个自动变量 i, 它们虽然同名, 但是是两个不同的变量。外层的 i 初始化为 3, 而内层初始化为 10。内层的 i 只是在复合语句内有效, 对外层的 i 值没有影响。

主函数 main() 在执行 for 循环语句时, 两次调用了 show() 函数。

4.3.3　寄存器型变量

1. 定义

寄存器型变量在函数内或复合语句内定义。

例如:
```
void main( )
{
    register int i;
    for (i=0;i=<100;i++)
    {
    ...
    }
}
```

寄存器型变量存储在 CPU 的通用寄存器中, 因为数据在寄存器中操作比在内存中快得多, 因此通常把程序中使用频率最高的少数几个变量定义为 register 型, 目的是提高运行速度。但并不是用户定义的寄存器型变量都被放入 CPU 寄存器中, 能否真正把它们放入 CPU 寄存器中是由编译系统根据具体情况作具体处理的。

2. 分配寄存器的条件

① 有空闲的寄存器;
② 变量所表示的数据的长度不超过寄存器的位长;

3. 作用域和寿命

作用域和寿命同 auto 类型, 也是在定义它的函数或复合语句内有效, 即 "局部可见"。

例 4.4　用寄存器变量提高程序执行速度。

```
1    #include<stdio.h>
2    //函数的形参也可以指定为寄存器变量, 一个函数一般以拥有2个寄存器变量为宜
3    #define T 10000
4    void delay1 ( );
5    void delay2 ( );
6    void delay1( )
7    {
```

```
 8            register unsigned i=0 ;
 9            for (;i<T;i++)
10            {
11                ......
12            }
13       }
14       void delay2( )
15       {
16            unsigned i ;
17            for (i=1 ; i<T; i++)
18            {
19                ......
20            }
21       }
22       void main( )
23       {
24            unsigned int i;
25            printf("\a调用delay1( )第一次延时!\n");
26            for ( i=0 ; i<60000 ; i++)
27            {
28                delay1();
29            }
30            printf("\a第1次延时结束!\n调用delay2( )第2次延时!\n");
31            for ( i=0 ; i<60000 ; i++)
32            {
33                delay2();
34            }
35            printf("\a第2次延时结束!\n");
36       }
```

运行结果：

```
调用delay1( )第一次延时!
第1次延时结束!
调用delay2( )第2次延时!
第2次延时结束!
```

由于 delay1( ) 函数使用了寄存器，它的执行速度比不使用寄存器变量的 delay2( ) 函数要快。

尽管使用寄存器变量可以提高程序运行的速度，但计算机的寄存器是有限的，为确保寄存器用于最需要的地方，应将使用最频繁的变量说明为寄存器存储类型。

4.3.4 外部参照型变量

1. 定义

extern 型变量一般用于在程序的多个编译单元之间传送数据，在这种情况下指定为 extern 型的变量是在其他编译单元的源程序中定义的，它的存储空间在静态数据区，在程序执行过程中长期占用空间。若要访问另一个文件中定义的跨文件作用域的全局变量，则必须进行 extern 说明。

例如：
```
/*file1.c*/          /*file2.c*/          /*file3.c*/
extern int x;        extern int x;        int x=0;
void main( )         void fun1( )         void fun2( )
{                    {                    {
    x++;                 x+=3;                printf("%d",x);
}                    }                    }
```

file1.c 和 file2.c 中的 extern int x；告诉编译程序 x 是外部参照变量，应在本文件之外去寻找它的定义。所以上面的 x 虽在两个源文件中，但它们是同一个变量。在文件之外的 file3.c 中，定义了 int x=0，即为它们调用的变量。

如果外部变量不在文件的开头部分定义，其有效的作用范围只限于定义处到文件结束。如果定义点之前的函数想引用外部变量，则应该在引用前用关键字 extern 对该变量作外部声明，有了此声明，就可以从声明处起，合法地使用该外部变量。

2. 作用域及寿命

作用域及寿命：全局存在，全局可见。

例 4.5　下例说明了外部变量的特性。

```
1       #include <stdio.h>
2       int n = 100;
3       void hanshu();
4
5       void hanshu(void)
6       {
7           n-=20 ;
8       }
9
10      int main(void)
11      {
12          printf("n=%d\n",n);
13          for(;n>=60;)
14          {
15              hanshu( );
16              printf("n=%d\n",n);
17          }
18          return 0 ;
19      }
```

执行结果：

```
n=100
n=80
n=60
n=40
```

n 是 int 型外部变量，定义时被显示初始化为 100。进入 for 语句时，n 值开始为 100，每次调用 hanshu( ) 后值减少 20，直到 n 值小于 60 为止。for 循环体三次调用函数 hanshu( )，当第二次、第三次调用，执行函数体中的赋值语句" n-=20;"时，n 的值就是上次调用后的值。可见外部变量值的连续性。

我们把上面的程序改一下。如果外部变量 n 的定义性说明在 hanshu( ) 之后，则系统在该处给变量分配存储单元并执行初始化。由于函数 hanshu( ) 中的 n 值是在 n 定义之前引用的，因此必须要用 extern 对 n 作引用说明（如下面程序），对外部变量引用说明时不分配存储单元，也不初始化，但在实际编程中我们不提倡这种用法。

```
1       #include<stdio.h>
2       extern int n;
3       void hansu();
4       void hanshu(void)
5       {
6           n -= 20 ;
7       }
8
9       int n=100;
10      int main(void)
11      {
12          printf("n=%d\n",n);
13          for(;n>=60;)
14          {
15              hanshu( );
16              printf("n=%d\n",n);
17          }
18          return 0 ;
19      }
```

执行结果：

```
n=100
n=80
n=60
n=40
```

使用这样的全局变量应十分慎重，因为在执行一个文件中的函数时，可能会改变了该全局变量的值，它会影响到另一文件中的函数执行结果。

例 4.6　用 extern 声明外部变量。

本程序的作用是给定 b 的值，输入 a 和 m，求 $a*b$ 和 a^m 的值。

文件 file1.c 中的内容为：

```
1       #include<stdio.h>
2       int a;
3       int m;
4       int power();
5       void main()
6       {
7           int b=3,c,d;
8           printf("input the number a and its power m:\n");
9           scanf("%d,%d",&a, &m);
10          c = a*b;
11          printf("%d*%d=%d\n",a,b,c);
12          d = power();
13          printf("%d**%d=%d",a,m,d);
14      }
```

文件 file2.c 中的内容为：

```
15      extern int a;
16      extern int m;
17      int power()
```

```
18      {
19          int i,y=1;
20          for ( i=1 ; i<=m ; i++)
21          {
22              y*=a;
23          }
24          return(y);
25      }
```

执行结果：

```
input the number a and its power m:
5,4                     //输入
5*3=15                  //输出
5**4=625
```

从上面可以知道，file2.c 文件中的开头有两个 extern 声明，它们声明在本文件中出现的变量 a 和 m 是已经在其他文件中定义过的外部变量，本文件不必再次为它分配内存。也就是说，本来外部变量 a 和 m 是定义在 file1.c 中的，但用 extern 扩展到 file2.c 上了。这样即使程序有 N 个源文件，在一个文件中定义了外部整型变量 a，其他 N−1 个文件都可以引用。

4.3.5　静态型变量

1. 定义

静态型变量既可以在函数或复合语句内进行，也可以在所有函数之外进行。在函数或复合语句内部定义的静态变量称为局部静态变量，在函数外定义的静态变量称为全局静态变量。有时希望函数中的局部变量的值在函数调用结束后不消失而保留原值，即其占用的存储单元不释放，在下次该函数调用时，该变量已有值，其值就是上一次函数调用结束时的值。这时就应该指定该局部变量为"静态局部变量"，用关键字 static 进行声明。

例如：

```
static float x;          //定义x为全局静态变量
void main( )
{
    static int y;        //定义y为局部静态变量
    ...
}
```

局部静态变量和自动变量一样只有定义性说明，没有引用性说明，因此必须先定义后引用。外部静态变量的初始化同外部变量的初始化相同。局部静态变量在第一次进入该块时执行一次且仅执行一次初始化；在有显式初始化的情况下，初值由说明符中的初值说明来确定；在无显式初始化情况下，初值与外部变量无显式初始化时的初值相同。

2. 作用域和寿命

static 类型变量都是全局的，全局 static 变量全局可见，局部 static 变量局部可见。

例 4.7　考察静态变量的值。

```
1       #include<stdio.h>
2       int a = 2;
3       int f();
```

```
4
5      int f()
6      {
7          auto int b=0;
8          static int c=3;
9          b = b+1;
10         c = c+1;
11         return(a+b+c) ;
12     }
13     void main( )
14     {
15         int i;
16         for(i=0;i<3;i++)
17         {
18             printf("%d\t",f());
19         }
20     }
```

运行结果：

```
7      8      9
```

在第一次调用 f() 函数时，b 的初值为 0，第一次调用结束时，b＝1，c＝4，a＋b＋c＝7，由于 c 是静态局部变量，在函数调用后，它并不释放，仍保留 c＝4。在第二次调用 f() 函数时，b 的初值为 0，而 c 的初值为 4（上次调用结束时的值）。

注意事项：

1）静态局部变量属于静态存储类型，在静态存储区内分配存储单元。在程序整个运行期间都不释放。而自动变量（动态局部变量）属于动态存储类型，占动态存储空间而不占静态存储空间，函数调用结束后即释放。

2）对静态局部变量只赋初值一次，以后每次调用函数时不再重新赋初值而只是保留上次函数调用结束时的值。而对自动变量赋初值，每调用一次函数重新赋一次初值，相当于执行一次赋值语句。

3）如在定义局部变量时不赋初值的话，则对静态局部变量来说，编译时自动赋初值 0。而对自动变量来说，如果不赋初值，则它的值是一个不确定的值。这是由于每次函数调用结束后存储单元已释放，下次调用时又重新分配存储单元，而所分配单元中的值是不确定的。

4）有时在程序设计中希望某些外部变量只限于被本文件引用，而不能被其他文件引用。这时可以在定义外部变量时加一个 static 声明。

例如：在上文关于 extern 讲解中的实例，做如下改动：

```
/*file1.c*/        /*file2.c*/        /*file3.c*/
extern int x;      extern int x;      static int x=0 ;
void main( )       void fun1( )       void fun2( )
{                  {                  {
    x++;               x+=3;              printf("%d",x);
}                  }                  }
```

file3.c 中定义了全局变量 x，但是用了 static 声明，因此只能用于本文件。虽然在 file1.c 和 file2.c 中用了 "extern int x;"，但都无法使用 file3.c 中的全局变量 x。这为程序的模块化、通用性提供了方便。

例 4.8　下面的程序说明外部静态变量和外部变量的区别。

文件 file1.c 如下：

```
1       #include<stdio.h>
2       static float x;
3       float y ;
4       float f2();
5       float f1();
6
7       float f1()
8       {
9           return(x*x);
10      }
11
12      void main()
13      {
14          x=500;
15          y=100;
16          printf("f1=%f,f2=%f\n", f1(), f2());
17      }
```

文件 file2.c 如下：

```
18      extern float y;
19      float f2()
20      {
21          return(y*y);
22      }
```

运行结果：

```
f1=250000.000000 , f2=10000.000000
```

该程序包含两个文件、三个函数，函数 main 和 f1 在文件 file1.c 中，f2 函数在文件 file2.c 中，变量 x 是 float 型外部静态变量，它只能在 file1.c 和 main 函数中使用。变量 y 是在文件 file1.c 中定义的外部变量，他在 file1.c 中直接使用，在 file2.c 中需要参照说明后再使用。

例 4.9　局部静态变量与自动变量的区别。

```
1       #include<stdio.h>
2       void value( );
3       void value( )
4       {
5           int au=0;
6           static int st=0;
7           printf("au_variable=%d,st_variable=%d\n",au,st);
8           au++;
9           st++;
10      }
11
12      void main( )
13      {
14          int i;
15          for(i=0;i<3;i++)
16          {
```

```
17              value( );
18          }
19      }
```

运行结果：

```
au_variable=0, st_variable=0
au_variable=0, st_variable=1
au_variable=0, st_variable=2
```

分析：由于变量 au 是局部自动变量，st 是局部静态变量，定义时二者都赋初值为 0，main 函数三次调用 value() 函数，au 是局部自动变量，每次再调用时都要重新对 au 初始化；而 st 由于是静态变量，再调用时不再执行初始化，每次值增 1。注意变量 au 在退出 value() 函数时存储单元被系统收回，下次进入时重新分配存储空间。

4.4　函数间的数据传递

前面讲过，C 程序是由若干个相对独立的函数组成的，但是各个函数处理的往往是同一批数据。所以说程序中的函数虽然是离散的，但被处理的数据却是连续的（数据常常贯穿若干函数中连续流动）。因此，在程序运行期间，函数之间必然存在着数据的相互传递过程。C 语言中，可以使用参数、返回值和全局变量在函数间传递数据。

4.4.1　使用函数参数在函数间传递数据

在一个函数中调用另一个函数时，实参的值传递到形参中，这样就实现了把数据由调用函数传递给被调用函数的目的。在使用参数传递数据时，可以采用两种不同的方式：值传递和地址传递。

1. 函数调用的值传递

函数调用的值传递又称 " 函数的传值调用 "。使用值传递方式调用时，实参可以是常量、已经赋值的变量或表达式值、甚至是另一个函数，只要它们有一个确定的值，被调用函数的形参就可以使用变量来接收实参的值。调用时系统先计算实参的值，再将实参的值按位置顺序对应地赋给形参，即对形参进行初始化。

因此，传值调用的实现机制是系统将实参拷贝一个"副本"给形参，这正如上所述，在函数调用时系统才给形参分配内存空间，并将对应的实参值传递给形参，这样一来，在形参的内存空间内，就形成了一个被复制的实参副本。在被调用函数体内，形参的改变只影响副本中的形参值，而不影响调用函数中的实参值。所以说，传值调用的特点是"单方向"，形参值的改变不影响实参值。在函数不需要获得多个结果值，且参数是基本数据类型时，一般采用传值调用，如例 4.10 中，comp( ) 函数只带回一个返回值，且参数都是 int 型，实参传递给形参是采用值传递方式，即实参给被调用函数对应的形参赋初值，返回时将函数值带回给调用函数。但是，当函数需要获得几个结果值时，利用这种传值调用将不能达到目的，下面用一个实例来加以说明。

例 4.10　比较两个整数的大小。

```
1       #include <stdio.h>
2       int comp(int x, int y);          //函数原型声明
3       void main( )
```

```
4      {
5          int a=10,b=20;
6          printf("%d\n",comp(a,b));
7          printf("%d\n",comp(30,b));
8      }
9      int comp(int x, int y)        //函数comp的定义，采用值传递
10     {
11         if(x>y)
12             return  1;
13         else if(x<y)
14             return  -1;
15         else
16             return  0;
17     }
```

运行结果:

```
-1
1
```

程序中 comp( ) 函数的功能是比较变量 x 和 y 的大小，然后返回计算结果。main( ) 中为了得到变量的比较结果，调用了 comp( ) 函数。第一次调用时以 a 和 b 作为实参数。如前所述，在调用过程中变量 a 和 b 的值赋予了作为形式参数的变量 x 和 y。这里的 a、b 和 x、y 分别是函数 main( ) 和 comp( ) 的内部变量，它们各自占用自己的内存空间。在调用时，变量 a 和 b 存储空间的值分别复制到 x 和 y 的存储空间中（如图 4-5 所示）。

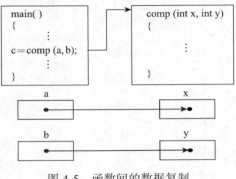

图 4-5　函数间的数据复制

使用数据复制方式传递数据的特点是：由于数据在传递方和被传递方占用不同的内存空间，所以被传递数据在被调用的函数中无论如何变化，都不会影响该数据在调用函数中的值。假如，上例中变量 x 和 y 的值在 comp( ) 函数中发生变化，但它们的变化对 main( ) 中变量 a 和 b 的值无任何影响。在编写函数时，如果要求作为形式参数的量在函数中发生值的变化时不影响调用它时作为实参数的量，这时应采用数据复制方式传递参数的数据。采用这种方式时，每个参数只能传递一个数据。所以，当需要传递的数据较多时，一般不采用这种方式，而采用地址传递方式。

2. 地址传送方式传递数据

使用函数参数传递数据的另一种方式是地址传送方式。这时作为参数传递的不是数据本身，而是数据的存储地址。在这种方式中，以变量的地址作为参数调用一个函数，而被调用函数的形式参数必须是可以接收地址值的指针变量，并且它的数据类型必须与被传递数据的数据类型相同。这时，把变量的地址传递给被调用函数，被调用函数通过这个地址找到该变量的存放位置，直接对该地址中存放的变量的内容进行存取操作。因此，在被调函数中若修改了地址中的内容，实际上也修改了实参的值。

如果想让形参的改变影响实参，即函数返回时需要获得几个结果值，则应采用地址传递方式，即调用函数的实参用变量的地址值（而不是变量本身的数值），被调用函数的形参

用指针，调用时系统将实参的地址值赋给对应的形参指针，使形参指针指向了实参变量。所以，在被调用函数体内，凡是对形参指针所指内容的操作，都会使实参变量发生相同的变化。它的实现机制是让形参指针直接指向实参。其特点是可以通过改变形参所指向的变量值来影响实参。这是函数间传递信息的一种手段。

例 4.11 对三个整数 a、b、c 进行从小到大的排序。

采用选择法进行排序。首先，将 a 和 b、c 分别进行比较，若 a 大于 b 或者 c，则进行数据交换；再将 b 和 c 进行比较，若 b 大于 c，则再进行交换。所以该问题的关键是编写一个交换函数，由于该函数要改变实参的值，所以采取传地址的方式传递数据。函数的原型设计为：void swap(int * x, int * y)。

整个问题的程序实现：

```
1    #include <stdio.h>
2    void swap(int * x, int * y);        //函数原型声明
3    void main()
4    {
5        int a,b,c;
6        scanf("%d,%d,%d",&a,&b,&c);
7        if(a>b)
8            swap(&a,&b);                 //如果a>b,a和b交换
9        if(a>c)
10           swap(&a,&c);                 //如果a>c,a和c交换
11       if(b>c)
12           swap(&b,&c);                 //如果b>c,b和c交换
13       printf("%d\t%d\t%d",a,b,c);      //输出排序后的结果
14   }
15   void swap(int * x,int * y)           //函数swap定义，采用传地址的方式传递函数的参数
16   {                                    //交换指针x所指向的变量内容和指针y所指向的变量内容
17       int temp;
18       temp = * x;                      //指针x所指向的变量内容暂存在变量temp中
19       * x=* y;                         //指针y所指向的变量内容赋值给指针x所指向的变量
20       * y=temp;                        //将暂存在temp中的内容赋值给指针y所指向的变量
21       return;
22   }
```

运行结果：

```
5,4,8           //输入
4   5   8       //输出
```

例 4.12 编写一个函数求两个浮点数的和及差。

利用函数参数传递数据，显然该函数的参数有四个，前两个参数传递两个浮点数采用数据复制的方式；后面两个返回这两个数的和及差，后面两个参数采用传递地址的方式，带回结果。规划的函数原型为：void addsub(float, float, float *,float *)

全部的程序实现为：

```
1    #include <stdio.h>
2    void addsub(float,float,float *,float*);      //函数原型声明
3    void main()
4    {
5        float a,b;
6        float add_result,sub_result;
```

```
7            printf("input data:\n");
8            scanf("%f,%f",&a,&b);                //输入两个浮点数
9            //调用函数求和及求差,利用函数的参数带回结果
10           addsub(a,b,&add_result,&sub_result);
11           printf("a+b=%f,a-b=%f\n",add_result,sub_result);
12       }
13       void addsub(float x,float y,float * add,float * sub)    //函数定义
14       {
15           * add=x+y;                          //两个数的和赋值给指针add所指向的变量
16           * sub=x-y;                          //两个数的差赋值给指针sub所指向的变量
17           return;
18       }
```

运行结果:

```
input data:
1.2,2.3
a+b=3.500000,a-b=-1.100000
```

4.4.2　使用返回值传递数据

在此之前曾简单提到过,函数被调用后可以向调用它的函数返回一个返回值。返回值是通过函数中使用 return 语句实现的。

return 是流程控制语句,一般使用形式如下:

return（表达式）;

其中包围表达式的圆括号可以缺省。return 语句的功能是,把程序控制从被调用函数返回调用函数中,同时把返回值带给调用函数。在上面的使用形式中,返回值是表达式的结果值。

使用 return 语句只能把一个返回值传递给调用函数。当要求返回的值多于一个以上时就不能使用返回值传递。返回值本身可以是数值也可以是地址值。当返回值是数值时,在调用函数中需要使用和返回值具有相同数据类型的变量接收该返回值;而当返回值是地址值时,则应该使用指针接收它。

例 4.13　幂函数的使用。

```
1        int power(int x, int n)
2        {
3            int p;
4            for(p=1;n>0;--n)
5                p=p * x;
6            return(p);
7        }
```

幂函数的功能是计算 x 的 n 次方。该函数用形式参数接收 x 和 n 的值,计算结果使用 return 语句传递给调用它的函数。

return 语句可以不带表达式部分,即:

```
return;
```

这种情况下,它仅实现程序控制的转移而不传递任何返回值。

C 语言的函数中不一定要有 return 语句,在没有 return 语句的 C 函数当中,当程序控制到达包围函数的下面大括号时,将自动返回调用函数。在此之前给出的许多程序例中调用的

函数就都是不使用 return 的函数，如本章的 swap( ) 函数等。

函数中可以根据需要设置多个 return 语句，如下例所示。

例 4.14　符号函数的使用。

```
1       int sign(int x)
2       {
3           if(x==0)
4               return(0);
5           else if (x>0)
6               return(1);
7           else
8               return(-1);
9       }
```

该函数中使用了三个 return 语句。当 x 符号不同时，执行不同的 return 语句。在这个函数中，虽然设有多个 return 语句，但每次调用它时仅执行其中的一个 return。因此，返回值最多只有一个。

在编写函数时，常常要求把函数运行的状态，比如：是否顺利地执行函数的功能，在执行过程中是否出错、溢出等状态返回给调用函数。在这种情况下，使用返回值返回状态的标志值。

4.4.3　使用全局变量传递数据

在函数外部说明的变量是全局变量，它在该变量所在文件位置后所有的函数中都是可见的。利用外部变量的这个特性可以在函数间传递数据。

例 4.15　求 $1+1/2+1/3+\cdots+1/n$ 的值。

编写一个函数实现 $1+1/2+1/3+\cdots+1/n$ 的值，其中 n 是可变的，不同的 n 将会得到不同的结果，采用全局变量传递数据。

```
1       #include<stdio.h>
2       int n;                        // n,s全局变量, 全局可见
3       float s;
4       void count();                 // 函数原型说明
5       void main( )
6       {
7         scanf("%d",&n);
8         count();
9         printf("s=%f\n",s);
10      }
11      void count()
12      {
13        int i;
14        if(n<=0)
15        {
16          printf("the %d is invalid\n",n);
17          s=0;
18        }
19        else
20        {
21          for(i=1;i<=n;i++)
22            s+=1.0/i;
23        }
24        return;
```

```
25      }
```

运行结果（分两种情况）：

```
(1) 0
    the 0 is invalid
    s=0.000000
(2) 9
    s=2. 828969
```

程序中的 n、s 是外部变量，它们在函数 main( ) 和 count( ) 中都是可见的全局变量。在函数 main( ) 中赋给 n 的值，在函数 count( ) 中根据 n 的值计算累加和 s，在函数 main( ) 中同样使用 s 得到函数 count( ) 的结果，所以使用全局变量 n，s 把 main( ) 中的 n 传递给函数 count()，把 count( ) 的 s 传递给 main( )。

程序中全局变量的使用增加了函数之间的联系，但是降低了函数作为一个程序模块的相对独立性。在模块化软件设计方法中不提倡使用全局变量。因此，除非大多数函数都要使用的公共数据外，一般不使用全局变量在函数之间传递数据。

4.5 递归函数

递归函数称为自调用函数，它的特点是，在函数内部直接或间接地自己调用自己。C 语言可以使用递归函数。从函数定义的形式上看，在函数体内出现调用该函数本身的语句时，它就是递归函数。递归函数的结构十分简洁。对于可以使用递归算法实现其功能的函数，可以把它们编写成递归函数。

在递归函数中，由于存在着自调用的过程，故程序控制将反复地进入它的函数体。为了防止自调用过程无休止地继续下去，在函数内必须设置某种条件。当条件成立时终止调用过程，并使程序控制逐步从函数中返回。

递归函数的典型例子是阶乘函数。这里分析一下如何用递归函数实现它的功能。

数学中整数 n 的阶乘按下列公式计算：

$$n ! = 1 \times 2 \times 3 \times \cdots \times n$$

在递归算法中，它由下列两个计算式表示：

$$n ! = n(n - 1)$$
$$1 ! = 1$$

例如，求 4 的阶乘时，其递归过程是：

$$4 ! = 4 \times 3 !$$
$$3 ! = 3 \times 2 !$$
$$2 ! = 2 \times 1 !$$
$$1 ! = 1$$

按上述相反过程回溯计算就得到了计算结果：

$$1 ! = 1$$
$$2 ! = 2$$
$$3 ! = 6$$
$$4 ! = 24$$

上面给出的阶乘递归算法用函数实现时就形成了阶乘的递归函数。它的实现如下：

例 4.16   阶乘的递归函数。

```
1       facto(int x)
2       {
3           if(x == 1||x==0)
4               return(1);
5           else
6               return(x*facto(x-1));
7       }
```

该函数的功能是求形式参数 x 的阶乘，返回值是阶乘值。从函数的形式上看出，函数体中最后一个语句中出现了 facto(x-1)。这正是调用该函数自已，所以它是一个递归函数。下面分析该函数的执行过程，从中可以看到递归函数的运行特点。

假如在程序中要求计算 4!，则从调用 facto(4) 开始了函数的递归过程。图 4-6 给出了递归调用和返回的示意图。

第一次调用时，形式参数 x 接收的值是 4。进入函数体后，由于不满足 x==1 || x==0 的条件，所以执行 else 下的 return 语句。执行该语句时，首先计算圆括号中表达式的值，其中需要调用 facto(x-1)，即执行 facto(3)，从而开始了第二次调用该函数的过程。在第二次调用时，x 的值是 3，仍不满足 x==1|| x==0 的条件，所以进行第三次调用 facto(2)。如此下去，直到调用 facto(1) 时，x==1|| x==0 的条件成立了，这时执行 if 下的 return(1) 语句。至此为止自调用过程终止，程序控制开始逐步返回。函数返回时，函数的返回值乘 x 的当前值，其结果作为本次调用的返回值返回给上次调用中的 facto(x-1)，如图 4-6 所示，最后返回的值作为第一次调用 facto(4) 的返回值，它是 24，从而得到了 4！的计算结果。

从上述递归函数的执行过程可以看到，作为函数内部变量的形式参数 x，在每次调用时它有不同的值。随着自调用过程的层层进行，x 的值在每层获取不同的值。在返回过程中，返回到每层时，x 恢复该层的原来值。递归函数中局部变量的这种性质是由它的存储特性决定的。这种变量在自调用过程中，它们的值被依次压入堆栈存储区；而在返回过程中，它们的值按后进先出的顺序逐一恢复。由此得出结论，在编写递归函数时，函数内部使用的变量应该是 auto 的栈型变量。

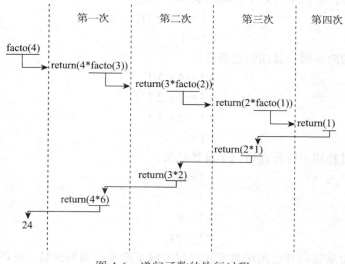

图 4-6   递归函数的执行过程

例 4.17 字符串长度函数（递归）。

```
1       int strlen(char * s)
2       {
3           if(*s!='\0')
4               return(strlen(++s)+1);
5           else
6               return(0);
7       }
```

该函数在递归过程中，字符指针 s 作为局部指针变量，每次加 1 变化指向下一字符。直至 s 指向字符串尾部的 '\0' 时，终止自调用过程，开始逐层返回。返回过程中，返回值逐层加 1。最后的返回值就是字符串中字符的个数。

递归函数虽然结构清晰，便于编写和阅读，但却增加了系统的额外开销，在时间上执行自调用和回溯过程要占用 CPU 的额外工作时间，在空间上随着每递归调用一次，内存堆栈就被占用一部分，调用层次过多可能引起堆栈溢出。相应的非递归函数虽然执行速度快，但却编程困难且可读性差。对于递归方法，能用循环实现时最好不用递归函数，如计算 *n*! 和求字符串长度这类问题，但对于像二叉树这样的递归定义的数据结构却特别适合于用递归函数来处理。

本章小结

本章内容是 C 语言的重点和难点，学习本章应弄清 C 程序的一般结构、实参和形参的一致性、函数调用的执行过程、递归函数等；掌握如何定义一个函数、如何作函数声明；掌握变量的存储类型；掌握数据在函数间传递的方法及常见数据结构作为函数参数的实参形参的对应关系。学习完本章，对结构化程序设计的思想和使用的理解应更进一层。

习题 4

一、程序分析题

1. 请写出程序输出结果。

```
#include <stdio.h>
void func( );
int a ;
void func( )
{
    printf("no 1 a=%d",a);
}
void main()
{
    int a = 1;
    printf("no 1 a=%d",a);
    func( );
    {
        int a = 1;
        printf("no 1 a=%d",a);
        func( );
    }
}
```

2. 请写出程序输出结果。

```c
#include <stdio.h>
void func()
{
    static int a=0;
    register int b=0;
    auto int c=0;
    printf("a=%d\tb=%d\tc=%d\n",a++,b++,c++);
}
void main()
{
    func();
    func();
    func();
}
```

3. 请写出程序输出结果。

```c
#include <stdio.h>
int n = 1;
void func()
{
    static int x=4;
    int y=10;
    x=x+2;
    n=n+10;
    y=y+n;
    printf("func:x=%d,y=%d,n=%d\n",x,y,n);
}
void main( )
{
    static int x = 5;
    int y;

    y = n;
    printf("main:x=%d,y=%d,n=%d\n",x,y,n);
    func();
    printf("main:x=%d,y=%d,n=%d\n",x,y,n);
    func();
}
```

二、填空题

1. 递归方法求 N 阶勒让德多项式的值，递归公式为：

$$P_n = \begin{cases} 1 & (n=0) \\ x & (n=1) \\ ((2n-1) \cdot x \cdot P_{n-1}(x) - (n-1) \cdot P_{n-2}(x))/n & (n>1) \end{cases}$$

```c
#include<stdio.h>
float pn(float x,int n);
void main()
{
    float pn();
    float x,lyd;
    int n;
```

```
    scanf("%d%f",&n,&x);
    lyd=   (1)   ;
    printf("pn=%f",lyd);
}
float pn(float x,int n)
{
    float temp;
    if (n==0) temp=   (2)   ;
    else if (n==1) temp=   (3)   ;
    else temp=   (4)   ;
    return(temp);
}
```

2. 梯形法求函数 $f(x)$ 定积分的近似公式如下：

$$s=h\times((f(a)+f(b))/2+\sum_{i=1}^{n-1}f(a+i\times h)), \ 其中 h=\left|\frac{a-b}{n}\right|$$

此处，a 是积分下限，b 是积分上限，n 是积分区间分割数。

以下程序用梯形法求函数 $f(x)=x^2+2x+1$ 在 [0, 3] 区间的定积分，n 值选 100。

```
#include<stdio.h>
#include<math.h>
double f(double);
double integral(double,double);
void main()
{
    printf("%f\n",integral(0.0,10.0));
}
double f(double x)
{
    return   (1)   ;
}
double integral(double a,double b)
{
    double s,x,h;
    int n=100,i;
    h=fabs(a-b)/n;
    s=(f(a)+   (2)   )/2.0;
    for(i=1;i<=n-1;i++)
    {
        x=a+i*h;
        s=s+   (3)   ;
    }
    s=s*h;
    return   (4)   ;
}
```

3. fact 函数的功能是求 n 的阶乘 $n!$。主函数中调用 fact 函数求：

$$C=\frac{r!}{(r-k)!k!}$$

请填空：

```
#include<stdio.h>
double fac(int);
void main()
```

```
{
    int r,k;
    double C;
    printf("Enter r,k:");
    scanf("%d%d",&r,&k);
    C=    (1)    ;
    printf("C=%f\n\n",C);
}
double fac(int n)
{
    int i;
        (2)    ;
    for(i=1;i    (3)    n;i++)
    f=    (4)    ;
    return f;
}
```

三、编程题

1. 输入两个整数，调用函数 squSum() 求两数平方和，返回主函数显示结果。

2. 写两个函数，分别求两个整数的最大公约数和最小公倍数，用主函数调用这两个函数，并输出结果，两个整数由键盘输入。

3. 求方程 $ax^2+bx+c=0$ 的根，用三个函数分别求不相等实根、相等实根、共轭复根，并在函数中输出结果，a、b、c 从主函数输入。

4. 写一个函数，判断一个自然数是否为素数，编写判断函数和测试主函数。

5. 写一函数判断某数是否是"水仙花数"，所谓"水仙花数"是指一个三位数，其各位数字立方和等于该数本身。例如 153 是一个水仙花数，因为 $153=1^3+5^3+3^3$。

6. 输入 n 个整数（$n<10$），排序后输出。排序的原则由函数的一个参数决定，参数值为 1，按递减顺序排序，否则按递增顺序排序。

7. 求方程 $ax^2+\sin x=0$ 在 $x=b$ 附近的一个实根，a 和 b 由键盘输入。

8. 编程计算定积分：

$$\int_0^1 (x^2+e^x \sin x)\mathrm{d}x$$

的近似值的函数及主函数。

第5章 数　　组

数组是数据的有序集合，即具有一定顺序关系的若干变量的集合体。组成数组的变量称为该数组的元素变量，简称元素，用数组名后跟带有方括号"[]"的下标来唯一确定数组中的元素。

5.1　数组的定义和应用

5.1.1　一维数组的定义和应用

一维数组的定义方式为：

[存储类型] 数据类型 数组名 [常量表达式];

例如：int a[10];

它表示数组名为 a，数组有 10 个元素。

数组必须先定义，然后再使用。C 语言规定只能逐个引用数组元素而不能一次引用整个数组。

说明：

1）C 语言中数组的下标从 0 开始，下标必须是整型量。数组在内存中存储时，是按下标 递增的顺序连续存储各元素变量的值。常量表达式表示元素个数，即数组长度。例如，$a[10]$ 中，10 表示 a 数组有 10 个元素，下标从 0 开始，这 10 个元素分别是 $a[0]$、$a[1]$、$a[2]$、$a[3]$、$a[4]$、$a[5]$、$a[6]$、$a[7]$、$a[8]$、$a[9]$，注意不能使用数组元素 $a[10]$。

2）数组名表示数据存储区域的首地址。数组的首地址也是第一个元素变量的地址。

例如：int data[5];

首地址是 data 或 &data[0]。

数组名是一个地址常量，不能向它赋值，也不能对它使用自加自减等对变量进行操作的运算，因为它不是变量。

如：data=&data[0]; data++; &data 都是非法的操作。

3）在数组使用之前，必须说明其数据类型和存储类型。

4）数组作为一个整体不能参加各种运算，参加数据处理的只能是数组的元素变量。

例 5.1　数组的应用。

```
1          #include <stdio.h>
2          void main()
3          {
4              int i,a[10];
5              for(i=0;i<10;i++)   //输入数组中的各元素
6              {
7                  scanf("%d",&a[i]);
8              }
```

```
9              for(i=9;i>=0;i--)   //反向输出数组中的元素
10             {
11                  printf("%d\n",a[i]);
12             }
13         }
```

5）可以对数组进行初始化。数组的初始化就是在数据说明时对数组元素变量赋初值。

如：`int data[5]={2,4,6,8,10};`

相当于 `data[0]=2;data[1]=4;data[2]=6;data[3]=8;data[4]=10;`

这时也可以不指定数组长度，即：`int data[]={2,4,6,8,10};`

但是若被定义的数组长度与提供初值的个数不相等，则数组长度不能省掉。例如，想定义数组长度为 20，就不能省掉常量 20，而必须写成 int b[20]={1,2,3,4,5}；只初始化前 5 个元素，多余的元素都是 0。

6）数组下标常量表达式中可以包括常量和符号常量，不能包含变量，也就是说，C 不允许对数组的大小做动态定义，即数组的大小不依赖于程序运行过程中变量的值。例如，下面这样定义是错误的：

① `int  n ;`
`scanf("%d",&n);`
`int a[n];`

② `int n=20;`
`int a[n];`

在实际应用中，我们常碰到这一类问题，即根据输入的数据大小确定数组引用的个数，这好像是必须根据输入数据的大小来说明数组元素个数似的，其实解决这类问题有个很简单的办法，就是首先把数组的元素个数说明成可能的最大值。

例 5.2　编程将一个从键盘输入的整数序列按逆序重新存放并显示，整数个数首先从键盘输入；如要求输入 5 个数，原来的顺序为 8、6、5、4、1，要求改为 1、4、5、6、8。

```
1          #inldue<stdio.h>
2          void main( )
3          {
4              int a[100];
5              int i,j,n,temp;
6              scanf("%d",&n);              //输入整数个数
7              printf("input the numbers:\n");
8              for(i=0;i<n;i++)             //输入整数序列
9              {
10                  scanf("%d",&a[i]);
11             }
12             for(i=0,j=n-1; i<j; i++,j--)  //将整数序列依次从首尾向中间
13             {                             //交换元素，从而实现逆序排列
14                  temp=a[j];
15                  a[j]=a[i];
16                  a[i]=temp;
17             }
18             printf("now the numbers are:\n");
19             for(i=0;i<n;i++)             //输出重排后的整数序列
20             {
21                  printf("%5d",a[i]);
```

```
22               }
23          }
```

当使 n 输入值为 5 时：

```
输入:   5
        input the numbers:
        8   6   5   4   1
输出:   now the numbers are :
        1   4   5   6   8
```

例 5.3　输入 10 个整数到一个数组中，调整这 10 个数组中的排列位置，使得其中最小的一个数成为数组的首元素。

```
1          include<stdio.h>
2          #define   SIZE    10
3          void main( )
4          {
5                  int m,k;                        //初始化
6                  int i,j;
7                  int data[SIZE];
8                  printf("input the size");
9                  for ( m = 0;m <SIZE; m++)       //输入数组中的值
10                 {
11                         scanf("%d",&data[m]);
12                 }
13                 j=0;
14                 for(i=0;i<SIZE;i++)             //比较数组中的值，记下最小值的下标
15                 {
16                         if(data[i]<data[j])
17                             j=i;
18                 }
19                 if(j>0)                         //如果最小值下标不是0，则将该值
20                                                 //和数组首项中的值交换
21                 {
22                         k=data[0];
23                         data[0]=data[j];
24                         data[j]=k;
25                 }
26                 printf("\n");
27                 for(m=0;m<SIZE;m++)             //输出调整后的数组
28                 {
29                         printf("%4d",data[m]);
30                 }
31          }
```

5.1.2　二维数组的定义和应用

（1）定义

[存储类型] 数据类型　数组名 [下标][下标];

如：`float a[3][3];`

初始化：`int a[3][3]={1,2,3,4,5,6,7,8,9};`

存放顺序：数组 a[3][3] 的排序如下。

```
a[0][0] a[0][1] a[0][2]
a[1][0] a[1][1] a[1][2]
a[2][0] a[2][1] a[2][2]
```

存储方式：

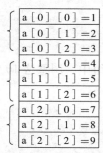

数组 a 在内存中的排列存储

降维：

对于 a[3][4] 可看成三个一维数组 a[0]、a[1]、a[2]；比如 a[0] 是二维数组中的一个特殊元素，它是包含 4 个元素的一维数组，如下所示。

$$
a[3][4]\begin{cases} a[0]\begin{cases} a[0][0] \\ a[0][1] \\ a[0][2] \\ a[0][3] \end{cases} \\ a[1]\begin{cases} a[1][0] \\ a[1][1] \\ a[1][2] \\ a[1][3] \end{cases} \\ a[2]\begin{cases} a[2][0] \\ a[2][1] \\ a[2][2] \\ a[2][3] \end{cases} \end{cases}
$$

```
int a[3][4]={{1,2,3,},{5,6,7,8},{9,10,11,12}};
```

（2）二维数组的特点

如果对全部元素都赋予初值（即提供全部的初始数据），则定义数组时对第一维的下标可以不声明，但第二维长度不能省略。

如：`int a[][4]={{1,2,3,4},{5,6,7,8},{9,10,11,12}};`

也可以将所有数据写在一个花括号内，按数组排序的顺序对各元素赋初值，如：`int a[3][4]={1,2,3,4,5,6,7,8,9,10,11,12};`
这样也是合法的，但是界限不清楚，容易出错。因此我们推荐第一种方法，把每一行的元素用花括号括起来。

像一维数组一样，我们可以对部分元素赋初值。

```
int a[3][3]={{1,2},{1,2,3},{1}};
```

它只对各行前面的几列赋初值，其余的元素值自动为 0。赋初值后数组各元素为：

$$
\begin{bmatrix} 1 & 2 & 0 \\ 1 & 2 & 3 \\ 1 & 0 & 0 \end{bmatrix}
$$

这种方法对于含 0 元素较多的数组比较方便，只需要写出非 0 元素，不必将所有的 0 写出来。

例 5.4 有一个 3×3 矩阵，要求编程求出其中最大的那个元素的值，以及其所在的行号和列号。

```
1        #include <stdio.h>
2        void main( )
3        {
4                int i,j,max;
5                int row=0,colum=0;
6                int a[3][3] = {{1,2,3},{2,-3,4},{9,4,7}};
                                        //数组初始化
7                max=a[0][0];                //将a[0][0]赋给max
8                for (i=0;i<3;i++)          //将数组中的元素做比较，记下最大
9                {                          //值的下标
10                       for (j=0;j<3;j++)
11                       {
12                               if (a[i][j]>=max)
13                               {
14                                       max=a[i][j];
15                                       row=i;
16                                       colum=j;
17                               }
18                       }
19               }
                                           //输出最大值以及其行下标和列下标
21               printf ("max=%d,row=%d,colum=%d\n",max,row,colum);
22       }
```

运行结果：

```
max=9,row=2,colum=0
```

例 5.5 输入一个 4×4 的整数矩阵，然后将之转置并显示这个转置后的矩阵。

$$\begin{bmatrix} 1 & 2 & 3 & 4 \\ 5 & 6 & 7 & 8 \\ 9 & 10 & 11 & 12 \\ 13 & 14 & 15 & 16 \end{bmatrix} \rightarrow \begin{bmatrix} 1 & 5 & 9 & 13 \\ 2 & 6 & 10 & 14 \\ 3 & 7 & 11 & 15 \\ 4 & 8 & 12 & 16 \end{bmatrix}$$

分析：以主对角线为对称轴，交换所有对称点元素。如下所示：

$$\begin{bmatrix} 1 & 2 & 3 & 4 \\ 5 & 6 & 7 & 8 \\ 9 & 10 & 11 & 12 \\ 13 & 14 & 15 & 16 \end{bmatrix} \rightarrow \begin{bmatrix} 1 & 5 & 9 & 13 \\ 2 & 6 & 10 & 14 \\ 3 & 7 & 11 & 15 \\ 4 & 8 & 12 & 16 \end{bmatrix}$$

程序如下：

```
1        #include<stdio.h>
2        #difine SIZE  4
3        void main( )
4        {
5                int data[SIZE][SIZE],i,j,d;
6                for(i=0;i<SIZE;i++)                //输入矩阵中的值
7                {
8                        for(j=0;j<SIZE;j++)
9                        {
```

```
10                              scanf("%d",&data[i][j]);
11                          }
12                      }
13          for(i=0;i<SIZE-1;i++)                    //矩阵转置
14          {
15                  for(j=i+1;j<SIZE;j++)
16                  {
17                          d=data[i][j];            //交换所有对称点元素
18                          data[i][j]=data[j][i];
19                          data[j][i]=d;
20                  }
21          }
22          for(i=0;i<SIZE;i++)
23          {
24                  printf("\n");
25                  for(j=0;j<SIZE;j++)
26                  {
27                          printf("%4d",data[i][j]);
28                  }
29          }
30      }
```

5.2　数组在函数间的传递

5.2.1　数组元素在函数间的传递

不管是一维数组还是二维数组，其元素为一基本变量，因此在函数间传递数组元素和传递一般整型变量没什么区别，在常见的编程中，在函数间仅仅只传递数组元素的情况极为少见，例 5.6 也仅仅是一个描述这种功能的例子罢了。

例 5.6　求一整型数组的平均值，要求在主函数中输入数据，通过调用函数求平均值。在数组元素个数较少的情况下，可以直接传递数组元素。

```
1       #include <stdio.h>
2       float aver( float x,float y,float z);
3       void main( )
4       {
5               float a[3],temp;
6               int i;
7               printf("input the numbers:\n");
8               for(i=0;i<3;i++)                    //输入整数序列
9               {
10                      scanf("%f",&a[i]);
11              }
12              temp = aver( a[0],a[1],a[2]);
13              printf("aver = %f",temp);
14      }
15
16      float aver( float x,float y,float z)
17      {
18              return (x + y + z)/3;
19      }
```

5.2.2　数组在函数间的传递

数组在函数间的传递由于涉及指针的概念，具体将在指针一章中详细论述，本节仅通过几个例子来描述数组在函数间传递的过程。

（1）一维数组的传递

例 5.7 从键盘输入 10 个整数并存入到一个一维数组中，编写一个函数求其最大值。

```
1        #include <stdio.h>
2        int findmax( int a[], int n);
3        void main( )
4        {
5                int a[10];
6                int i,temp;
7                printf("input the numbers:\n");
8                for(i=0;i<10;i++)         //输入整数序列
9                {
10                       scanf("%d",&a[i]);
11               }
12               temp = findmax(a, 10);
13               printf("the max = %d",temp);
14       }
15
16       int findmax( int a[], int n)
17       {
18               int max, i;
19               max = a[0] ;
20               for(i=1 ; i<n ;i++)
21               {
22                       if(a[i] > max) max = a[i];
23               }
24               return max;
25       }
```

（2）二维数组的传递

例 5.8 从键盘输入 100 个整数并存入一个二维数组中，编写一个函数求其最大值。

```
1        #include <stdio.h>
2        int findmax( int a[][10],int n);
3        void main( )
4        {
5                int a[10][10];
6                int i,j,temp;
7                printf("input the numbers:\n");
8                for(i=0;i<10;i++)         //输入整数序列
9                {
10                       for(j=0;j<10;j++)
11                       {
12                               scanf("%d",&a[i][j]);
13                       }
14               }
15               temp = findmax(a,10);
16               printf("the max = %d",temp);
17       }
18
19       int findmax( int a[][10],int n)
20       {
21               int max,i,j ;
22               max = a[0][0] ;
```

```
23                    for(i=0 ; i<n ;i++)
24                    {
25                         for(j=0;j<10;j++)
26                         {
27                              if(a[i][j] > max) max = a[i][j];
28                         }
29                    }
30                    return max;
31              }
```

5.3   程序设计举例

例 5.9   编写一个程序，要求对已知的 10 个数，按从小到大进行排序。

（1）选择排序法

思想：首先进行第一遍排序。

方法：确定第一个数为基准数，认为它为最小数，然后依此在所有其他数中找比它小的最小数，如有，则交换，这样就找到了第一个最小数；第二遍排序是对除第一个数据外的数据序列进行选择排序，依此类推，共进行 $N-1$ 遍排序，就能将 N 个数排序；在具体的操作时有两种情况：一种是边比较边交换，另一种是边找边设立标记，最后再交换。

下面我们假定 $N=5$，即用 5 个数的实例来说明。

对于第一种操作情况：

已知数据序列为： 10   12   7   6   8

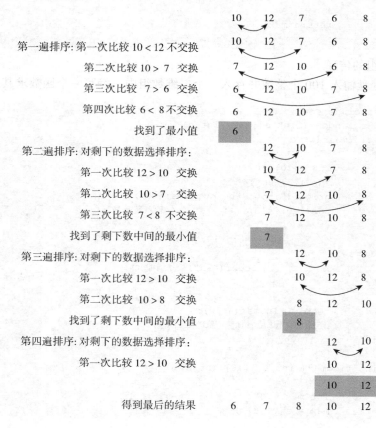

总结：对 N 个数要进行 $N-1$ 遍排序，每一遍比较，次数随遍数的增加而减小（遍数＋次数＝N）据此设计出的程序如下：

```
1              #include <stdio.h>
2              #define N 10
3              void main( )
4              {
5                      int i,j;
6                      int a[N],t;
7                      for ( i=0 ;i < N ;i++)                //输入数组中的元素
8                      {
9                              scanf("%d",&a[i]);
10                     }
11
12                     for ( i=0 ;i<N-1;i++)                 //进行N-1遍排序
13                     {
14                             for (j=i+1;j<N;j++)           //对剩下的进行搜索
15                             {
16                                     if(a[i]>a[j])         //剩下的元素与第一个元素进行比较
17                                     {                     //如果比第一个元素小,将最小的
                                                                元素和
18                                             t   = a[i];   //第一个交换
19                                             a[i] = a[j];
20                                             a[j] = t;
21                                     }
22                             }
23                     }
24
25                     for ( i=0 ;i < N ;i++)                //输出排序后的数组
26                     {
27                             printf("%d\t", a[i]);
28                     }
29             }
```

对于第二种操作情况：

已知数据序列为：

10 12 7 6 8

总结：对 N 个数要进行 $N-1$ 遍排序，每一遍比较，次数随遍数的增加而减小（遍数＋次数＝N），相对上一种情况，比较次数一样，交换次数减少。

对应的程序如下：

```
1              #include <stdio.h>
2              #define N 10
3
4              void main()
5              {
6                      int i, j, k;                          //定义变量和数组
7                      int a[N],t;                           //输入数组中各元素的值
8                      for ( i=0 ;i < N ;i++)
9                      {
10                             scanf("%d",&a[i]);
11                     }
12                     for ( i=0 ;i<N-1; i++)                //进行N-1次搜索
13                     {
14                             j=i;                          //记录最小值下标
```

```
15                            for (k=i+1;k<N;k++      //将搜索了i次后，剩下的元素进行搜索，记
16                            {                        //录最小值下标
17                                    if(a[k] < a[j])j=k;
18                            }
19                            if(j!=i)                 //找到最小值位置和第一个交换
20                            {
21                                    t    = a[i];
22                                    a[i] = a[j];
23                                    a[j] = t;
24                            }
25                    }
26
27            for ( i=0 ;i < 10 ;i++)                   //输出排序后的数组
28            {
29                    printf("%d\t", a[i]);
30            }
31        }
```

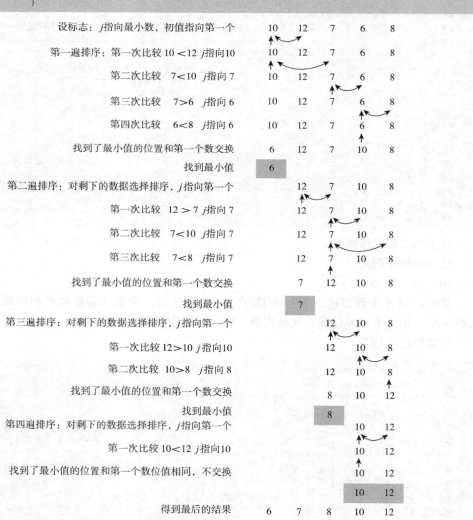

（2）冒泡排序法

思想：又名"起泡法"，首先进行第一遍排序。

方法：从第一个元素开始，将相邻的两个数比较，将小的数字放在前面，大的放在后面，依次往后比较，比较到最后一组后，产生一个最大值；第二编排序是除去产生的最大值，对剩下的序列进行类似第一遍冒泡排序。依此类推，进行 $N-1$ 遍排序就能将 N 个数从小到大排序；同样的方法也能从大到小排序。

已知数据序列为：

10   12   7   6   8

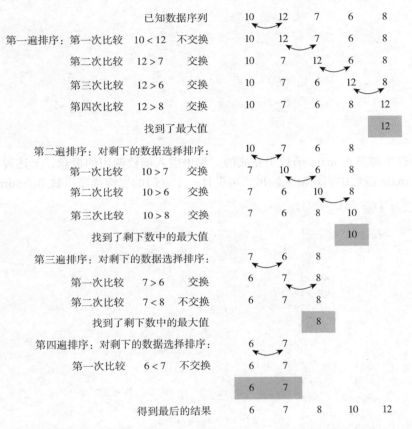

总结：对 N 个数要进行 $N-1$ 遍排序，每一遍比较，次数随遍数的增加而减小（遍数＋次数＝ N），比较的顺序是从前往后。

据此可设计出程序如下：

```
1        #include <stdio.h>
2        #define N 10
3
4        void main()
5        {
6                int i,j;                    //定义变量和数组
7                int a[N],t;
8                for ( i=0 ;i < N ;i++)      //依次输入10个数
9                {
10                       scanf("%d",&a[i]);
11               }
12
```

```
13              for ( i=0 ;i<N-1; i++)              //进行N-1遍排序
14              {
15                      for(j=0;j<N-1-i;j++)        //对剩下的数据冒泡排序，将该次最大值放到
16                      {                           //上次排序最大值之前
17                              if(a[j]>a[j+1])
18                              {
19                                      t = a[j];
20                                      a[j] = a[j+1];
21                                      a[j+1] = t;
22                              }
23                      }
24              }
25
26              for ( i=0 ;i < N ;i++)              //输出排序后的数组
27              {
28                      printf("%d\t", a[i]);
29              }
30      }
```

以上的程序都是在 main 函数中完成的，如果引入函数调用的概念，上述程序可以这样来实现，在 main 函数中实现输入输出，可设计一个专门的冒泡排序函数 BubSort。

```
1       #include <stdio.h>
2       #define N 10
3       void BubSort(int a[],int n);
4       void main()
5       {
6               int i;                              //定义变量和数组
7               int a[N];
8               for ( i=0 ;i < N ;i++)              //依次输入10个数
9               {
10                      scanf("%d",&a[i]);
11              }
12              BubSort(a,N);
13
14              for ( i=0 ;i < N ;i++)              //输出排序后的数组
15              {
16                      printf("%d\t", a[i]);
17              }
18      }
19      void BubSort(int a[],int n)
20      {
21              int i,j,t;
22              for ( i=0 ;i<n-1; i++)              //进行n-1遍排序
23              {
24                      for(j=0;j<n-1-i;j++)        //对剩下的数据冒泡排序，将该次最大值放到
25                      {                           //上次排序最大值之前
26                              if(a[j]>a[j+1])
27                              {
28                                      t = a[j];
29                                      a[j] = a[j+1];
30                                      a[j+1] = t;
31                              }
32                      }
33              }
34      }
```

例 5.10　计算如下所示的两个矩阵的乘积。

$$\begin{bmatrix} 2 & 3 & -5 & 0 \\ 12 & -1 & 27 & 8 \\ 91 & 22 & -32 & 1 \end{bmatrix} \begin{bmatrix} 25 & 13 & 65 & 0 & 5 \\ -2 & 0 & 18 & 10 & 45 \\ 53 & 33 & 3 & 9 & 0 \\ 7 & 61 & 26 & -37 & -1 \end{bmatrix}$$

分析：在编程之前，我们必须了解下面的数学常识。

1）第一个矩阵的列数必须等于第二个矩阵的行数，一个 m 行 n 列的矩阵乘以一个 n 行 p 列的矩阵，其结果是一个 m 行 p 列的矩阵。

2）若矩阵 A 乘以矩阵 B，则结果矩阵 C 中每个元素的值为：

$$C_{i,j} = \sum_{k=1}^{n} a_{ik} \times b_{kj}$$

如下所示：

$$\left[\begin{array}{cccc} 2 & 3 & -5 & 0 \\ \hline 12 & -1 & 27 & 8 \\ \hline 91 & 22 & -32 & 1 \end{array}\right] \left[\begin{array}{cccc|c} 25 & 13 & 65 & 0 & 5 \\ -2 & 0 & 18 & 10 & 45 \\ 53 & 33 & 3 & 9 & 0 \\ 7 & 61 & 26 & -37 & -1 \end{array}\right]$$

$$C_{24} = 12 \times 0 + (-1) \times 10 + 27 \times 9 + 8 \times (-37) = 0 - 10 + 243 - 296 = -63$$

根据分析可编写程序如下：

```
1          #include <stdio.h>
2          void main( )
3          {
4                  int valueA[3][4]={{2,3,-5,0},           //数组初始化
5                  {12,-1,27,8},
6                  {91,22,-32,1}};
7                  int valueB[4][5]={ {25,13,65,0,5},
8                                     {-2,0,18,10,45},
9                                     {53,33,3,9,0},
10                                    {7,61,26,-37,-1}};
11                 int valueC[3][5]={{0}};                 //定义结果矩阵
12                 int i,j,k;
13                 for(i=0;i<3;i++)                        //按照公式将矩阵相乘
14                 {
15                         for(j=0;j<5;j++)
16                         {
17                                 for(k=0;k<4;k++)
18                                 {
19                                         vlaueC[i][j]+=valueA[i][k]*valueB[k][j];
20                                 }
21                         }
22                 }
23
24                 for(int i=0;i<3;i++)                    //输出结果矩阵
25                 {
26                         printf("\n");
27                         for(j=0;j<5;j++)
28                         {
```

```
29                          printf("%5d",vlaueC[i][j]);
30                    }
31              }
32        }
```

运行结果：

```
 -221        -139        169        -15        145
 1789        1535       1051        -63          7
  542         188       6241       -105       1444
```

例 5.11 输出下列形式的杨辉三角形的前 10 行。

```
1
1 1
1 2 1
1 3 3 1
1 4 6 4 1
. . .
```

程序如下：

```
1         #include <stdio.h>
2         void main( )
3         {
4               int a[10][10] = {0};
5               int i,j;
6
7               for(i=0;i<10;i++)              //将第一列和对角线上的元素赋值为1
8               {
9                     a[i][0]=1;
10                    a[i][i]=1;
11              }
12              for (i=2;i<10;i++)
13              {
14                    for (j=1;j<i;j++)
15                    {
16                          a[i][j]=a[i-1][j-1]+a[i-1][j];
17                                //按规律求数组元数a[i][j]的值
18                    }
19              }
20
21              for(i=0;i<10;i++)              //依次输出数组中的值
22              {
23                    for(j=0;j<=i;j++)
24                    {
25                          printf("%5d",a[i][j]);
26                    }
27                    printf("\n");
28              }
29        }
```

本章小结

本章所提到的数组无论是一维还是多维的，在物理上都是顺序存储的，因此它是一种顺序的数据结构（在数据结构这门课程中叫作顺序表）；合理地使用数组可以使我们编写的程序简便、高效、可靠，如我们在例子中所学习的排序算法。但是由于本章之前还没有学习指针的概念，因此对数组首地址以及数组的传递等内容无法清晰地讲述，希望同学们在学习好指针这一章之后再来深入思考相关问题。

习题 5

编程

1. 统计一维整型数组 a[N] 中正数、负数和零的个数。

2. 求一维整型数组 a[N] 中所有数的和。

3. 将已知的一维整型数组 a[N] 中所有数逆序显示出来。

4. 求二维整型数组 a[N][N] 中所有正数的和。

5. 找出二维整型数组 a[N][N] 中的最大数及其所在的行和列。

6. 求 $N \times N$ 行列式中主对角线上的数的和。

7. 将一个 $N \times N$ 矩阵的元素的值进行如下处理：如果行号大于列号该数乘以 2，如果行号小于列号该数除以 2，其他不变。

8. 将一个 $N \times N$ 矩阵的元素的值进行如下处理：将其中的正数保留，将负数清零。

9. 将二维整型数组 a[N][N] 中每一行的数从小到大排序。

10. 将二维整型数组 a[N][N] 中每一列的数从小到大排序。

11. 求二维整型数组 a[N][N] 中每一行的数的和，并放在另一个一维数组 b[N] 中。

12. 求二维整型数组 a[N][N] 中每一行的数中的最大值，放在另一个一维数组 b[N] 中，最后对 b[N] 中的数从小到大排序。

13. 输出二维数组中行为最大、列为最小的元素（称为鞍点）及其位置。如果不存在任何鞍点，则也应输出相应信息。

14. 计算矩阵 $A_{4 \times 3}$ 的转置矩阵 A^T，例如：$A = \begin{bmatrix} 1 & 9 & 8 \\ 5 & 3 & 2 \\ 8 & 4 & 3 \\ 2 & 6 & 0 \end{bmatrix}$，$A^T = \begin{bmatrix} 1 & 5 & 8 & 2 \\ 9 & 3 & 4 & 6 \\ 8 & 2 & 3 & 0 \end{bmatrix}$

15. 某班有 N 个学生，每个学生有三门课程，试编程用数组实现以下功能：

　　1）从键盘输入所有学生的成绩；

　　2）求每个学生的平均分；

　　3）按平均分排序。

第 6 章 指 针

指针是 C 语言的代表特征之一。在 C 语言程序设计中指针的概念是不可缺少的主要内容。利用指针可以直接对内存中各种不同数据结构的数据进行快速的处理，并且它为函数间各类数据的传递提供了简捷便利的方法。指针操作是与计算机系统内部密切相关的一种处理形式。因此，正确熟练地使用指针可以编制简洁明快、性能强、质量高的程序。但是，指针的不当使用也可能导致程序失控的严重错误。因此，充分理解和全面掌握指针的概念和使用特点，是学习 C 语言程序设计的重点内容之一。本章将全面讨论指针的实质以及它在数据处理中的使用方法。

6.1 基本概念

6.1.1 指针变量的引入

在 C 语言中，程序一旦被执行，则该程序的指令、常量和变量等都要存放在计算机的内存中。计算机的内存是以字节为单位的一片连续的存储空间，每个字节都有一个编号，这个编号就称为内存的地址。

为了方便程序编写与执行，我们引入一种存放地址的特殊变量，称为指针变量。指针变量是一个变量，它和普通变量一样占用一定的存储空间。但是，它与普通变量不同之处在于，指针变量的存储空间中存放的不是普通的数据，而是一个地址，例如一个变量的首地址。

可以认为，地址与指针是同义词，变量的指针就是变量的地址，存放变量地址（指针）的变量就是指针变量。设某指针变量的名字是 px，同时存在另外一个名字为 x 的普通变量，将变量 x 的地址装入指针 px 的存储区域，即 px 的内容就是变量 x 的地址（见图 6-1a）。

a）变量的地址装入指针　　　　　　　　　　b）指针指向变量

图 6-1　指针指向变量

当指针变量得到某一地址量时，我们称该指针变量指向了那个地址的内存区域。这样就可以通过指针变量对其所指向的内存区域中的数据进行各种加工或处理。指针变量指向的内存区域中的数据称为指针的目标。如果它指向的区域是一个变量的内存空间，则这个变量称为指针的目标变量。我们把通过指针变量访问目标变量的方式称为间接访问方式。由于指针变量里存放的是目标变量的地址，存入不同的目标变量地址，就可以通过同一个指针变量访问不同的目标变量，这样增加了处理问题的灵活性。

指针除了可以指向变量之外，还可以指向内存中其他任何数据结构，如数组、结构和联合体等，它还可以指向函数，后面将陆续介绍。读者应该牢记，在程序中参加数据处理的量不是指针本身的量，因为指针本身是个地址量，而指针的目标才是要处理的数据。这就是 C 语言中利用指针处理数据的特点。

6.1.2　指针变量的定义与初始化

1. 指针变量的定义

指针变量在使用之前，必须进行定义。指针变量的定义指出了指针的存储类型和数据类型，它的一般形式如：

<数据类型> ＊指针名；

例如：

```
int  * px;
char * name;
static  int  * pa;
```

上面定义了名字为 px、name 和 pa 的三个不同类型的指针。

指针变量名由用户命名，其使用字符的规定与变量名相同。

指针变量的存储类型是指针变量本身的存储类型。它与普通变量一样，分为 auto 型（可以缺省）、register 型、static 型和 extern 型。不同存储类型的指针使用的存储区域不同，与普通变量完全相同。指针的存储类型和指针声明的程序位置决定了指针的寿命和可见性，即指针变量也分为内部的和外部的，全局的和局部的。

指针变量定义时指定的数据类型不是指针变量本身的数据类型，而是指针所指向目标的数据类型。例如，前面例中的指针 px 和 pa 指向 int 型数据，而 name 指向 char 型数据。为了便于叙述，通常把指针指向的数据类型就称为指针的数据类型。例如，px 和 pa 称为 int 型指针，name 称为 char 型指针。

具有相同存储类型和数据类型的指针可以在一行中说明，也可以和普通变量一起说明。例如：

```
int   *px,  *py,  *pz;
char   cc,  *name;
```

C 语言中还有一种 void 型指针变量，用来指向一种抽象的数据类型，即定义一个指针变量，但不指明它指向哪种具体的数据类型，称为"无类型指针"。定义的方法是在该指针变量的说明语句中，用 void 作为数据类型说明，即：

<存储类型> void ＊指针变量名；

显然，定义格式与普通指针变量几乎一样，仅数据类型指定为 void 型，这类指针可以指向任何数据类型的目标变量，它在定向时可以将已定向的各种类型指针直接赋给 void 型指针，反之，将 void 型指针赋给其他各种类型指针时，必须采用强制类型转换，将它变成指向相应数据类型的指针。

2. 指针变量的初始化

指针变量在定义的同时，也可以被赋予初值，称为指针的初始化操作。由于指针变量是存放地址的变量，所以初始化时赋予它的初值必须是地址量。指针变量初始化的一般形式是：

<存储类型>　<数据类型>　*指针名 [= 初始地址值]；

例如，"int　*pa=&a;"即将变量 a 的地址作为初值赋予了 int 型指针 pa。

需要注意的是，从表面上看，似乎把一个初始地址量赋给了指针的目标变量 *pa。其实不然，初始化形式中 *pa=&a 不是一个运算表达式，这里是一个说明性语句。所以，读者应该记住，这里的初始地址值是赋给指针变量，而不是赋给目标变量的。

当把一个变量的地址作为初始值赋给指针变量时，该变量必须在指针初始化之前已经说明过。道理很简单，变量只有在说明之后才被分配一定的内存地址。此外，该变量的数据类型必须与指针的数据类型一致。

例如：

```
char   cc;
char  *pc=&cc;
```

上面的例子是把变量 cc 的地址赋给指针 pc，其中 &cc 是一个地址常量。也可以向指针赋给地址变量，即把一个已经初始化的指针赋给另一个指针，如下第三行所示。

```
int    n;
int   *p=&n;
int   *q=p;
```

指针变量中只能存放地址，不要将一个整型量赋给一个指针变量，下面的赋值是不合法的：

```
int *pointer=1000;
```

例 6.1 说明指针概念的程序。

```
1       #include <stdio.h>
2       void main( )
3       {
4           int a;
5           int * pa = &a;              //初始化指针pa指向a所在的内存地址
6           a = 10;
7           printf("a:%d\n",a);
8           printf("*pa:%d\n",*pa);
9           printf("&a:%x(HEX)\n",&a);
10          printf("pa:%x(HEX)\n",pa);
11          printf("&pa:%x(HEX)\n",&pa);
12      }
```

运行结果：

```
a:10
*pa:10
&a:ff86(HEX)
pa:ff86(HEX)
&pa:ff88(HEX)
```

注意：在上述输出结果中，后 3 行的结果每次运行时可能不一样，但第 1 行和第 2 行的输出值应该是相等的。

　　尽管指针变量所指目标变量的数据类型各不相同，但指针变量本身的数据长度与它所指对象无关，不要错误地认为字符串指针 ps 占用 1 字节的内存空间，float 型的指针 pf 占用 4 字节等。

6.1.3　指针的使用

　　1. 取地址运算符 & 和取内容运算符 *

　　（1）取地址运算符 &

　　单目 & 是取地址运算符，单目 & 与操作对象组成的表达式是地址表达式，单目 & 运算表达式的形式为：

> & 操作对象

　　取地址运算符 & 的操作对象必须是左值表达式（即变量或有名存储区），运算结果为操作对象变量的地址，结果类型为操作对象类型的指针。

　　数组名不是变量，即不是左值表达式，因此数组名不能作为取地址运算符 & 的操作对象。数组名本身是一个常量地址表达式。

　　例，设变量说明为：

```
int  x;
char  y;
double  z;
```

则地址表达式 &x、&y 和 &z 的结果类型分别为 int*（整型指针），char*（字符型指针）和 double*（双精度浮点型指针）。

　　由于数组名和常量不是左值表达式，而寄存器变量没有存储地址，因此数组名、常量和寄存器变量均不能做单目 & 的操作对象。

　　例，设变量说明为：

```
int  i ,a [4];
register int k;
```

则 &i、&a[i]、&a[0]（或 a）都是合法的地址表达式；它们分别为变量 i、元素 a[i] 和 a[0] 的地址，其类型均为 int*（整型指针），而 &k，&a 均为非法表示。

　　（2）取内容运算符 *

　　单目 * 是间接访问运算符。通过指针间接访问指针所指对象（即变量），而不是通过名字访问变量，称为间接访问。单目 * 与操作对象组成的表达式称为间接访问表达式。间接访问表达式的形式为：

> * 操作对象

　　操作对象必须是地址表达式，即指针（地址常量或指针变量）；运算结果为指针所指的对象，即变量本身（可见，间接访问表达式是左值表达式），结果类型为指针所指对象的类型。

　　例如：

```
char  c, *pc = &c;
*(&c) = 'a';
*pc = 'a';
c = 'a';
```

由于初始化使 pc 指向了 c，所以上面 3 个赋值表达式语句的效果相同，都是将字符数据 *'a'* 放入变量 c。因为 pc 和 &c 都是指向变量 c 的指针（类型为 char *），所以 *pc 和 *(&c) 都是合法的间接访问表达式，结果及结果类型均与变量 c 相同，即值为 'a'，类型为 char。

应特别注意区分 * 的不同含义：出现在说明语句中的 * 是抽象指针说明符；出现在表达式中的 *，如果有两个操作对象则是乘运算符（双目 *），如果只有一个操作对象则是间访运算符（单目 *）。例如上例说明语句中的 *pc = &c 是带初值的说明符，其语义是将 &c 赋予 pc（而不是赋予 *pc）。

（3）单目 * 和 & 的运算关系

单目 * 和 & 互为逆运算，它们之间的运算关系可表达为：

* （& 左值表达式）= 左值表达式

和

& （* 地址表达式）= 地址表达式

其中的 "=" 表示 "等于"。上面两个式子表明：对一个左值表达式先执行 & 运算，然后对结果执行 * 运算，则最终结果就是原来的左值表达式。反之，对一个地址表达式先执行 * 运算，然后对结果执行 & 运算，则最终结果就是原来的地址表达式。

2. 指针的正确用法

使用指针的最终目的是用指针引用变量。使用指针的正确方法是：首先必须按被引用变量的类型说明指针变量；其次必须用被引用变量的地址给指针变量赋值（或用指针变量初始化方式），使指针指向确定的目标对象，然后才能使用指针来引用变量。

下面这个代码段说明了一个极为常见的错误：

```
int *p;
*p = 5;
...
```

这个声明创建了一个指针变量 p，后面的一条赋值语句将 5 存储在 p 所指向的内存位置。

但是，p 究竟指向哪里？我们声明了这个指针变量，但从未对它进行赋值，所以我们没有办法预测 5 这个值存放在什么地方。如果指针变量是静态变量或全局外部变量，它会初始化为 0；如果指针变量是自动型变量，它根本不会被初始化。无论哪一种情况，声明一个指向整型的指针都不会 "创建" 用于存储整型值的内存空间。

如果程序执行了这个赋值操作，会发生什么情况？如果你运气好，p 的初始值会是一个非法地址，这样赋值语句会出错，从而终止程序。一个更为严重的情况是：这个指针偶尔可能包含了一个合法的地址，接下来的事情：位于那个位置的值被修改，像这种类型的错误非常难以捕捉。

3. NULL 指针

NULL 指针的概念是非常有用的。它提供了一种方法，表示某个特定的指针目前并未指向任何东西。

　　ANSI　C 标准定义 NULL 指针，它作为指针变量的一个特殊状态，表示不指向任何东西。要使一个指针变量为 NULL，可以给它赋一个零值。为了测试一个指针变量是否为 NULL，可以将它和零进行比较。从定义上看，NULL 指针并未指向任何东西，对一个 NULL 指针进行解引用操作是非法的。在对指针进行解引用操作之前，首先必须确保它并非 NULL 指针。

　　下面看一个指针的使用简例：

　　例 6.2　　输入两个整数，按先大后小的顺序输出。

　　解：采用指针运算符来实现。

```
1       #include <stdio.h>
2
3       int main()
4       {
5           int a,b;
6           int *pmax=NULL;                          //指针初始化为空指针"NULL"
7           int *pmin=NULL;
8
9           printf("please enter two number:");      //输入两个整数
10          scanf("%d%d",&a,&b);
11
12          pmax=(a>b)?&a:&b;               //"&"运算符取取较大数地址赋给指针pmax
13          pmin=(a>b)?&b:&a;               //"&"运算符取取较小数地址赋给指针pmin
14
15          /*采用"*"运算取取指针所指向变量的内容进行打印*/
16          printf("max=%d, min=%d \n", *pmax, *pmin);
17          return 0;
18      }
```

运行结果：

```
please enter two numbers: 5  9
max=9,min=5
```

　　程序中采用了三目运算符进行指针变量的赋值，运用了指针运算符"&"和"*"来实现程序功能，介绍了一种空指针 NULL 的使用场景。

6.2　指针运算

　　指针运算是以指针变量所具有的地址值为操作对象进行的运算。指针运算的实质是地址的计算。C 语言具有自己的地址计算方法，正是这些方法赋予了 C 语言功能较强、快速灵活的数据处理能力。本节介绍指针所进行的运算及运算规则。

6.2.1　指针的算术运算

　　指针的算术运算是按 C 语言地址计算规则进行的，这种运算与指针指向的数据类型有密切关系，也就是 C 语言的地址计算与地址中存放的数据的长度有关。

　　设 p1 和 p2 是指向具有相同数据类型的一组若干数据的指针，n 是整数，则指针可以进行的算术运算有如下几种：

p1+*n*, p1–*n*, p1++, ++p1, p1––, ––p1, p1–p2

1. 指针与整数的加减运算

指针作为地址加上或减去一个整数 *n*，其意义是指针当前指向位置的前方或后方第 *n* 个数据的位置。由于指针可以指向不同数据类型，即数据长度不同的数据，所以这种运算的结果值取决于指针指向的数据类型。图 6-2 是不同数据类型的两个指针实行加减整数运算的示意图。

图中指针 px 指向 short 型数据，它加上 1 时，实际结果是指针的地址量加 2。指针 py 指向 long 型数据，它加一的结果是指针本身的地址值加 4。

对于不同数据类型的指针 p，p±*n* 表示的实际位置的地址值是：

$$(p) \pm n \times sizeof(p) \text{（字节）}$$

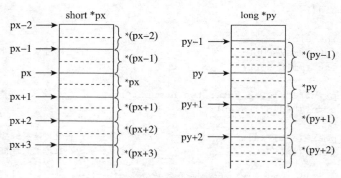

图 6-2 指针加减整数

图 6-2 中，*(px+1) 表示指针 px 加一后所指向地址的目标变量。

表 6-1 列出了各种指针变量进行加 1 运算后的地址增量值。

2. 指针 ++、–– 运算

指针 ++、–– 单项运算也是地址计算，它具有上述的计算特点，指针的 ++、–– 单项运算是指针本身地址值的变化。指针 ++ 运算后就指向了下一个数据的位置，–– 运算后就指向上一个数据的位置。运算后指针的地址值的变化量取决于它指向的数据类型。例如，指针 px 指向 int 型（2 字节长）数据，px 的内容假设为地址值 f000，当执行 px++ 后，px 的内容加 2，成为 f002，它是下一个数据的地址。指针 ++ 前后的变化如图 6-3 所示。

指针 ++、–– 单项运算也分为前置运算和后置运算，当它们和其他运算出现在一个表达式中时，要注意它们之间的结合规则和运算顺序。例如：

表 6-1 各种指针变量进行加 1 运算后的地址变化量（在 16 位系统下）

指针类型	指针加 1 运算后的地址变化量
char * ptr;	1
short *ptr;	2
signed short *ptr;	2
unsigned short *ptr;	2
int *ptr;	2
signed [int] *ptr;	2
unsigned [int]*ptr;	2
long[int]*ptr;	4
signed long[int]*ptr;	4
unsigned long [int] *ptr;	4
float *ptr;	4
double *ptr;	8
long double *ptr;	10

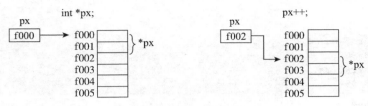

图 6-3 指针加一运算

```
y= *px++;
```

该表达式中有三种运算：=、* 和 ++。* 和 ++ 优先于 =。* 和 ++ 属于同级运算，其结合规则是从右至左。所以 ++ 运算是对 px 进行的。它相当于：

```
y= *(px++);
```

这里 px++ 是后置运算。因此该表达式的运算顺序是，访问 px 当前值指向的目标，把目标变量的值赋予 y，然后，px 加一指向下一个目标。由此看出，变量的前置或后置运算不存在与其他运算之间的运算先后顺序关系，它仅表示变量本身值的使用和变化之间的先后关系。所以，上式中（px++）仅说明按照结合规则应该是 px 加一，而不是 *px 加一，但并不表示先进行 px 的加一运算。如果先进行 px 加一运算后再进行 * 运算，表达应是下列形式：

```
y=*++px;
```

它相当于：

```
y=*(++px);
```

其中 ++px 是前置运算，所以是 px 先加一，以变化后的值作为运算量进行 * 运算后，结果值赋予 y。

如下表达式：

```
y=(*px)++;
```

是把 px 的目标变量的值赋予 y，然后该目标变量的值加一。其中 px 并不发生改变。

而表达式：

```
y=++(*px);
```

是 px 的目标变量的值加一后赋予 y。

例 6.3 通过指针变量输出 a 数组的 5 个元素。

```
1    #include <stdio.h>
2    int main( )
3    {
4        int *p,i,a[5];
5        p=a;
6        printf("please input 5 numbers:\n");
7        for(i=0;i<5;i++)
8            scanf("%d", p++);
9        printf("\n");
10        printf("the input array is:\n");
11       for(p=a,i=0;i<5;i++)
12           printf("%d",*p++);
13       return 0;
14   }
```

运行结果：

```
please input 5 numbers:
12 34 56 78 90
the input array is:
12 34 56 78 90
```

3. 指针的相减

设指针 p 和 q 是指向同一组数据类型一致的数据，则 p-q 运算的结果值是两指针指向的地址位置之间的数据个数。由此看出，两指针相减实质上也是地址计算。它执行的运算不是两指针持有的地址值相减，而是按下列公式得出结果。

$$\frac{(p)-(q)}{sizeof(p)}$$

式中"（p）"和"（q）"分别表示指针 p 和 q 的地址值，所以，两指针相减的结果值不是地址量，而是一个整数。图 6-4 给出了它的示意图。

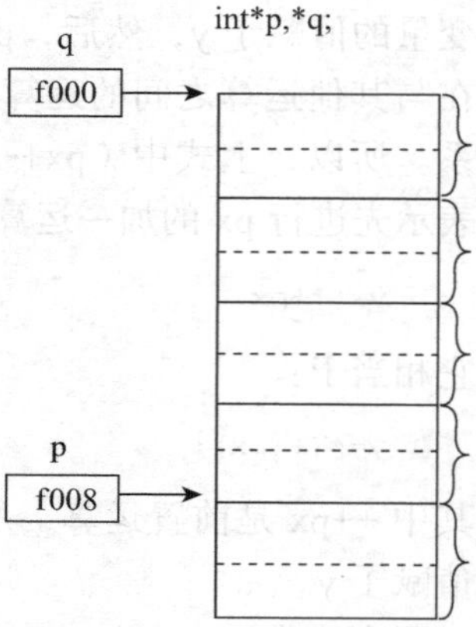

6.2.2 指针的关系运算

两个指向同一组类型相同数据的指针之间可以进行各种关系运算。两指针之间的关系运算表示它们指向的地址位置之间的关系。假设数据在内存中的存储逻辑是由前向后，那么指向后方的指针大于指向前方的指针。对于两指针 p1 和 p2 间的关系表达式：

p1<p2

若 p1 指向位置在 p2 指向位置的前方，则该表达式的结果值为 1，反之为 0。两指针相等的概念是两指针指向同一位置。

指向不同数据类型的指针之间的关系运算是没有意义的。指针与一般整数变量之间的关系运算也是无意义的。但是指针可以和零之间进行等于或不等于的关系运算，即：

p==0 或 p! =0

它们用于判断指针 p 是否为一个空指针。

图 6-4　指针相减 p-q

6.2.3 指针的赋值运算

向指针变量赋值时，赋的值必须是地址常量或地址变量，不能是普通整数。指针赋值运算常见的有以下几种形式。

（1）将一个变量的地址赋予一个指向相同数据类型的指针
例如：

```
char c, *pc;
pc=&c;
```

（2）将一个指针的值赋予指向相同数据类型的另一个指针
例如：

```
int  *p,  *q;
```

```
p=q;
//赋值前，q必须指向一个确定目标
```

（3）将数组的地址赋予指向相同数据类型的指针

例如：

```
char name[20],  *pname;
pname=name;
```

（4）动态内存分配

在 C 语言中，对于定义的每一个变量，系统都自动在计算机中分配一个或多个内存单元以存放将要保存的变量值。

但是，当程序所要处理的某种数据无法确定其数据量时，便需要在程序运行期间动态地分配存储空间，所以我们要在程序的运行过程中，现场判断实际数据的数据量，并分配内存，当处理完所要处理的数据时，再将这些内存释放。

为了实现动态存储技术，标准函数库特别设置了一对标准函数，它们的原型在 stdlib.h 和 alloc.h 中。因此，在使用它们的程序开头处，必须写有：

```
#include  <stdlib.h>
#include  <alloc.h>
```

它们的原型是：

```
void * malloc(unsigned size);
void free(void * ptr);
```

关于动态内存分配详细说明如下：

1）由 malloc( ) 函数所分配的内存空间放在数据区的堆（Heap）中。如图 6-5 所示，外部变量、静态变量存放在整个数据区的开头，称为"静态存储区"，为了调用函数而定义的自动变量、形式参数以及函数的返回数据和返回地址等存放在堆栈区，以上都是由系统自动地进行管理，余下的内存空间称为"堆区"，堆是一个自由存储区域，说它自由是因为它不受系统支配，而由编程者编写程序来控制，像经常使用的链表、树、有向图等动态数据结构的存储问题，在 C 语言中都是调

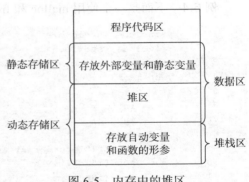

图 6-5　内存中的堆区

用 malloc( ) 函数来动态分配存储空间的。总之，在程序整个运行期间，堆区和堆栈区都是处在动态的、不断变化的状态，统称为"动态存储区"，只不过堆栈区由系统支配，而堆由编程者编写程序来管理，这就像某大宾馆（相当于系统）的一部分住房（相当于堆区）被一用户（相当于编程者）包租，其来往贵宾的住房分配完全由用户来管理。

2）malloc( ) 函数有一个无符号整数型的形参 size，用来指定所分配内存空间的大小（以字节为单位给出），通常，对字符串都是采用表达式 "strlen（"字符串"）+1" 或 "strlen(指向字符串的指针) + 1" 作为实参，其中，加 1 字节是用来存放字符串的结尾符 '\0'，对于其他各种数据类型，不仅包括各种基本数据类型，还有各种复杂数据类型，如数组、指针变量、指针数组、多维数组、结构体和联合体等，都是采用表达式 " sizeof（数据类型）" 作为

实参指定内存空间的大小。

3）当 malloc( ) 函数执行成功时，其返回值是大小为 size 的内存空间首地址，可采用地址赋值操作把它的返回值赋给一个指向相同数据类型的指针变量，这样就生成了一个新的变量，称为"动态变量"，该指针变量名就是动态变量名，否则当它执行失败时将返回一个空指针。因此在使用 malloc( ) 函数时，必须检测其返回值不为空指针，不然可能因堆区的内存资源耗尽而出错。其一般格式为：

> if（指针名 =（类型 *) malloc（空间大小) == NULL）{ 出错处理操作 }

或简化写成：

> if（!（指针名 =（类型 *) malloc（空间大小)))｛出错处理操作｝

4）由于上式中的"指针名"是非 void 型指针，把 void 型指针赋给其他各种非 void 型指针时，还必须用强制类型转换，把它的数据类型转换成与"指针名"相同的数据类型。顺便指出，在 C 语言的标准函数库中，很多动态分配存储器的指针函数被说明为 void * 型，表示它们返回一个无类型的指针，而由编程者根据需要用强制转换指定它返回指针的数据类型，这样做的目的是可以使指针函数能够处理各种数据类型的数据。

5）free( ) 函数用来释放由 malloc( ) 函数在堆区中所分配的内存空间，以便这些内存空间成为再分配时的可用空间。

6) free( ) 函数的形参 ptr 也是无类型指针，它专门用来接收 malloc( ) 函数在堆区中所分配的内存空间首地址，对其他地址量将不发生作用，因此，free( ) 函数是 malloc( ) 函数的配对物，即在整个源程序内，它们是成对出现的。

例 6.4 下面是一个使用 malloc 和 free 函数的示例程序。

```
1       #include <stdio.h>
2       #include <stdlib.h>
3       #include <alloc.h>
4       int main( )
5       {
6           int i = 0;
7           int *a;
8           int N;
9           printf("Input array length: ");
10          scanf("%d", &N);
11          a = (int *) malloc(N * sizeof(int));
12          for(i = 0; i < N; i++)
13          {
14              a[i] = i + 1;
15              printf("%-5d", a[i]);
16              if ((i + 1) % 10 == 0)
17                  printf("\n");
18          }
19          free(a);
20          printf("\n");
21          return 0;
22      }
```

运行结果：

```
Input array length:15
1    2    3    4    5    6    7    8    9    10
11   12   13   14   15
```

6.3 指针与数组

6.3.1 一维数组与指针

1.一维数组与指针的关系

C 语言中，指针和数组之间的关系十分密切，它们都可以处理内存中连续存放的一系列数据，数组与指针在访问内存时采用统一的地址计算方法；但是两者之间又有本质的区别，本节讨论指针与数组的关系。

数组是相同数据类型的数据集合、数组用其下标变化实现对内存中的数组元素的处理。例如，程序中说明了一个数组：

```
int  a[10];
```

则编译系统在一定的内存区域为该数组分配了存放 int 型（2 字节）数据的 10 个连续存储空间，它们分别是 a[0]、a[1]、…、a[9](见图 6-6)。用 a[i] 表示从数组存储首地址开始的第 i 个元素变量。在程序中通过 i 的变化就可以处理数组中的任何元素。

若程序中同时说明了一个 int 型指针：

```
int  *pa;
```

并且通过指针赋值运算：

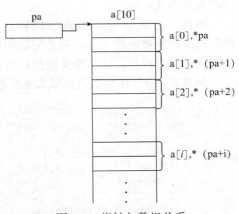

```
pa=a;   或pa=&a[0];
```

则指针 pa 就指向了数组 a 的首地址。这时指针的目标变量 *pa 就是 a[0]。根据上节介绍的指针运算的原理，*(pa+1) 就是 a[1]，*(pa+2) 就是 a[2]……即 *(pa+i) 就是 a[i]（见图 6-6）。

从图 6-6 可看出，指针 pa 加上或减去整数 i，通过 i 的变化就可以和数组一样处理内存中连续存放的一系列数据。

图 6-6 指针与数组关系

例 6.5 说明指针与数组关系的程序。

```
1        #include <stdio.h>
2        void main( )
3        {
4            int a[10], *pa, i;
5            for(i=0;i<10;i++)              //数组元素赋值
6                a[i]=i+1;
7            pa=a;                         //将指针指向数组的首地址
8            for(i=0;i<10;i++)
9                printf("*(pa+%d):%d\n",i,*(pa+i)); /*用指针形式逐个输出数组元素
10                                                      内容*/
11       }
```

运行结果：

```
*  (pa+0):1
*  (pa+1):2
*  (pa+2):3
*  (pa+3):4
*  (pa+4):5
*  (pa+5):6
*  (pa+6):7
*  (pa+7):8
*  (pa+8):9
*  (pa+9):10
```

程序中第一个 for 循环是将 1～10 赋予数组元素 a[0]～a[9]。然后通过"pa=a；"使指针指向数组。再用第二个 for 循环，通过指针运算输出显示数组中的数据。

上述表现形式 a[i] 和 *(pa+i) 实质上是两个运算表达式，它们遵循统一的地址计算规则实现相同的功能。表达式 a[i] 的运算过程是：访问地址 a 为起点的第 i 个数据。它先实现地址计算 a+i，然后访问该地址。前面曾介绍过，运算符 * 是访问地址的目标，所以下列表达式：

$$*(a+i)$$

实现的功能与 a[i] 是完全相同的。因此，在程序中 a[i] 和 *(a+i) 是完全等价的表现形式。

根据同样的道理，*(pa+i) 与 pa[i] 是实现相同功能的表达式，它们在程序中是完全等价的表现形式。

因此，上例中当指针 pa 指向数组 a 时，就可以用 a[i]、*(pa+i)、*(a+i) 和 pa[i] 等四种形式来访问数组的元素，都是完成同样功能的表达式。在程序中它们可以互换使用，在后几章我们将会看到，恰当地使用指针与数组表现形式的互换性，可以使程序更简洁。

例 6.6　指针和数组表现形式互换性的程序。

```
1    #include <stdio.h>
2    void main( )
3    {
4        int i, *pa;
5        int a[]={2,4,6,8,10};
6        pa=a;                              //将指针指向数组的首地址
7        for(i=0;i<5;i++)
8            printf("a[%d]:%-7d",i,pa[i]);  //指针采用数组的形式，格式化输出
9        printf("\n");
10       for(i=0;i<5;i++)
11           printf("*(pa+%d):%-4d",i,*(a+i));  //数组采用指针的形式使用
12       printf("\n");
13   }
```

运行结果：

```
a[0]:2      a[1]:4      a[2]:6      a[3]:8      a[4]:10
*(pa+0):2   *(pa+1):4   *(pa+2):6   *(pa+3):8   *(pa+4):10
```

需要指出的是，指针和数组在访问地址中的数据时，其表现形式具有相同的意义，这是因为指针和数组名都是地址量。

但是，指针和数组名在本质上是不同的，具体表现如下：

1）指针是地址变量，而数组名是地址常量，它们在某些运算中有着截然不同的区别。例如，对于指针 pa 和数组名 a。指针可以接受赋值，其本身的值可以变化，所以它可以进行下列运算：

```
pa = a;
pa++,pa--;
pa += n;
```

等，而数组名参加下列运算是错误的：

```
a = pa;
a++, a--;
a += n;
```

2）a[i] 可以转换成 *(pa+i) 的前提是指针 pa 指向了数组 a，即 pa 指向数组 a 的首地址，否则不能转换。

例 6.7　在将例 6.5 所示程序中，将给每个元素赋初值的 for 语句改成用指针 pa 访问数组元素，程序如下：

```
1        #include <stdio.h>
2        void main( )
3        {
4            short  a[10], * pa, i;
5            pa = a;                     // 指针pa指向了数组a
6            printf("给数组a的每个元素赋初值,a[0] = 1,a[1] = 2,…,a[9] = 10 !\n");
7            for(i = 0; i < 10; i++, pa++)
8                *pa = i + 1;
9        /* 每循环一次，指针pa和变量i都增1，指向了下一个元素，当循环束时，pa指向数组a
10           后面的数据 */
11           pa = a;
12           printf("用指向数组a的指针pa访问数组的每个元素 : ");
13           for(i = 0; i < 10; i++)
14               printf("\n *(pa + %d) : %d", i, * (pa + i));
15           printf("\n");
16       }
```

由于每循环一次，指针 pa 增 1 指向了下一个元素，以便在进入下一次循环时去访问数组的下一个元素。当循环结束时，pa 已经不再指向数组 a 的首地址，而是指向数组 a 后面的数据。因此，当进入第 2 个 for 语句，采用指针 pa 加上一个偏移量访问数组 a 的每个元素时，由于"pa 指向数组 a 的首地址"的前提条件已经被破坏，它们之间的关系等式和统一的地址计算公式都再不成立。

运行结果：

```
给数组a的每个元素赋初值，a[0] = 1,a[1] = 2 ,…,a[9] = 10 !
用指向数组a的指针pa访问数组的每个元素 :
*(pa + 0) : -456
*(pa + 1) : 101
*(pa + 2) : 4889
*(pa + 3) : 64
*(pa + 4) : 1
*(pa + 5) : 0
*(pa + 6) : 3136
*(pa + 7) : 120
*(pa + 8) : 3040
*(pa + 9) : 120
```

　　由此可见，虽然它顺利地通过了编译和链接，但是第 2 个 for 语句，由于"pa 指向数组 a 的首地址"的前提条件已经被破坏，仍然采用指针 pa 加上一个偏移量去访问数组 a 的每个元素则必然导致失败。为此，在第 2 个 for 语句前面，加上一条"pa = a;"语句，使得指针 pa 重新指向数组 a 的首地址即可，或者加在第 2 个 for 语句的第 1 分量处，即：

```
for(pa = a, i = 0; i < 10; i++)
    printf("\n *(pa + %d) : %d", i, * (pa + i));
```

2. 一维数组与指针的应用

　　例 6.8　将数组 a 中 n 个整数按相反的顺序存放。

　　分析：将 a[0] 与 a[n–1] 对换，再将 a[1] 与 a[n–2] 对换……直到将 a[(n–1)/2] 与 a[n–int((n–1)/2)] 对换为止。

　　程序实现如下：

```
1        #include <stdio.h>
2        void invert(int  *pdata,int n);    //函数原型声明
3        void main( )
4        {
5            int i;
6            int data[10]={1,80,2,5,8,12,45,56,9,6};     //数组定义及初始化
7            int *p=data;                 //定义指针变量p
8            printf("original array:\n");
9            for(i=0;i<10;i++)            //显示改变顺序之前数组的内容
10               printf("%-4d",*(p+i));
11           printf("\n");
12           invert(p,10);               //调用函数(以指针作为实参)改变数组元素的顺序
13           printf("inverted array:\n");
14           for(i=0;i<10;i++)           //显示顺序改变之后数组元素的内容
15               printf("%-4d",p[i]);
16       }
17
18       void invert(int *pdata, int n)   /*以指针作为函数形参
19                                          也可写成void invert(int pdata[],int n)*/
20       {
21           int i,j,temp;
22           for(i=0,j=n-1;i<j;i++,j--)
23           {
24               temp=pdata[i];
25               pdata[i]=pdata[j];
26               pdata[j]=temp;
27           }
28       }
```

　　运行结果：

```
original array:
1   80  2   5   8   12  45  56  9   6
inverted array:
6   9   56  45  12  8   5   2   80  1
```

　　程序分析：

　　在上述程序中，我们定义了指针 p 指向一维数组 data 的首元素，并且在主函数中调用

invert(p, 10)，其中是用指针 p 作为函数实参的，而在定义 invert 函数中是用 int 型指针作为函数形参的。当然也可以用数组形式作为形参，这时形参数组不用指定其大小，因为 C 语言编译系统并不检查形参数组的大小，只是将实参 (指针) 的值传给形参数组名，这样形参数组名就获得了实参数组的首元素的地址。因此，实参指针指向的 data 数组的首元素 (data[0]) 和形参指针 *pdata 指向同一地址，它们共占同一个存储单元，data[i] 和 pdata[i] 也共占同一个存储单元。在函数 invert 中对形参 *pdata 进行运算就可以实现对一维数组 data 的运算。

常用这种方法通过调用一个函数来改变实参数组的值。当然数组名也可以作为函数的形参和实参，因为在函数中数组名是被当作指针进行处理的。

注意：为了保证函数的独立性以便于封装，所传递的一维数组的信息一般要包含数组地址和元素个数两个参数。

例 6.9　编写三个函数分别完成指定一维数组元素的数据输入、求一维数组的平均值、求一维数组的最大值和最小值。由主函数完成这些函数的调用。

分析：采用数组的元素作为函数的参数，一次只能传递一个元素，所以这里采用传递数组名即传地址的方法。在这种方式中，把一维数组的存储首地址作为实参调用函数。在被调用的函数中，以一般 (一级) 指针变量作为形式参数接收数组的地址。该指针被赋予数组的地址之后，它就指向了数组的存储空间。从而在被调用函数中，使用这个指针就可以对数组中的所有数据进行处理。考虑函数的通用性，在函数的原型设计时，应还要增加一个参数，用于传递数组元素的个数，该参数采用值传递。另外，用一个函数求解数组的最大值和最小值，无法用返回值的方式同时求得最大值和最小值，所以对这两个参数也采用传递地址的方式。通过上面的分析，规划函数的原型为：

```
void input(float *,int);
float average(float *,int);
void maxmin(float *,int, float *,float *);
```

这些函数的原型有时也可写成：

```
void input(float [],int);
float average(float [],int);
void maxmin(float [],int, float [],float []);
```

注意：这里在函数形参处出现了一维数组形式，作为形式参数的一维数组在说明时不必指出它的元素个数，即方括号中的数一般不写，本质上都是一级指针。同样的，指针变量和数组名也可以作为函数的实参。以后的程序设计中经常出现，这一点一定要注意。

程序的完整实现如下：

```
1       #include <stdio.h>
2
3       void input(float *, int);           //数据输入函数原型声明
4       float average(float *, int);        //一维数组元素的平均值函数原型声明
6       void maxmin(float *, int , float *, float *);   /*一维数组元素的最大值和最小值
                                                          函数原型声明*/
7
8       void main( )
9       {
10          float data[10];                 //一维数组定义
11          float aver,max,min;
12          float *num=data;                //定义指针num指向一维数组data
```

```
13
14              input(data,10);                      //数据输入，以数组名data为实参数
15              aver=average(data,10);               //求平均值，以数组名data为实参数
16              maxmin(num,10,&max,&min);            //求最大值和最小值，以指针num及max
17                                                     与min的地址作为函数实参
18              printf("aver=%f\n",aver);            //输出平均值
19              printf("max=%f,min=%f\n",max,min);   //输出最大值和最小值
20        }
21
22        float average(float *pdata, int n)             //求数组平均值函数的定义
23        {
24              int i;
25              float   avg;                          //平均值保留小数，数据类型为浮点型
26              for(avg=0,i=0;i<n;i++)
27                  avg+= pdata[i];                   //求数组元素的数据累加和
28              avg /=n;                              //求平均值
29              return(avg);                          //将平均值返回给被调用函数
30        }
31
32        void input(float *pdata,int n)              //输入数据函数定义
33        {
34              int i;
35              printf("please input array data: ");
36              for(i=0;i<n;i++)                      //逐个输入数组的数据
37                  scanf("%f",pdata+i);              //也可采用数组形式scanf("%f",&pdata[i]);
38        }
39
40        void maxmin(float *pdata,int n, float *pmax, float *pmin)
41        {
42              int i;
43              *pmax=*pmin=pdata[0];                 //给最大值和最小值赋初值
44              for(i=1;i<n;i++)
45              {
46                  if(*pmax<pdata[i])                //求最大值
47                      *pmax=pdata[i];
48                  if(*pmin>pdata[i])                //求最小值
49                      *pmin=pdata[i];
50              }
51        }
```

运行结果：

```
please input array data:
10 2 5 9 8 7 22 51 15 12
aver=14.000000
max=51.000000,min=2.000000
```

程序分析：

在上述程序中，主函数调用了三个子函数，在程序中分别采用了数组名和指针（地址）作为函数实参，指针变量和一维数组形式作为函数形参，如下表所示：

表 6-2　函数参数使用情况表

子函数	实　参　数	形　参　数
input	数组名 data	指针变量 * pdata
average	数组名 data	指针变量 *pdata
maxmin	指针 *num 及 max、min 的地址：&max、&min	指针 *pdata、*pmax、*pmin

通过以上两个例子可以看出，当参数在函数之间传递时，可以用指针和数组名作为函数实参，可以用指针变量和一维数组形式作为函数形参。上述例子只是为了说明这一点，在实际中可以根据具体情况来选取函数的实参和形参。

6.3.2 多维数组与指针

1. 多维数组的地址

C 语言中，数组在实现方法上只有一维的概念，多维数组被看成以下一级数组为元素的一维数组，具体处理方法如下：

1）n 维数组（$n \geqslant 2$）可以逐级分解为 $n-1$ 维数组为元素的一维数组。

2）n 维数组的数组名是指向 $n-1$ 维数组的指针，其值为 n 维数组的首地址，类型为 $n-1$ 维数组类型的指针。

3）n 维数组的元素是指向 $n-1$ 维数组的元素的指针，其值为 $n-1$ 维数组的首地址，类型为 $n-1$ 维数组的元素类型的指针。

为了说明数组指针，先来分析一下多维数组的地址。设有一个二维数组 data，它有三行四列，它的定义为：

```
int data[3][4]={{1,2,3,4},{5,6,7,8},{9,10,11,12}};
```

二维数组 data 可以分解为下面的两级一维数组：

第一级分解，数组 data 被看成长度为 3 的一维数组，data 的三个元素分别是 data[0]、data[1]、data[2]。

第二级分解，data[0]、data[1]、data[2] 又是 3 个长度为 4 的一维数组，如数组 data[0] 的四个元素是 data[0][0]、data[0][1]、data[0][2]、data[0][3]，如图 6-7 所示。

从二维数组的角度来看，data 代表整个二维数组的首地址，也就是第 0 行的首地址；data+1 代表第 1 行的首地址；data+2 代表第 2 行的首地址。

既然 data[0]、data[1]、data[2] 是一维数组名，而 C 语言规定了数组名代表数组的首地址，因此 data[0] 代表第 0 行一维数组中第 0 列元素的地址，即 &data[0][0]；同理，data[1] 代表第 1 行一维数组中第 0 列元素的地址，即 &data[1][0]；那么 data[i]+j 代表第 i 行一维数组中第 j 列元素的地址，即 &data[i][j]。

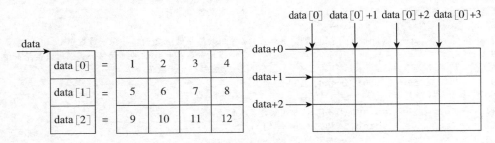

图 6-7　二维数组的分解示意图

数组指针

从上面的分析可以看出，多维数组的数组名是一个比较特殊的地址，它加 1 代表移向下一行，如果将这类地址作为函数的实参，函数形参的指针类型应该怎样？

C 语言和 C++ 引入了数组指针解决这一问题，它不是指向数组的每一个元素，而是指向整个一维数组。其一般格式为：

> <存储类型> <数据类型>(* 数组指针名) [元素个数];

这里所说的存储类型是数组指针本身的存储类型，与普通的指针变量一样，有自动型、静态型和外部型等，而数据类型是数组指针所指向的一维数组元素的数据类型。也可以在定义它的同时，用初始化操作给它定向，令它指向某一维数组。

数组指针的（物理）地址增量值以一维数组的长度为单位，可用运算符 sizeof 求得。必须强调指出，数组指针比指向一维数组元素的指针（即普通指针变量）类型的级别更高，具有如下不同的特点：

1）不能把一个一维数组的首地址，即一维数组名直接赋给指向相同数据类型的数组指针，如：

```
int  a[10], (*ap)[10];
ap = a;                    // 出错，不能把一个一维数组的首地址赋给数组指针
```

必须应用强制类型转换，把一维数组的首地址强制转换成数组指针类型的地址量，即：

```
ap = (int (*)[10])a;
```

或者用初始化操作写成：

```
int a[10], (*ap)[10] = (int ( * )[10])a;
```

2）即使数组指针指向了一维数组 a，也不能用 "(*ap)[i]" 或 "*ap[i]" 等形式的表达式去访问一维数组 a 的第 i 个元素，这些表达式都是没有实际意义的，因为 ap 指向的是整个一维数组，而不是它的元素，所以，用指向一维数组 a 的数组指针 ap 计算第 i 个元素的地址应该是："*ap+i"，对该地址做取内容运算的表达式 "*(*ap+i)" 就是访问一维数组 a 的第 i 个元素。

例 6.10　用数组指针指向一维数组。

```
1        #include <stdio.h>
2        void main( )
3        {
4            int  i;
5            int a[4], (*ap)[4];         // 定义数组指针ap
6
7            ap = (int (*)[4])a;         // 给数组指针ap定向，指向一维数组a
8                                        /* 借助数组指针ap的地址计算公式，用键盘给一维数组
                                            a的每个元素赋值 */
9            for(i = 0; i < 4; i++)
10             {
11                 printf("第[%d]号元素: ", i);
12                 scanf("%d", *ap + i);
13             }
14                                        /* 由数组指针ap的地址计算公式读取一维数组a的元素
                                            值显示在CRT上 */
15            for(i = 0; i < 4; i++)
16                 printf("%d\t", *(*ap + i));
17            printf("\n");
18       }
```

运行结果：

```
第[0]号元素 ： 16
第[1]号元素 ： 24
第[2]号元素 ： 48
第[3]号元素 ： 66
16        24        48        66
```

显然，数组指针访问一维数组的元素比起普通指针变量要麻烦一些，通常用它来处理二维数组。现在先分析如下一个小程序。

例 6.11　输出二维数组任意元素。

```
1        #include <stdio.h>
2        void main( )
3        {
4            int  a[3][4]={1,2,3,4,5,6,7,8,9,10,11,12}; // 定义二维数组a并初始化
5            int   (*ap)[4], i, j;                      // 定义包含4个元素的一维数组指针ap
6            ap = a;                                    // ap指向二维数组a的第0行
7            printf("please enter row and column number:");
8            scanf("%d%d",&i,&j);                       // 键入元素行列号
9            printf("a(%d,%d) = %d:\n",i,j,*(*(ap+i)+j));
10       }
```

运行结果：

```
please enter row and column number:2 3
a(2,3)=12
```

上面程序第 5 行中 " int (*ap)[4]" 表示定义 ap 为一个指针变量，此时它只能指向包含 4 个整型元素的一维数组，不能指向一维数组中的某一个元素，ap 的值就是该一维数组的起始地址。示意图如图 6-8 所示。

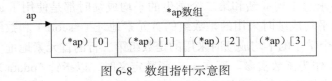

图 6-8　数组指针示意图

从上面程序可以看出，ap 的类型不是 int * 型，而是 int *[4] 型，ap 被定义为一个指向一维整型数组的指针变量。该一维数组有 4 个元素，因此 ap 的基类型是一维数组，在 VC32 位编译环境下该一维数组为 16 字节长度（4 个 int 型数据占 16 字节）。在 *（ap+i）+j 中，i 是以 ap 的基类型（一维整型数组）的长度为单位的，即 ap+i 表示地址增加 i*16 字节；而 j 是以元素的字节长度（int 型数据为 4 字节）为单位的，所以 *（ap+i）+j 就相当于在 ap+i 的地址上再加 j*4 字节。经过上述的运算，表达式 *（ap+i）+j 就变成了指向 i 行 j 列的指针。

数组指针形式可以在函数之间进行参数传递时作为函数形参，这将在下一小节中进一步分析。

2. 多维数组与指针的应用

多维数组可以看成是特殊的一维数组，当需要在函数之间进行多维数组的传递时，可以将多维数组进行降维处理，使之变成一维数组然后对降维后的一维数组进行相应的处理，下面这个例子就是将一个二维数组降维成一维数组进行处理的。

例 6.12   有一个班，3 个学生，各学 4 门功课，计算总平均成绩和第二个学生的平均成绩。

```
1        #include <stdio.h>
2        float aver(float *,int n);           //原型声明
3        void main( )
4        {
5            float score[3][4]={{63,65,75,61},{83,87,90,85},{90,95,100,93}};
6            //二维数组定义及初始化
7
8            printf("total average score=%f\n",aver(*score,12));
9            //降维之后的一维数组的首地址作为aver函数的第一个参数
10
11           printf("second student average score =%f",aver(score[1],4));
12           //降维之后的一维数组的第二行首地址作为参数
13       }
14
15           //实参是降维后的一维数组的首地址，函数形参仍然是一级指针形式
16       float aver(float *pdata,int n)
17       {
18           int i;
19           float average=0;                //初始化为零，为累加作准备
20           for(i=0;i<n;i++)
21               average+=pdata[i];          //累加和
22           average=average/n;              //求平均值
23           return average;                 //将平均值返回给被调用函数
24       }
```

运行结果：

```
total average score=82.250000
second student average score=86.250000
```

程序分析：

在上述程序中求总平均成绩和第二个学生的平均成绩时都是使用了 aver 函数，只是参数有所不同：求总平均成绩时采用的是数组的首元素地址（*score）和数组大小（12）作为函数实参；求第二个学生的平均成绩时采用的是数组第二行的首元素地址（score[1]）和第二行的元素个数（4）作为函数实参。而在 aver 函数定义时，以指针 *pdata 来接收实参传来的地址值，以变量 n 来接收实参传来的需要处理的数据的个数。

同一维数组一样，为了保证函数的封装能力，作为参数传递的二维数组一般需要数组地址和元素个数两个参数。

与一维数组形式作函数参数类似，也可以用多维数组形式作函数的实参和形参，在被调用函数中对形参数组定义时可以指定每一维的大小，也可以省略第一维的大小说明。例如：

```
int array[3][10];
```

或

```
int array[][10];
```

二者都合法而且等价。但是不能把第二维及其他高维的大小说明省略。如 int array[3][] 的定义是非法的。

例 6.13   有一个 4×3 的矩阵，求所有元素中的最大值。

```
1       #include<stdio.h>
2       int max(int array[][3],int n);      //函数声明
3       int main( )
4       {
5           int a[4][3]={
6                           {1,2,3},
7                           {4,5,6},
8                           {3,6,8},
9                           {7,12,11}
10                          };                   //对数组元素赋初值
11          printf("Max value is %d\n",max(a, 4));
12                                   //调用函数max,其中二维数组名a作为函数实参
13          return 0;
14      }
15      /*max函数中用二维数组array[][3]作为形参,实质上是以数组指针形式作为形参来接收二维数组a
16       的首地址,相当于int (*)[3]  */
17      int max(int array[][3],int n)
18      {
19          int i, j,Max;
20          Max=array[0][0];
21          for(i=0;i<n;i++)
22              for(j=0;j<3;j++)
23                  if(array[i][j]>Max) Max=array[i][j];
24          return(Max);
25      }
```

运行结果:

```
Max value is 12
```

程序分析:

形参数组 array 的第一维大小省略,第二维大小不能省略,而且要和实参数组 a 的第二维大小相同。在主函数中调用 max 函数时,把实参数组 a 的第一行的起始地址传递给形参数组 array,因此 array 数组第一行的起始地址与 a 数组第一行的起始地址相同,两个数组的列数一致,所以 array 数组与 a 数组的第二行起始地址也是相同的,依此类推。这样 a[i][j] 与 array[i][j] 同占一个存储空间,在函数 max 中对 array 数组进行操作其实就是对数组 a 进行操作。

当多维数组在函数之间进行传递时,可以用二维数组形式作为函数的形参来接收实参传来的地址,也可以用上一小节中的数组指针形式作为函数的形参来接收实参传来的地址。

例 6.14　有一个班,3 个学生,他们各学 4 门功课,编程实现分别显示每个学生有几门课程是优秀的(90 分以上为优秀)以及每个学生的成绩。

```
1       #include <stdio.h>
2       void search(int (*p)[4],int n);         // 函数原型声明
3
4       void main()
5       {
6                                               // 二维数组定义及初始化
7           int score[3][4]={{93,96,44,61},{83,87,90,45},{58,95,26,59}};
8           search(score,3);                    // 调用函数完成任务
9           return 0;
10      }
11
```

```
12        void search( int(*p)[4],int n)
13        {
14            int i, j, num_of_good;
15            for(i=0; i<n; i++)
16            {
17                num_of_good =0;              // 优秀的成绩数
18                for(j=0; j<4; j++)
19                {
20                    if(p[i][j]>90)  num_of_good++;
21                    /* 注：
                     *  p[i][j]等效于*(*(p+i)+j)，
                     *  这里采用数组下标防护的形式便于书写和理解 */
22                }
23                //打印相应的信息
24                printf( "No.%d has %d grade excellently, his score are:\n" ,i+1, \
                       num_of_good);
25                for(j=0; j<4; j++)
26                {
27                    printf("%-4d",p[i][j]);
28                }
29                printf("\n");
30            }
31        }
```

运行结果：

```
No.1 has 2 grade excellently ,his score are:93   96   44   61
No.2 has 0 grade excellently, his score are:83   87   90   45
No.3 has 1 grade excellently, his score are:58   95   26   59
```

对于函数 void search(int(*p)[4],int n)，实参是二维数组名（二维数组首地址）时，形参可以是数组指针。但有时也写成二维数组的形式，这时右边 [ ] 的数字不能少；左边 [ ] 里不需要数字，有数字也无任何意义。形参中二维数组形式实质上是数组指针如：

```
void search(int(*p)[4],int n)
```

也可写成：

```
void search(int p[ ][4],int n)
```

整个程序分析：

上述程序采用数组名 score 作为函数实参，采用数组指针（ *p）[4] 作为函数形参来接收 score，即数组 score 的第一行首地址。

6.4　指针数组与多级指针

6.4.1　指针数组

当一系列有次序的指针变量集合成数组时，就形成了指针数组。指针数组是指针的集合，它的每一个元素都是一个指针变量，并且它们具有相同的存储类型和指向相同的数据类型。指针数组的说明形式如下：

> <存储类型> <数据类型> *指针数组名 [元素个数]；

和普通数组一样，编译系统在处理指针数组说明时，按照指定的存储类型为它在内存的相应数据区中分配一定的存储空间，这时指针数组名就表示该指针数组的存储首地址。例如，有下列的指针数组说明：

```
int  *p[2];
```

它说明了指针数组是由 p[0] 和 p[1] 两个指针组成，它们都指向 int 型数据。指针数组本身分配在一般内存区域。

在程序中，指针数组可以用来处理多维数组。例如，程序中有一个二维数组，其说明如下：

```
int  data[2][3];
```

采用降低维数的方法，这个二维数组可以分解为 data[0] 和 data[1] 两个一维数组，它们各有 3 个元素。若同时存在一个指针数组：

```
int  *pdata[2];
```

它由两个指针 pdata[0] 和 pdata[1] 组成。现在把一维数组 data[0] 和 data[1] 的首地址分别赋予指针 pdata[0] 和 pdata[1]：

```
pdata[0]=data[0]; 或pdata[0]=&data[0][0];
pdata[1]=data[1]; 或pdata[1]=&data[1][0];
```

则两个指针分别指向了两个一维数组（见图 6-9）。这时通过两个指针就可以对二维数组中的数据进行处理。

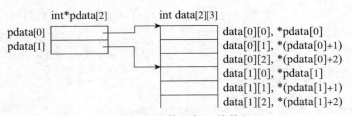

图 6-9　指针数组与二维数组

接下来看个指针数组的小例子。

例 6.15　用指针数组处理二维数组的程序。

```
1       #include <stdio.h>
2       int main()
3       {
4           int data[2][3], *pdata[2];
5           int i,j;
6
7           for(i=0;i<2;i++)                        //二维数组赋值
8               for(j=0;j<3;j++)
9                   data[i][j]=(i+1) *(j+1);
10          pdata[0]=data[0];                       //将指针数组的各个元素指向降维后的一维数组
11          pdata[1]=data[1];
12          for(i=0;i<2;i++)
13              for(j=0;j<3;j++,pdata[i]++)         //采用指针数组输出数组内容
14                  printf("data[%d][%d]:%-2d\n",i,j, *pdata[i]);
15      return 0;
16      }
```

运行结果：

```
data[0][0]:1
data[0][1]:2
data[0][2]:3
data[1][0]:2
data[1][1]:4
data[1][2]:6
```

在程序中，data[i][j] 和 *(data[i]+j)、*（pdata[i]+j）和 pdata[i][j] 是意义相同的表示方法。在程序中根据需要可以使用任何一种表现形式。

指针数组在说明的同时可以进行初始化。应该记住，不能用 auto 型变量的地址初始化内部的 static 型指针。

上面的程序中介绍了指针数组的基本用法，下面通过一个例子来学习指针数组的特性及其与数组指针、数组的区别与联系。

例 6.16   用指针数组和数组指针分别处理二维数组的程序。

```
1        #include<stdio.h>
2        void output1(int **app,int n);
3        void output2(int (*bpp)[3],int n);
4        void main( )
5        {
6            int *ap[5];
7            int (*bp)[3];
8             int i,j;
9             int  arr[5][3]={{1,2,3},{4,5,6},{7,8,9},{10,11,12},{13,14,15}};
10           for(i=0;i<5;i++)
11               ap[i]=arr[i];              //对指针数组初始化
12           bp=arr;                        //使数组指针指向二维数组arr[5][3]的首行
13           output1(ap, 5);                //以指针数组名作为实参
14           output2(bp, 5);                //以数组指针名作为实参
15        }
16       /*output1函数以二级指针作为形参接收指针数组ap */
17       /*此处涉及的二级指针的知识将在下一节做详细介绍*/
18        void output1(int **app, int n)
19        {
20                int i,j;
21                printf("the array is:\n");
22                for(i=0;i<n;i++)
23                {
24                    for(j=0;j<3;j++)
25                        printf("%-5d", *(*(app+i)+j));
26                    printf("\n");
27                }
28        }
29       /*output2函数以数组指针作为函数形参*/
30        void output2(int (*bpp)[3], int n)
31        {
32                int i,j;
33                printf("the array is:\n");
34                for(i=0;i<n;i++)
35                {
36                    for(j=0;j<3;j++)
37                        printf("%-5d", *(*(bpp+i)+j));
38                    printf("\n");
```

```
39            }
40         }
```

运行结果：

```
the array is:
1     2     3
4     5     6
7     8     9
10    11    12
13    14    15
the array is:
1     2     3
4     5     6
7     8     9
10    11    12
13    14    15
```

通过程序可以看出，指针数组与数组指针在具体的运用上面也有相同的地方。

6.4.2 多级指针

如果一个指针变量指向的变量仍然是一个指针变量，就构成指向指针变量的指针变量，简称指向指针的指针或二级指针。在图 6-10 中，变量 ap 指向一个变量 s，变量 s 仍然是指针类型，它指向一个 int 类型的变量 num。

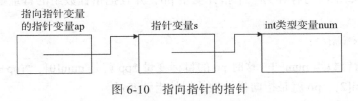

指向指针变量
的指针变量ap   指针变量s   int类型变量num

图 6-10　指向指针的指针

二级指针 ap 的声明形式是：

存储类型 数据类型 ** 指针名；

如下程序片段构造了如图 6-10 所示的结构。

```
int **ap, *s, num;
ap=&s;
s=&num;
num=100;
```

其中，"**ap" 声明了一个指向指针变量（*s）的指针变量 ap。可通过使用 *s 来访问变量 num 的内容，这是读者熟悉的一级指针，我们也可以通过 **ap 来访问 num 的内容，这就是本章中提及的二级指针。

上述程序的意思是：

1）ap 是指针变量，它的值是指向 "指向 int 类型的指针变量，即 *s"。

2）*ap 是取 ap 中的内容，得到一个指针值，即 s 中的内容，该指针 "指向 int 类型的变量 (num)"。

3）**ap 即 "* (*ap)"，再取上述 "*ap" 的内容，得到一个 int 型的值，即 num 的值。

上述给 num 赋值的语句：

```
num=100;
```

可以使用指针变量 s 实现，也可以使用二级指针 ap 来实现，下述三个语句是等价的。

```
num=100;
*s=100;
**ap=100;
```

在二级指针说明中，存储类型是二级指针本身的存储类型，而数据类型是最终目标变量，即处理数据的数据类型。* 运算符的结合性是从右到左的，因此 **ap 相当于 *（*ap），可以把它分为两部分看，即：int* 和（*ap），后面的（*ap）表示 ap 是指针变量，前面的 int* 表示 ap 指向的是 int* 型数据。也就是说，ap 指向一个 int 型指针变量。所以，上述声明中指明了 * *ap 是 int 型。

在程序中经常使用二级指针来处理指针数组，即指针数组也可以用另外一个指针处理。例如，有二维数组 arr[3][4] 和指针数组 *num[3]，它说明如下：

```
int  arr[3][4]= {{1,2,3,4},{4,5,6,7},{7,8,9,10}};
int *num[3];
for(i=0; i<3;i++)
     num[i]=arr[i];
```

指针数组 num 的三个元素 num[0]、num[1] 和 num[2] 都是指针，分别指向二维数组 arr 每行的首地址。如果同时存在另一个指针变量 pp，并且把指针数组的首址赋予指针 pp，如下语句：

```
pp=num或pp=&num[0];
```

则 pp 就指向了指针数组 num[ ]。这时 pp 的目标变量 *pp 就是 num[0]、*(pp+1) 就是 num[1]、*(pp+2) 就是 num[2]。pp 就是指向指针型数据的指针变量。

把一个指向指针的指针，称为多级指针。上面的 pp 指向指针数组 num，而指针数组 num 中的指针指向处理数组，所以称 pp 为二级指针。

如图 6-11 所示，指针 num[0] 的目标变量是 *num[0]，即 arr[0][0] 也就是数字"1"。如果用二级指针表示，num[0] 是 *pp，所以 *num[0] 就是 **pp。所以二级指针 pp 指向指针 *pp，它称为一级指针，*pp 指向被处理数据 **pp。同理，**(pp+1) 和 **(pp+2) 分别是二维数组第二行和第三行的首地址指向的数字。如果还存在另一个指针变量指向 pp 的话，则这个指针称为三级指针，依此类推。不过 C 语言程序中使用三级以上指针的情况是少见的。

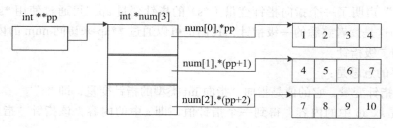

图 6-11   多级指针

例 6.17 下面看一个用多级指针处理二维数组的程序。

```
1       #include <stdio.h>
2       int main( )
3       {
4            int  num[3][4]={{0,1,2,3},{1,2,3,4},{2,3,4,5}};
5            int  *p[3], **pp;
6            int  i, j;
7            for (i=0; i<3; i++)
8                p[i]=num[i];                  // 指针数组p存放数组num每行的首地址
9            pp=p;                             /* 使二级指针pp指向指针数组p的首地址，
                                                  即p[0] */
10           for(i=0;i<3;i++)
11           {
12               for(j=0;j<4;j++)
13                   printf("%-3d",*(*(pp+i)+j));   //借助二级指针输出数组元素
14               printf("\n");
15           }
16           return 0;
17      }
```

运行结果：

```
0  1  2  3
1  2  3  4
2  3  4  5
```

程序分析：

程序中首先定义指针数组 p[] 来指向二维数组 num[][]，这样 p 的每一个元素对应于指针数组的行首地址。然后定义了一个二级指针 pp 指向指针数组 p，从而使 pp 指向 p 首地址，即是二维数组 num 的首地址。在输出的时候，pp 等效于数组名 num，所以 *(*(pp+i)+j) 表示元素 num(i, j)。

进一步地我们给出函数调用形式的程序如下，与上面程序对比，读者可以看出二级指针参数传递的方法。

```
1       #include <stdio.h>
2       void output(int **p, int n1, int n2);
3       int main( )
4       {
5            int  num[3][4]={{0,1,2,3},{1,2,3,4},{2,3,4,5}};
6            int  *p[3], **pp;
7            for (i=0; i<3; i++)
8                p[i]=num[i];                  //指针数组p存放数组num每行的首地址
9            pp=p;                             //使二级指针pp指向指针数组p的首地址,即p[0]
10           output(pp, 3, 4);                 //调用函数
11      return 0;
12      }
13      void output(int **p, int n1, int n2);   //n1、n2为二级指针指向的数组行列数
14      {
15           int i, j;
16           for(i=0;i<n1;i++)
17           {
18               for(j=0;j<n2;j++)
19                   printf("%-3d",*(*(pp+i)+j));       //借助二级指针输出数组元素
20               printf("\n");
21           }
22      }
```

通过前面的例子，我们可以得出，当定义二级指针 **pp、指针数组 *p[] 和二维数组 num[][] 时，按照 pp=p，p[]=num[] 初始化之后，以下的表达形式是等价的：

((pp+i)+j), *(*(p+i)+j), *(p[i]+j), p[i][j], *(*(num+i)+j), *(num[i]+j), num[i][j]

例 6.18 下面通过一个螺旋矩阵的例子来进一步说明二级指针的使用，及其与一维指针、多维数组之间的联系。

注：我们常可以在一些图片中看到类似下面所示的渐变螺旋图像。这些图像实际上是由于像素矩阵元素灰度间的有规律变化而生成的。

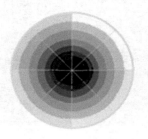 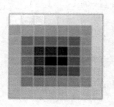

本例题中，我们讨论其中一种螺旋渐变生成方法，以如下所示为一个从外向内增加的 5 阶顺时针螺旋方阵为对象。当阶数很大时，所产生的灰度矩阵就可以显示出一些美丽的效果。

1	2	3	4	5
16	17	18	19	6
15	24	25	20	7
14	23	22	21	8
13	12	11	10	9

这里采用 C 语言编程实现该过程，要求输入任意阶数，生成如上所述的螺旋矩阵并显示出来。

参考程序如下：

```
1       #include <stdio.h>
2       /*函数声明*/
3       void Spiral_fun(int maxf, int minf, int **af, int *pnum);
4       void Spiral_matrix(int **a,int n);
5
6       /*函数功能：完成单圈的旋转赋值，作为螺旋矩阵生成函数的子函数*/
7       /*函数参数：maxf: 该圈最大行列号（右下角）（方阵行列号相等）*/
8       /*         minf: 该圈起始行列号（左上角）（方阵行列号相等）*/
9       /*         *pnum: 指针指向该圈起始元素值*/
10      void Spiral_fun(int maxf, int minf, int **af, int *pnum)
11      {
12          int row=minf, col=minf;
13          if((row==minf)&&(col==minf))        //上边
14          {
15              for( col=minf; col<=maxf; col++)
16              {
```

```
17                                        *(*(af+row-1)+col-1)=(*pnum);
18                                        (*pnum)++;
19                               }
20                           row++;  col--;
21                  }
22              if((row==minf+1)&&(col==maxf))              //右边
23              {
24                      for( row=minf+1; row<=maxf; row++)
25                      {
26                      *(*(af+row-1)+col-1)=(*pnum);
27                               (*pnum)++;
28                      }
29                      row--;   col--;
30              }
31              if((row==maxf)&&(col==maxf-1))              //下边
32              {
33                      for( col=maxf-1; col>=minf; col--)
34                      {
35                      *(*(af+row-1)+col-1)=(*pnum);
36                      (*pnum)++;
37                      }
38                  row--;  col++;
39              }
40              if((row==maxf-1)&&(col==minf))              //左边
41              {
42                      for( row=maxf-1; row>minf; row--)
43                      {
44                          *(*(af+row-1)+col-1)=(*pnum);
45                          (*pnum)++;
46                      }
47              }
48      }
49
50  /*函数功能：生成题中形式的螺旋矩阵*/
51  /*参数：a为二级指针形参，n为矩阵阶数(分奇偶两种情况)*/
52  void Spiral_matrix(int **a,int n)                       //采用二级指针传递指针数组
53  {
54      int i, num=1;
55      int max=n;
56      int min=1;
57      int *pnum=&num;
58      if((n>0)&&(n%2==0))                              //偶数阶情况
59      {
60              for(i=1;i<=n/2;i++)                      //进行单圈赋值循环，由外环到内环
61              {
62                      Spiral_fun(max,min,a,pnum);
63                                                       //调用单圈累加赋值函数
64                      if((max>=(n/2))&&(min<=(n/2)))
65                      {
66                          max--;   min++;     //调整环的行列范围
67                      }
68              }
69      }
70          if((n>0)&&(n%2==1))                          //奇数阶情况
71              {
```

```
71                 for(i=1;i<=n/2+1;i++)                //进行单圈赋值循环，由外环到内环
72                 {
73                     Spiral_fun(max,min,a,pnum);
74                     if((max>=(n/2+1))&&(min<=(n/2+1)))
75                     {
76                         max--;  min++; //调整环的行列范围
77                     }
78                 }
79             }
80         }
81
82      /*函数功能：任意阶方阵显示*/
83      /*参数：a为指向所显示的方阵的二级指针，n为阶数*/
84      void print(int **a,int n)
85      {
86          int i, j;
87          for(i=0;i<n;i++)
88          {
89              for(j=0;j<n;j++)
90                  printf("%-4d",*(*(a+i)+j));  //借助二级指针输出数组元素
91              printf("\n");
92          }
93      }
94
95      void main( )
96      {
97          int i;
98          int arr[6][6];                      //存储6阶螺旋矩阵
99          int *p[6];                          //定义指针数组指向矩阵
100         for (i=0; i<6; i++)
101             p[i]=arr[i];                    //指针数组p存放数组arr每行的首地址
102         Spiral_matrix(p,6);                 //调用螺旋矩阵生成函数
103         printf("the spiral matrix is:\n");
104         print(p,6);                         //调用方阵显示函数
105     }
```

运行结果：

```
the spiral matrix is:
1    2    3    4    5    6
20   21   22   23   24   7
19   32   33   34   25   8
18   31   36   35   26   9
17   30   29   28   27   10
16   15   14   13   12   11
```

在主程序中：首先调用螺旋方阵生成函数 Spiral_matrix()，以二级指针为形参，指针数组为实参指向矩阵。在 Spiral_matrix() 函数中，分割出 Spiral_fun() 子函数使得逻辑更加清晰。在函数调用中，以二级指针为形参，指针数组名为实参，反映了它们之间的共性。

6.5　指针与函数

6.5.1　返回指针的函数

在前面几节中，我们从函数参数的角度讨论了函数与变量、数组等的关系。本节将从函

数返回值方面讨论函数的性质。函数除了可以返回一般的数据，如一个整型值、字符值、实型值外，还可以返回存储某种类型数据的内存地址。当函数的返回值是地址时，该函数就是指针型函数。指针型函数在定义和说明时，具有下列一般形式：

<存储类型> <数据类型> * 函数名 (函数的形式参数及说明);

　　指针型函数的存储类型是该函数本身的存储特性，它和一般函数一样分为外部型或静态型。它的数据类型是返回值地址所在的内存空间中存储数据的数据类型。

　　与一般函数的定义相比较，指针函数的定义部分应注意如下两点：

　　1）在函数名前面要加上一个"数据类型 *"号，表示该函数是指针型的。

　　2）在函数体内必须有 return 语句，其后跟随的表达式结果值可以是变量的地址、数组首地址或已经定向的指针变量，还有结构变量地址、结构数组的首地址等，这些变量和数组是全局型或静态型都可以，但不能把被调用函数内的自动变量的地址和自动型数组的首地址作为指针函数的返回值，因为在该函数结束时，它们将自动消失，其存放空间将被释放。

　　下面我们首先来看一个典型的错误问题。

　　例 6.19　编写程序实现求平方（错误例）。

```
1        #include <stdio.h>
2        double *square(double);
3
4        int main()
5        {
6          double num = 5.0;
7          double *ptr = 0;
8          ptr = square(num);
9          printf("Num's square = %f \n", num*num);
10         printf("Result = %f \n", *ptr);
11         return 0;
12       }
13
14       double *square(double data)
15       {
16         double result = 0.0;
17         result = data*data;
18         return &result;
19       }
```

运行结果：

```
Num's square = 25.000000
Result = 6.12265185105771761000000000000000000000000e+212
```

　　两个输出语句，一个直接输出 num 的平方。另一个在 square 函数中进行了平方运算然后返回指针输出，两条输出语句貌似应该输出相同值。但事实却是第二个语句输出了一个无法预见的乱值。这是为何呢？

　　这就是我们前面所说的问题了，函数返回指针需要注意变量类型的影响，在本例中，result 是 square( ) 函数的内部变量，当 square( ) 函数执行完了之后，其变量内存将会被系统回收，即 result 内存区域也将会失去，所以返回的指针将指向未知。所以说：永远不要从函数中返回局部自动变量的地址。

如有必须的用处时，可以在程序中定义具有全局寿命的变量，如将上述 result 定义为静态变量；或者通过函数的参数传递指针等方法。

下面通过例子进一步说明指针函数。

例 6.20　模拟成绩检索系统，对学生成绩进行搜索，找出其中有不及格分数的学生学号和不及格课程号及分数。

说明：学生的成绩按照百分制进行记录，学生的学号为（1～10），课程编号为（1～4）。

解：考虑建立学生成绩为 10×4 的二维数组，行代表不同学号，列代表不同课程。采用指针函数来进行调用。

编写程序示例如下：

```
1          #include <stdio.h>
2          /*声明查找函数*/
3          int *search( int (*pointer)[4], int *pm);
4          int main( )
5          {
6              /*定义学生成绩数组*/
7              int score[10][4] =
8              {
9                  {67,68,78,88},
10                 {90,69,66,79},
11                 {67,70,89,85},
12                 {65,76,69,70},
13                 {78,87,83,79},
14                 {88,70,48,57},
15                 {80,63,90,84},
16                 {67,48,70,84},
17                 {92,90,77,70},
18                 {87,88,69,84}
19             };
20             int *pt_1;
21             int row,column=0;
22             int *pm_1=&column;
23             for(row=0;row<10;row++)
24             {
25                 pt_1=search(score+row,pm_1);
26                 if(pt_1!=NULL)                    //当指针p非空时，说明出现不及格现象
27                 {
28                     printf("Stu[%d]'s No.%d course's score is:",row+1,column);
29                     printf("%d\n",*pt_1);
30                     row--;                        //该行未扫描完，应继续扫描剩下行
31                 }
32                 else *pm_1=0;                     //表示该行已扫描完
33             }
34      return 0;
35      }
36
37      /*定义查找函数*/
38      /*入口参数中: (*pointer)[4]是所查找的一行, *pm用于存放列地址*/
39      int *search( int (*pointer)[4], int *pm)  //采用数组指针传递二维数组
40      {
41          int i;
42          int *pt;
43          pt=NULL;
```

```
44            /*采用*pm间接传递了扫描列初址,当该生有多科不及格时为上次扫描之
45            后一列*/
46            for(i=*pm;i<4;i++)
47            {
48                if(*(*pointer+i)<60)
49                {
50                    pt=*pointer+i;
51                    *pm=(i+1);
52                    break;
53                }
54            }
55            return pt;
56        }
```

运行结果:

```
Stu[6]'s No.3 course's score is:48
Stu[6]'s No.4 course's score is:57
Stu[8]'s No.2 course's score is:48
```

上述程序通过在主程序中调用 search() 函数返回所查询的指针,同时在参数中引入指针以方便定位,从而得到学号和不及格的成绩信息。

程序执行时,当扫描到第 6 行时,调用 search() 函数首先发现该学生第 3 门课不及格,然后将地址信息返回到主程序之中,将其打印出来,然后继续扫描该行,发现第 4 门课又不及格,同样返回打印。在程序中采用了一些小技巧,比如说在逐行扫描的基础上,当发现又不及格现象的时候,转为逐个扫描,避免遗漏。

6.5.2 指向函数的指针

在 C 语言中,函数整体不能作为参数直接传递给另一个函数。尽管函数不是变量,但它却具有内存物理地址。函数的函数名和数组相似,函数名表示该函数有存储首地址,即函数的执行入口地址。

例如,在程序中定义了以下函数:

```
int  function( );
```

则函数名 function 就是该函数的入口地址。在程序中调用函数时,程序控制转移的位置就是函数名给定的入口地址。

每个函数都有一个入口地址,若定义一个指针变量,把函数的入口地址存放在其中,即用一个指针变量指向了该函数,就可以通过指针变量来调用它所指向的函数,这种指针变量是指向函数的,称为"函数指针",它与以前所学的指针变量有本质的不同,那些指针变量都是指向数据区的各种变量,统称为"数据指针"。而函数指针则指向程序代码区的函数目标代码模块。其定义格式为:

<存储类型> <数据类型> (* 函数指针名)(参数表) [= 函数名];

1)存储类型是函数指针本身的存储类型,也有 auto 型、static 型和 extern 型等。而数据类型是指针所指函数返回值的数据类型。格式中的" * 函数指针名"必须用一对圆括号包围起来,以表示"函数指针名"先与" * "号结合,说明它首先是一个指针变量,然后再与后面的"( )"结合,表示该指针变量指向一个函数。

2）函数指针也具有指针变量的一些属性，例如：

① 程序中不允许使用未定向的函数指针。

② 对函数指针进行定向操作也有两种方式，一种是采用初始化操作，即：

```
int (* pfun)(int, int) = add;
```

另一种是先定义后用地址赋值语句，例如：

```
int (* pfun)(int, int);
pfun = add;
```

③ 在令指针指向某函数时，该函数必须事先已经定义，对于标准库函数或编程者在其他源文件内定义的外部函数，在使用它的源文件内必须包含相应的头文件或者用函数原型声明过。

④ 函数和指向它的函数指针应具有相同的数据类型，即函数返回值的数据类型与函数指针的数据类型要一致，否则，应该采用强制类型转换，但两者的形参表必须完全相同，即形参的个数、各形参的数据类型和排列顺序都必须相同。

3）当函数指针（如 pfun）指向了函数（如 add( )）时，则可以用函数指针代替函数名调用该函数，如下程序段所示：

```
#include <stdio.h>
add(int a, int b);                    //声明函数，缺省类型为int
void main( )
{
    int (* pfun)(int, int) = add;
    /* 定义函数指针pfun并对其进行初始化操作，令它指向add( )函数，它与add( )具有相同的数据类
       型和形参表 */
    int x;
    x = (*pfun)(2,4);
    // 用函数指针pfun代替函数名调用。也可写成："x = pfun(2,4);"
    printf("x = %d\n", x);
}
add(int a, int b)
{
    return a + b;
}
```

4）函数指针与数据指针不同：数据指针指向数据区，而函数指针指向程序代码区，数据指针的取内容运算表达式"* 数据指针名"，是访问该指针所指的数据，而函数指针的取内容运算表达式"* 函数指针名"，是使程序控制转移到函数指针所指的函数目标代码模块首地址，执行该函数的函数体目标代码。

C 语言中，函数指针的作用主要体现在函数间传递函数时，C 语言中函数可以在函数间传递，这种传递当然不是传递任何数据，而是传递函数的执行地址，或者说是传递函数的调用控制，当函数在两函数间传递时，调用函数侧的实参数应该是被传递的函数名，而被调用函数侧的形式参数应该是接收函数地址的函数指针。

下面简单看一个函数在函数间传递的例子。

例 6.21 编写函数实现积分功能。

为了让所编写的程序可以被灵活广泛地使用，于是将待积函数对象的定义与积分操作分离，采用指向函数的指针来调用。

程序示例如下：

```
1       #include <stdio.h>
2       #include <math.h>
3       float integrate(float a , float b, int n, float (*f)(float));
4       float sin2(float x);
5       float f1(float x);
6       /*积分函数定义*/
7       /*a、b为积分边界，n为积分区间分割数，f指向被积分函数*/
8       float integrate(float a , float b, int n, float (*f)(float))
9       {
10          float s,d;
11          int i;
12          d=(b-a)/n;                    //微元精度d
13          s=(*f)(a)*d;                  //微元面积
14          for( i=1;i<=n-1;i++)
15              s=s+(*f)(a+i*d)*d;        //微元面积相加
16          return s;
17      }
18
19      /*定义被积函数*/
20      float sin2(float x){   return sin(x)*sin(x);  }
21      float f1(float x){   return x*x+x/2;  }
22
23      int main( )
24      {
25          float (*p)( float ) = sin2; //定义指针指向函数sin2
26          printf("%f",integrate(0,1,100,p));
27          printf("%f",integrate(-1,2,100,f1));
28          return 0;
29      }
```

运行结果：

```
0.269143
3.682950
```

在实际应用中，当需要把几个不同的函数传递给同一个执行过程时，或者说在一个执行过程中可以调用不同函数时，函数的传递能体现出较大的优越性，函数指针能发挥作用。用函数指针代替函数名的调用语句的一般格式为：

> (* 函数指针名)(参数表)；　　①

或

> 函数指针名（参数表）；　　②

在调用语句中，函数不带参数时参数表的一对圆括号不能省略。上面①和②两个调用语句虽然等效，都可以用函数指针代替函数名来调用函数，但两者实际上却有不同的操作含义，形式①是对函数指针进行取内容运算，使得程序控制转移到函数的入口地址，而形式②是直接用函数指针名取代函数名，因为函数名是一个地址常量，把它赋给了函数指针变量后，函数指针的内容就是函数名，当然可以用函数指针名直接取代函数名。

例 6.22 应用函数指针把两个 int 型数的各种算术运算函数传递给同一个函数。

```
1        #include <stdio.h>
2
3        int add(int a, int b);
4        int sub(int a, int b);
5        int mul(int a, int b);
6        int div(int a, int b);
7        int mod(int a, int b);
8        int op(int x, int y, int (* pf)(int , int));
9
10        void main( )
11        {
12            int i = 30, j = 8, k, a[6];            // 用int型数组a存放运算结果
13            char s[ ] = {'+', '-', '*', '/', '%', '\0'};
14
15            a[0] = op(i, j, add);            // 实际上是调用加法运算函数add( )
16            a[1] = op(i, j, sub);            // 实际上是调用减法运算函数sub( )
17            a[2] = op(i, j, mul);            // 实际上是调用乘法运算函数mul( )
18            a[3] = op(i, j, div);            // 实际上是调用除法运算函数div( )
19            a[4] = op(i, j, mod);            // 实际上是调用取余运算函数mod( )
20            for(k = 0; k < 5; k++)
21                printf("(%d) %d %c %d = %d\n", k + 1, i, s[k], j, a[k]);
22        }
23
24        //两个int型数的加法运算函数，两数之和为返回值，仍为int型数
25        int add(int a, int b)  {return a + b;  }
26
27        //两个int型数的减法运算函数，两数之差为返回值，仍为int型数
28        int sub(int a, int b)  {  return a - b;  }
29
30        //两个int型数的乘法运算函数，两数之积为返回值，仍为int型数
31        int mul(int a, int b)  {  return a * b;  }
32
33        // 两个int型数的除法运算函数，两数之商为返回值，仍为int型数
34        int div(int a, int b)
35        {
36            if(! b)  return  0;          // 当除数为0时，则返回值为0
37            else  return  a / b;
38        }
39
40        // 两个int型数的取余运算函数，其余数为返回值，仍为int型数
41        int mod(int a, int b)
42        {
43            if(! b)  return  0;          // 当除数为0时，则返回值为0
44            else  return  a%b;
45        }
46
47        /* 返回各种算术运算的结果，结果值仍为int型数，定义时int可缺省。把函
48        数的一个形参指定为接收函数入口地址的函数指针 */
49        int op(int x, int y, int (* pf)(int , int))
50        {
51            int result;
52            result = pf(x, y);          // 用函数指针调用函数
53            return result;
54        }
```

运行结果：

```
(1)  30 + 8 = 38
(2)  30 - 8 = 22
(3)  30 * 8 = 240
(4)  30 / 8 = 3
(5)  30 % 8 = 6
```

说明：

1）在例程中，op( ) 函数采用函数指针 (*pf)( ) 作为形参，而每次调用 op( ) 函数时，要调用的函数都不是固定的，当第一次调用 op( ) 函数时，在实参传递给形参的过程中，相当于进行了 "int x = i;"、"int y = j;" 和 "int (* pf)(int , int) = add;" 初始化操作，使得函数指针 pf 指向了 add( ) 函数，所以在执行其函数体内的 "result = pf(x, y);" 时，实际上是调用 add( ) 函数。同样，当第二次调用 op( ) 函数时，实际上是调用 sub( )……，依此类推，只要在每次调用 op( ) 时，给出不同的函数名作为实参即可，op( ) 函数不必进行任何修改。

2）由此可见，定义一个函数指针 pf，它并不是固定指向哪一个函数，而是专门用来存放函数的入口地址，程序把哪一个函数的入口地址赋给它，它就指向哪一个函数。这样处理使程序具有较大的灵活性和通用性。

3）当需要把几个不同函数 add( )、sub( )、mul( )、div( ) 等传递给同一个函数 op( ) 时，函数指针的传递比直接调用函数能体现出更大的优越性。

4）与数据指针不同，对函数指针进行 "pf++;"、"pf--;"、"pf += 2;" 等运算是无意义的。

5）在扩展名为 ".cpp" 的源文件中，当定义一个函数指针时，至少应指明参数表内的参数个数和各参数的数据类型。即写成：

```
int  (* pf)(int , int);
```

下面综合举例说明指针函数与函数指针。

例 6.23 在世界上每年众多的节日中，一部分日期是固定的，比如春节（农历正月初一）、西方圣诞节（公历 12 月 25 日）等，还有一些日期并非完全固定在几月几号的，比如西方的感恩节（公历 11 月的第 4 个星期四）、父亲节（公历 6 月的第 3 个星期日）等。如何计算出这些节日具体是某一年的几月几号呢？我们引入下面的示例。

在本例中，我们计算从 2015 年开始某年母亲节（5 月的第 2 个周日）的具体日期。首先我们写出 2015 年 5 月的日期编号，建立基准二维数组，采用返回指针的函数进行地址计算，然后通过闰年判断的思路来得出之后任意年母亲节的日期号。

编程示例如下：

```
1        #include <stdio.h>
2        int *GetDate(int (*p)[7],int wk, int dy);
3        int  Leap_Year_Judge(int y);
4
5        void main()
6        {
7            /*定义2015年5月的日期数组*/
8            /*在单月中最多出现6周，用-1表示该周不属于本月的日子*/
9            int May_2015[6][7]={
10               {-1,-1,-1,-1,1 ,2 ,3 },
11               { 4, 5, 6, 7, 8, 9, 10 },
12               {11,12,13,14,15,16,17},
```

```
13                      {18,19,20,21,22,23,24},
14                      {25,26,27,28,29,30,31},
15                      {-1, -1,-1,-1,-1,-1,-1}
16                };
17         int  yr, wk, dy, i, date, temp;
18         int  (*ad)( int );
19         do{
20             printf("Enter week(1-6)and day(1-7): ");
21             scanf("%d%d", &wk, &dy);
22             printf("Enter year(>=2015): ");
23             scanf("%d", &yr);
24         }while(wk<1||wk>6||dy<1||dy>7||(*GetDate(May_2015,wk,dy)==-1));
25         //用while()来判断输入是否为正确的周数和星期数
26         date = *GetDate(May_2015,wk,dy);          //获取2015年的母亲节日
27         ad = Leap_Year_Judge;
28          for( i=2016; i<=yr; i++ )
29          {
30                 if( (*ad)(i) == 0 ) temp=1;      //该年不是闰年，星期数余1（365%7）
31                 if( (*ad)(i) == 1 ) temp=2;      //该年不是闰年，星期数余2（366%7）
32                 date -= temp;
33                 if(date <= 7) date += 7;          //取得第i年母亲节的date
34          }
35         printf("the %d mother's day is May %dst\n", yr , date);
36     }
37
38     /*日期地址获取函数*/
39     int *GetDate(int (*p)[7],int wk,int dy)
40     {
41         return &p[wk-1][dy-1];                    //返回日期在数组中的地址
42     }
43     /*日期地址获取函数*/
44
45     int Leap_Year_Judge(int y)
46     {
47         if( (y%4==0&&y%100!=0)||(y%400==0))       //判断是否是闰年
48             return 1;
49         else return 0;
50     }
```

运行结果：

```
Enter week(1-6)and day(1-7): 2  7
Enter year(>=2015): 2017
the 2017 mother's day is May 14st
```

　　程序运行时：我们输入需要得知的母亲节的时间即第 2 周日，以及年份如 2017 年。程序即输出该年母亲节确切日期：5 月 14 日。

　　程序运行时，首先获取输入的母亲节的周数（2）和星期数（7），然后获取需要查询的年份（此处为 2017），然后调用日期获取函数（指针函数）得到基准年（2015 年）的母亲节是 5 月 10 日，然后由指针指向闰年判断函数（函数指针）得到逻辑值来进行日期演算，从而得到当年母亲节的日期。

6.6　综合应用

　　例 6.24　编写程序，用指针形式访问数组元素，实现矩阵转置功能。

解：考虑使用数组指针实现矩阵（二维数组）的操作。

编写的示例程序如下：

```
1       #include <stdio.h>
2       #define  N1  3                                           //定义行列大小常量
3       #define  N2  4
4       void convert(int (*)[N2], int (*)[N1], int , int );      //首先声明转置函数
5
6       int main( )
7       {
8           int  arr1[N1][N2]={1,2,3,4,5,6,7,8,9,10,11,12};      //待转置矩阵
9           int  arr2[N2][N1];                                   //转置后的目标矩阵
10          int  (*p)[N2],(*pt)[N1];                             //定义数组指针
11          int  i, j;
12          p=arr1;        pt=arr2;
13          convert( p, pt, N1, N2);
14          printf("the new array is:\n");
15          for(i=0; i<N2; i++)                                  //采用指针方法输出
16          {
17              for(j=0; j<N1; j++)
18                  printf("%-4d",*(*(pt+i)+j));
19              printf("\n");
20          }
21          printf("the new array is:\n");
22          for(i=0; i<N2; i++)                                  //采用数组方法输出
23          {
24              for(j=0; j<N1; j++)
25                  printf("%-4d",arr2[i][j]);
26              printf("\n");
27          }
28          return 0;
29      }
30
31      /**转置函数 convert()
32      **指针数组a和at指向转置前后的矩阵
33      **row和col为转置前矩阵的行列值**/
34      void convert(int (*a)[N2], int (*at)[N1], int row, int col)
35      {
36          int  i, j;
37          for( i=0; i<row; i++)
38          for( j=0; j<col; j++)
39              *(*(at+j)+i)=*(*(a+i)+j);
40      }
```

运行结果：

```
the new array is:
1    5    9
2    6    10
3    7    11
4    8    12
the new array is:
1    5    9
2    6    10
3    7    11
4    8    12
```

例 6.25 编写程序，对整型数组进行排序。

解：排序分为递增和递减两种情况，可以通过参数来设置。排序方法本身有多种，此处我们考虑冒泡法。

具体的程序示例如下：

```
1       #include <stdio.h>
2       #define   FALSE   0
3       #define   TRUE    1
4       /*****************************/
5
6       int ascending( int, int );
7       int descending( int, int );
8       void exchange( int *, int * );
9       void sort(int [], int, int );                    //声明排序函数
10
11      int main( )
12      {
13          int num[10]={1,5,9,2,6,10,3,4,7,8};          //待排序数列
14          int flag1;                                   //升降序标志符
15          int i;
16
17          printf("please input num 0 or 1, 0=descending ,1=ascending: ");
18          scanf("%d", &flag1);
19          sort(num,10,flag1);
20          printf("sorted array is:");                  //排序结果输出
21          for( i=0; i<10; i++ )
22              printf( "%-4d", num[i] );
23          return 0;
24      }
25
26      /**排序函数sort()定义
27      **入口参数：a[]为待排序数组，n为数组大小，flag为升降序选择标志符**/
28      void sort(int a[], int n, int flag )
29      {
30          int ( *ad )( int , int );                    /*定义函数指针快速指向升降序逻
                                                           辑函数以方便调用*/
31          int t, c;
32          if( flag==TURE )                             //通过标志符给定指针指向的函数
33              ad=ascending;
34          else
                ad=descending;
35
36          for( t=0; t<n-1; t++ )                       //冒泡法排序
37              for( c=0; c<n-1-t; c++ )
38                  if(( *ad )( a[c],a[c+1] ))
39                      exchange( &( a[c] ),&( a[c+1] ) );
40      }
41
42      int ascending( int a, int b ){ return a>b;};     //升序逻辑判断函数
43      int descending( int a, int b ){ return a<b;};    //降序逻辑判断函数
44      void exchange( int *a, int *b )                  //交换函数
45      {
46          int temp;
47          temp= *a;
48          *a= *b;
49          *b= temp;
50      }
```

运行结果：

```
please input num 0 or 1, 0=descending ,1=ascending: 1
sorted array is:1  2  3  4  5  6  7  8  9  10
```

本程序采用指向函数的指针来实现升序与降序的切换，采用冒泡法进行排序，在保证了程序易读性的同时，快速的实现了数组的排序。

例 6.26 编写程序，定义一个含有 15 个元素的数组，并编写函数分别完成以下操作：

1）调用 C 库函数的随机函数给数组元素赋 0～99 之间的随机值。

2）输出显示数组元素。

3）按顺序每隔 5 个数求一个和数，并输出显示结果。

解： 首先进行如下分析。

1）随机函数包含在头文件 stdlib.h 中，调用方法是：n=rand()%x; 由此生成 0～(x−1) 之间的随机数赋给 n。

2）每隔 5 个数求和，需要新建一个数组来存放。

3）两次输出显示，可以采用调用一个函数的方法来实现。

下面给出示例程序如下：

```
1      #include <stdio.h>
2      #include <stdlib.h>
3      /*宏定义以方便修改*/
4      #define N1 15                    //定义数组长度
5      #define N2 5                     //定义求和间隔
6      void getrand(int *, int);        //随机数组函数
7      void getsum(int *,int *,int,int); //数组求和函数
8      void printarr(int *,int);        //数组显示函数
9
10      int main( )
11      {
12          /*x[N1]保存最初数组数据，w[N1/N2]保存求和后数组数据*/
13          int x[N1],w[N1/N2]={0};
14          getrand(x,N1);              //生成随机数组存入x[]
15          printf("the number is:\n");
16          printarr(x,N1);             //输出x[]显示
17          getsum(x,w,N1,N2);          //对x求和，并存入w
18          printf("the sum number is:\n");
19          printarr(w,N1/N2);          //输出w[]显示
20          return 0;
21      }
22
23      /*随机数组生成函数，a为数组，n为长度*/
24      void getrand(int *a,int n)
25      {
26          int i;
27          for(i=0;i<n;i++)
28              *(a+i)=rand()%100;      //获得0～99随机数
29      }
30
31      /*数组显示函数，a为数组，n为长度*/
32      void printarr(int *a, int n)
33      {
```

```
34              int i;
35              for(i=0;i<n;i++)
36              {
37                  printf("%4d",*(a+i));            //宽度为4，右对齐显示数组
38              }
39              printf("\n");
40          }
41
42          /*数组分块求和函数，a为原数组，b为目标数组，n为长度*/
43          void getsum(int *a,int *b,int n,int n2)
44          {
45              int i,j=0,sum=0;
46              for(i=0;i<n;i++)
47              {
48                  sum+=*(a+i);
49                  if((i+1)%n2==0)                  //以每5个元素为单位进行求和
50                  {
51                      b[j]=sum;                    //求和并存入新的数组
52                      sum=0;
53                      j++;
54                  }
55              }
56          }
```

运行结果：

```
the number is:
46   38   82   90   56   17   95   15   48   26    4   58   71   79   92
the sum number is:
304   201   304
```

程序中，先采用 #define 设置了数组大小 $N1$、$N2$，然后由随机函数生成数组 a[15]，之后进行分段求和与显示。通过子函数的调用增加了程序的易读易改和移植能力。如需分段平均可将分段和除以段长度，如要排序则只需引入排序子函数即可。所以，规范的程序和标准模块化的架构是以后编写庞大的应用程序的关键。

本章小结

理解指针可以从指针常量和指针变量两个方面来考虑，指针常量是一个地址值，指针变量是用来存放地址值的变量。通常所说的指针是指针变量的简称，它是简单类型的变量，存放的是地址数据。地址中所存放数据的类型称为指针类型，不同类型变量的地址是不同的指针类型。在学习指针时，应时刻注意"指针的类型"这个概念，它是理解和掌握指针的关键。另外在进行指针操作之前，应注意"指针变量"里地址是否是一个有效（合法）的地址，初学者很容易在这个问题上犯错误。

本章要掌握的内容有：各种类型指针的定义与初始化形式和使用指针的方法；指针所允许的运算；如何用指针表示一维数组、字符数组及二维数组，尤其注意指针和数组表现形式的互换性；如何用数组名作函数参数在函数之间调用；如何用多级指针处理指针数组；区分数组指针与指针数组及指针函数与函数指针的区别并掌握其用法。

下表列出了关于指针变量的类型与含义：

变量定义（以 int 为例）	类型表示	含 义
int i;	int	i 为普通变量
int *p;	int *	p 为指针，指向变量或数据
int a[n];	int [n]	a 为一维数组，长度为 n
int (*p)[n];	int(*)[n]	p 为数组指针，是一个指向长度为 n 的一维数组的指针，n 可视为 p 的步长
int *p[n];	int *[n]	p 为指针数组，是指针的集合，它的每个元素都是指针
int f();	int ()	f 为普通函数
int *p();	int *()	p 为返回指针的函数，是一个函数
int(*p)();	int(*)()	p 为指向函数的指针，是一个指针
int **p;	int **	p 是二级指针，它是指向一个指针的指针
void *p;	void *	p 是指针，其类型为 void（空型），不指向具体的对象

下面列举几种指针使用时常见的错误，使用时应避免。

1）指针变量未赋值，对指针进行操作。

如：① `int *p;`
　　`*p=5;`　　　　　// 错误
　　② `char *p;`
　　`scanf("%s",p);`　　// 错误

2）指针的数据类型决定了指针只能对这类数据进行处理，否则产生错误。

如：`float a;`
　　`int *p;`
　　`p=&a;`　　// 错误

3）指针开始已经赋值，经过操作后，指针已指向了无效（非法）的区域后仍进行操作。

如：
```
#include <stdio.h>
{
    float a[10],*p;
    int i;
    p=a;
    for(i=0;i<10;i++)
    scanf("%f",p++);
    /* 以上循环完之后，p 指向了数组 a 以外的区域，所以下面语句的操作是错误的，必须重新
       将 p 指向数组的首地址 */
    for(i=0;i<10;i++)
        printf("%f",*p++);
}
```

4）指针的类型和赋值的地址不匹配。

如：① `int **p;`
　　`int a;`
　　`p=&a;`　　　　// 错误，只能将一级指针的地址赋给二级指针变量
　　② `int *p,a[2][3];`
　　`p=a;`　　　　// 错误，二维数组的地址只能赋给数组指针

习题 6

一、填空题

1. 若有如下图所示五个连续的 int 型存储单元并赋值如下图，a[0] 的地址小于 a[4] 的地址。p 和 s 是基类型为 int 的指针变量。请对以下问题进行填空。

```
a[0]  a[1]  a[2]  a[3]  a[4]

| 22 | 33 | 44 | 55 | 66 |
```

若 p 已指向存储单元 a[1]，则 a[4] 用指针 p 表示为＿＿＿＿＿。

若指针 s 指向存储单元 a[2]，p 指向存储单元 a[0]，表达式 s−p 的值是＿＿＿＿＿。

若指针 s 指向存储单元 a[2]，p 指向存储单元 a[1]，表达式 *(s+1)−*p++ 的值是＿＿＿＿＿。

2. 阅读下面程序。

```c
#include <stdio.h>
void reverse(int a[],int n)
{
    int *p;
    for(p=a+n-1;p>=a;p--)
        printf("%4d",*p);
    printf("\n");
}
void main( )
{
    int a[20], n;
    int i;
    printf("Input the length of array:");
    scanf("%d",&n);
    printf("Input the number of array:");
    for( i=0; i<n; i++ )   scanf("%d",&a[i]);
    reverse(a,n);
}
```

该程序的输出结果如下（请补充完整）：

```
Input the length of array: 5
Input the number of array: 1   4   7   3   ____
   9   3   ____   4   ____
```

3. 阅读下面程序。

```c
#include <stdio.h>
main()
{
    int a,b,k=4,m=6,*p=&k,*q=&m;
    a=p==&m;
    b=(*p)/(*q)+7;
    printf("a=%d\n",a);
    printf("b=%d\n",b);
}
```

该程序执行之后，输出的 a 的值为＿＿＿＿，b 的值为＿＿＿＿。

4. 阅读下面程序。

```c
void main()
{
```

```
    int a[5]={1,2,3,4,5};
    int *ptr=(int *)(&a+1);
    printf("%d,%d",*(a+1),*(ptr-1));
}
```

输出结果是什么：_____。

5. 阅读下面程序。

```
#include<stdio.h>
void fun(int (*p)[N], int *q, int n);
#define N 2
void main()
{
    int a[N][N]={{1,2},{3,4}};
    int i,b[N*N]={5,6,7,8};
    fun(a,b,N);
    for(i=0; i<N*N; i++)
            printf("%3d", b[i]);
}
void fun(int (*p)[N], int *q, int n)
{
    int i,j,k=0;
    for(i=0; i<n; i++)
            for(j=0; j<n; j++)
                    q[k++]=p[i][j];
}
```

运行输出结果是什么：_____。

二、改错题

程序 1：指针的简单使用。

```
#include <stdio.h>
void main(void)
{
    int x, * p;
    x = 10;
    * p = x;
    printf("%d\n", * p);
}
```

程序 2：从键盘输入三个整数，然后按照从大到小的顺序进行输出。

```
#include<stdio.h>
main()
{
    int a,b,c;
    scanf("%d, %d, %d", a, b, c);
    if(a>b) swap(&a,&b);
    if(b>c) swap(&b,&c);
    printf("%f\n%f\n%f\n", a, b, c);
}
void swap(int *p1, int *p2)
{
    int *temp;
    temp=p1;
    p1=p2;
    p2=temp;
}
```

程序 3：数组指针的使用。

```
#include <stdio.h>
void main(void)
{
    int i,j;
    int a[3][4]={{1,2,3,4},{3,4,5,6},{5,6,7,8}};
    int (*arr)[3];
    arr=a;
    for(i=0;i<3;i++)
    {
            for(j=0;j<4;j++)
                    printf("%-2d",*(arr+i)+j);
            printf( "\n" );
    }
}
```

程序 4：求两个浮点数的平方和与平方差。

```
#include <stdio.h>
void main()
{
    float a,b;
    float add_result, sub_result;
    scanf( "%f,%f", a,b);
    add_result=calculate(a,b,&sub_result);
    printf("a*a+b*b=%d, a*a-b*b=%d\n", add_result, sub_result);
}
calculate (float a ,float b ,float *sub);
{
    float  *temp;
    *sub=a*a - b*b;
    *temp=a*a + b*b;
    return *temp;
}
```

三、编程题

1. 输入三个整数并按从小到大的顺序输出，用三种不同方式实现。
2. 有 n 个整数，使其前面各数顺序向后移 m 个位置，最后 m 个数变成最前面 m 个数。
3. 利用数组和指针，将一个 4×4 的矩阵转置，并输出矩阵中的最大值及其位置。
4. 将一个 5×5 的矩阵中最大的元素放在中心，4 个角分别放 4 个最小的元素（顺序为从左到右，从上到下顺序依次从小到大存放），编写一个函数，并用 main 函数调用来实现。
5. 利用指针函数编写程序，当输入 n 为偶数时，调用函数求 $1/2+1/4+1/6+\cdots+1/n$ 的值，当输入 n 为奇数时，调用函数求 $1/1+1/3+1/5+\cdots+1/n$ 的值。
6. 用指向指针的指针的方法对 n 个整数排序并输出。要求将排序单独写成一个函数。n 个整数在主函数中输入，最后在主函数中输出。
7. 输入两个整数，然后让用户选择 1 或 2，选 1 时调用 max 函数，输出二者中的大数，选 2 时调用 min 函数，输出二者中的小数，要求用指向函数的指针来实现。
8. 有一个班的 4 个学生，有 5 门课程，分别编写 3 个函数实现下面三个要求：
   a) 求第一门课的平均分；
   b) 找出有两门以上课程不及格的学生，输出他们的学号和全部课程成绩及平均分；
   c) 找出平均分在 90 分以上或全部课程成绩在 85 分以上的学生。
9. 写程序实现任意阶的奇阶幻方的生成，算法自定（可以采用 Merzirac 法或 Loubere 法），有关奇阶幻方的内容由同学们查资料获取。

第 7 章 字 符 串

字符串是十分重要的一种数据类型，在实际应用中，很多数据都是以字符串的形式存储在计算机中的，因此在 C 语言编程中掌握好字符串的概念及使用就变得非常重要，同时本章也详细介绍了字符串通过指针在函数间的传递，因此字符串的使用串联了 C 语言程序设计中的众多重要知识点。本章全面的介绍了字符串的概念及其在 C 语言程序设计中的应用方法，是学习 C 语言的重点内容之一。

7.1 字符串的基本概念

7.1.1 字符

字符是指计算机中使用的字母、数字和符号。每个程序都是由很多指令组成的，而指令是由一连串的字符组成的。假如把源程序比作高楼大厦，字符就是大厦中的基石，大厦就是由它们一点一点建成的。ASCII 字符集包括有 127 个字符，其中包括：

- 字母：大写字母 A～Z，小写字母 a～z。
- 数字：0～9。
- 特殊字符（29 个）：
  ! # & * ( ) – + = _, . / ? <> : ; ' " | \ [] {} ~ ` ^。
- 空格符：空格、水平制表符（tab）、垂直制表符、换行、换页。
- 不能显示的字符：空字符（'\0'）、退格（'\b'）、回车（'\r'）等。

字符型数字和数值型数字之间的关系：

1）一个字符型常量便可以看作一个整数，字符是按其代码（整数）形式存储的，因此 C 语言把字符型数据作为整数类型的一种。

例如：char a='3' ;   int b=3;

字符型数字 '3' 在内存中的值为 0x33，即 51，而数值型数字 3 在内存中的值就是 3。C 语言使字符型数据和整型数据之间可以通用。一个字符型数据既可以以字符形式输出，也可以以整型数据输出。以字符型数据输出时，需要先将存储单元中的 ASCII 码转换成相应字符，然后输出；以整型形式输出时，直接将 ASCII 码作为整数输出。也可以对字符数据进行算术运算，此时相当于对它们的 ASCII 码进行算术运算。

例如：整数运算 1+1 等于整数 2，而字符 '1' + '1' 并不等于整数 2 或字符 '2'。

2）字符中除了数字还包括字母、符号等，而数值型数字范围仅限于数字。

字符型数字是由 '0-9' 字符组成的，是由 ASCII 码表示的，其值的范围是 0x30～0x39。数值型数字是十进制或其他进制表示的数字。

字符型数字按 ASCII 值转换为二进制存储在存储空间中，而数值数字则直接按二进制形式存储在存储空间中。一般用数值型数字表示数字的变量占用较小的内存。例如：

char a[] = "10000";   int b = 10000;

10000 用字符型 char 表示占 40 位（5 字节）内存，在内存中存储的值为 0x31 30 30 30 30，而用整型 int 表示仅为 16 位（2 字节）的数值形式，在内存中存储的值为 0x27 10（10000 的二进制形式为 0010 0111 0001 0000）。

7.1.2　字符串

字符串常量是由一对双引号括起的字符序列，字符串中可以包括字母、数字及各种各样的字符等。例如 "CHINA"、"program"、"$12.5"，当字符组合在一起作为一个整体时，才能被计算机所理解，实现相应的功能。

例如：

```
"zhang san"              表示一个人名
"hust.wuhan.china"       表示一个地址
"87243092"              表示一个电话号码
```

由于在 C 语言中没有相应的字符串变量，字符串可以使用字符数组或字符指针进行定义。

```
const char *colorPtr  = "blue";   /*const是C语言中的关键字，用它来定义一个变量后，该变量
    的值就不能改变*/
char color[ ] = "blue";
```

字符串可以看作是一个指针，它和数组很相似，字符串常量便可以看作一个字符数组。数组名也可以看作一个指针，指向数组的首个元素。

7.1.3　字符数组与字符指针

在前面介绍了字符与字符串的基本概念，下面讲解字符数组与字符指针的基本概念以及处理字符串时需要注意的一些问题。

1. 一维字符数组与单个字符串

存放字符的数组是字符数组，即字符数组中的一个元素存放一个字符。字符数组的定义和我们前面讲的其他数组定义类似，例如，我们可以这样定义：

```
char string[20];
```

一个长度为 n 的字符数组可以存储长度不超过 $n-1$ 个字符的字符串，最后一个元素是为了在字符串末尾存入一个空字符 '\0'，这个字符是字符串结束的标志，它不是字符串的一部分，所以字符串的最大长度始终比数组长度小 1。

字符数组的初始化可以与一般的一维数组的初始化形式相同，即逐个元素指出其初值。

例如：char string[20]={'s', 't', 'r', 'o', 'n', 'g', '\0'};

如果要用这种字符数组存放字符串，在指定初值时，必须在最后一个值之后明确地写上 '\0'。这样上面的初始化等效于下面的赋值语句：

```
string[0]= 's';
string[1]= 't';
string[2]= 'r';
        ⋮
string[6]= '\0';
```

字符数组的引用、赋值和其他运算与普通数组相同，必须逐个元素进行。不同于普通数

组的特殊用法是它可以通过字符数组名由函数 scanf 和函数 printf 用 %s 格式输入和输出整个字符串，而不必用循环方式通过引用数组元素逐个字符输入输出。

像上面定义的数组，我们可以这样输入：

```
scanf("%s",string);
```

输出字符串可以用这样的语句：

```
printf("%s\n",string);
```

由于 string 是数组 string[20] 的首地址，所以不管是 printf 还是 scanf，前面都不能加 & 符号。用 %s 格式读入单个字符串时自动在末尾加 '\0' 字符，它作为一个结束标志。

数组可以采用如下的方式初始化：

```
char string[ ]="hello";
```

在内存处理中，它的存储状态如下：

h	e	l	l	o	\0

再例如：
```
char   string[20]="hello";
       printf("%s",string);
```

虽然数组的元素个数变成了 20，但也只能输出 "hello" 这几个字符，而不是输出 20 个字符。因为有字符串结束标志 '\0'，根据这个特点，我们可以编写很多字符串处理的函数。

例 7.1　计算字符串长度的程序。

```
1        #include<stdio.h>
2        int length (char *string);
3        void main()
4        {
5            int m;
6            char a[20];
7            gets(a);                         //输入字符串的函数，可以包含空格
8            m = length(a);
9            printf("The length of string a is %d\n",m);
10       }
11       int length (char *string)           //形参也可以写作字符数组形式char string[]
12       {
13           int i = 0;
14           while(string[i]!='\0')          //统计字符个数，如果字符不等于'\0'则循环
15               i++;                         //计数i加1
16           return(i);                       //返回个数计数值
17       }
```

运行结果：

```
Hello world!
The length of string a is 12
```

如果要利用一个 scanf 函数输入多个字符串，则以空格分隔。

例如：
```
char string1[5],string2[5],string3[5];
      scanf("%s%s%s",string1,string2,string3);
```

如果输入为 "How are you?" 并按回车键，则数组的存储状态如下图所示：

H	o	w	\0	
a	r	e	\0	
y	o	u	?	\0

看看下面的语句有什么不同：

```
char string1[5],string2[5];
scanf("%s%s",string1,string2);
```

输入字符"How are you?"并按回车键，数组的存储状态如下图所示：

H	o	w	\0	
a	r	e	\0	

我们会发现，"you?"字符的输入是无意义的。

而如果我们要把"How are you?"作为一个字符串赋给字符数组的话，由于 scanf 不能包含空格，此时我们可以调用字符串输入函数 gets 完成赋值。

2. 二维字符数组与多个字符串

表示多个字符串的二维字符数组可以看成以字符串为元素的一维数组，有人也称之为字符串数组。字符串数组是特殊的二维字符数组，它的每一行元素中都含有字符串结束符 '\0'，因此，它的一行和前面的一维字符数组一样进行相关处理。

例 7.2 下面的例子说明二维数组的定义和初始化及和多个字符串的关系。

有两种方法进行初始化，我们可以加以比较：

[方法一]

```
1        char string[3][10]={  "pascal",
2                              "cobol" ,
3                              "fortran" };
```

初始化后数组的存储状态如下：

p	a	s	c	a	l	\0			
c	o	b	o	l	\0				
f	o	r	t	r	a	n	\0		

注意：这里每一个字符串的长度都不能超过 9，因为还要留一个给字符串结束符 '\0'，这是系统自动添加的。

[方法二]   如果没有显式初始化，则可以用 scanf 的 %s 格式输入每个字符串。下面的语句用二维字符数组实现多个字符串的输入 / 输出。

```
1        char string[3][20];
2        int i;
3        for(i=0;i<3;i++)
4        {
5            scanf("%s", string[i]);
6        }
7        for(i=0;i<3;i++)
8        {
```

```
9           printf("%s\n", string[i]);
10      }
```

注意：程序中的 string[i] 是一维字符数组名，它已经是一个地址了，即每个字符串的首地址。因此，scanf 的参数 string[i] 前面不能加运算符 &，输入字符串的长度也不能大于 9。

3. 字符指针

C 语言使用 char 型数组处理字符串。数组中的数据可以使用相同数据类型的指针来处理。由此得出结论，在 C 语言中可以使用 char 型指针处理字符串。通常，把 char 型指针称为字符指针。

字符指针的初始化及赋值的用法如下：

1）在字符指针初始化时，可以直接用字符串常量作为初始值。

例如：`char *string = "we are family!";`

2）在程序中也可以直接把一个字符串常量赋予一个指针。

例如：`char *p;`
　　　`p= "c  program";`

在初始化或程序中向指针赋予字符串，并不是把该字符串复制到指针指向的地址中（串拷贝）。而是系统开辟一块区域存储这个字符串，然后将首地址赋予指针，从而使指针指向该字符串的首字符位置。所以使用字符指针处理常量字符串时应特别小心，在给字符指针赋初值后，如果要对该常量字符串处理，要保证处理后的字符串长度不能超过初始的字符串长度，否则会修改初始字符串所在区域后面的数据，有可能会影响系统的运行。

下面是使用字符指针要注意的两个地方：

1）注意 p="c program" 与 scanf("%s", p) 的区别。

p= "c program"；是系统开辟一块区域存储这个字符串，然后将首地址分配给指针，这种形式常用来处理常量字符串；而 scanf("%s", p) 是将输入的字符串存放在 p 所指向的地址中，在 p 未赋值之前，执行 scanf("%s", p) 是错误的。

例如：`char *p;`
　　　`scanf("%s",p);`

是错误的，p 不指向任何变量，输入的字符串无处存放。

2）注意在使用数组时，下面形式是错误的。

```
char  name[20];
name="c  program";
```

因为 name 是地址常量，系统不允许向它赋值。

在字符串的处理中，使用字符指针与字符型数组本质上具有相通性，都是对字符串的地址进行操作，而使用字符指针更加方便易懂。

下面我们看一个简单的关于字符指针初始化及赋值的程序。

例 7.3 向字符指针赋字符串。

```
1       #include <stdio.h>
2       void main( )
3       {
4           char *s="good";                //声明一个字符指针，并初始化
5           char *p;
```

```
6           while(*s!='\0')                   //采用字符的形式逐个输出
7               printf("%c",*s++);
8           printf("\n");
9           p="morning";                      //将字符串常量赋给字符指针
10          while(*p!='\0')                    //采用字符的形式逐个输出
11              printf("%c",*p++);
12          printf("\n");
13      }
```

运行结果：

```
good
morning
```

程序中字符指针 s 在初始化时指向字符串 "good"，而 p 是在程序执行部分被赋值，指向 "morning"。在两个 while 循环中，分别把 s 和 p 指向的字符串逐个字符输出。

掌握了基本的通过字符指针处理字符串的方法，下面学习一个利用字符指针将单个字符串在函数间传递的程序。

例 7.4   输入一行字符串，将其逆序输出。

```
1       #include<stdio.h>
2       void reverse(char *sPtr); //逆序子函数声明
3       void main()
4       {
5           char s[80];
6           printf("Enter a line of text:\n");
7           gets(s);
8           printf("\nThe line printed backward is\n");
9           reverse(s);
10      }
11      void reverse(char *sPtr)
12      {
13          if(sPtr[0]=='\0')
14          {
15              return;
16          }
17          else
18          {
19              reverse(&sPtr[1]);            //reverse递归调用，从最后的字符开始，实现逆序输出
20              putchar(sPtr[0]);             //单个字符输出
21          }
22      }
```

运行结果：

```
Enter a line of text:
Hello world!
The line printed backward is:
!dlrow olleH
```

7.2   字符串的相关库函数及其使用

用 C 语言编程处理字符串的时候，可以通过调用相关的库函数来完成，这样使程序设计更方便，可读性更强。下面介绍几个常用的字符串处理函数。

7.2.1 字符串输入输出函数

字符串输入函数 gets() 与字符串输出函数 puts() 都包含在库函数 <stdio.h> 中。

1.字符串输入函数

```
char *gets (char *s);
```

功能是从键盘输入一个字符串到字符数组中。

例如执行：
```
char string[80];
gets(string);
```

从键盘输入：good↙

将输入的字符串 "good" 传给字符数组 string，输入该字符串以回车结束，可以包含空格，这是它和用 scanf() 输入字符串的区别。

2.字符串输出函数

```
int puts (const char *s);
```

它与 gets 函数的作用刚好相反，是将一个字符串输出到终端。

例如：执行 `char string[]={"hello"};`
`puts(string);`

显示屏上将会显示 "hello"，这个功能我们可以利用 printf 函数来完成，但是他们又有区别，puts 函数只能输出一个字符串，不能同时输出多个字符串，与之类似的 gets 函数同样也不能同时输入多个字符串；puts 函数会自动按回车换行，而 printf 不会。

7.2.2 字符串转换函数

字符串转换函数用于字符串类型与其他数据类型的相互转换，包含在库函数 <stdlib.h> 中。

```
double atof (const char *nPtr);          将字符串转换为浮点数的函数
int atoi (const char *nPtr);             将字符串转换为整数的函数
long atol (const char *nPtr);            将字符串转换为长整型的函数
void itoa(int n,char s[],int radix);     将整数n转换为字符串的函数
```

例 7.5 将某一个整数转换成相对应的数字串。

```
1       #include <stdio.h>
2       #include <string.h>
3       #define LENGTH 6
4       void reverse(char *s);
5       void itoa(int n,char *s);
6       void main(void)
7       {
8           int n;
9           char s[LENGTH];
10           printf("input a integer:");
11          scanf("%d",&n);                    //输入整数
12          itoa(n,s);                         //将整数n转换为字符串的函数
13          printf("string: %s\n",s);          //输出转化后的字符串
14      }
```

```
15        void itoa(int n,char *s)          //将整数n转换为字符串的函数
16        {
17          int i,sign;
18          if((sign=n)<0)                   //n为负值，转换为正数
19          {
20            n=-n;
21          }
22          i=0;
23          do
24          {                                //将转换后的正整数的每一位变换成相应字符
25            s[i++] = n%10 + '0';
26          }(while((n/=10)>0);
27          if(sign<0)                       //如果原整数为负，则取反还原为负值
28          {
29            s[i++]='-';
30          }
31          s[i]='\0';
32          reverse(s);                      //将字符串翻转
33        }
34        void reverse(char *s)              //字符串翻转函数
35        {
36          int i, j, k;
37          for(i=0,j = strlen(s)-1;i<j;i++,j--)
38          {
39            k=s[i];
40            s[i]=s[j];
41            s[j]=k;
42          }
43        }
```

运行结果：

```
input a integer: -102
string: -102
```

程序中函数 itoa 的功能是将整数 n 转换成相应的数字串。转换的算法是：先生成反序的数字串，例如，如果 n=102，则生成 "201"，如果 n=-102，则生成 "201-"，然后调用一个字符串翻转函数 reverse( )，使 "201" 反转成 "102"，"201-" 反转成 "-102"。数组参数 s 作为输出函数，调用时传给 s 的是对应的实参数的首地址，返回时 s 对应的实参数组中存放着由 n 转换的数字串。

生成反序字符串的途径是：利用公式 n%10 +'\0' 得到 n 的最低位数字，然后通过公式 n/=10 使 n 除以 10 的商的整数部分成为新的整数 n；对 n 重复上述过程，直到 n 变为 0 时为止，此时 n 所有的位数都已转换成相应的数字。

函数体中，还用一个 if 语句是将负数转换成正数以便后面的处理，后面的一个 if 语句是将符号 '-' 添加到转换结果中去的。

reverse( ) 函数实现存放在 s[] 中的字符串的反转，它的原理是：首先从字符串 s 的首尾元素开始互相交换，然后从两端同时向中间方向推进一个元素，接着再进行比较。重复上述过程，直到两个元素相遇于同一个元素（数组字符个数为奇数）或到达已交换过的元素（数组字符个数为偶数）为止。

7.2.3 字符串处理函数

字符串处理函数使用非常广泛，可以通过简单的调用函数实现对字符串的操作。这些函

数如 strcpy()、strcat()、strcmp() 等都包含在库函数 <string.h> 中。

1. 字符串复制函数

```
char *strcpy(char *dest,char *src);
```

将指针 src 所指向的字符串复制到指针 dest 所指向的内存区域中，函数返回 dest 所指向的字符串的首地址。

该函数的一种实现如下：

```
char *strcpy(char *dest,char *src)
{   //定义一个字符指针temp,保存目的字符串的首地址
    char *temp = dest;
    while((*dest++=*src++)!='\0')
        ;                         //逐个字符复制字符串
    return temp;                  //返回目的字符串的首地址
}
```

函数 strcpy 将字符串 src 复制到字符串 dest 中准确地讲是将 src 指向的字符串中的字符逐个复制到指针 dest 所指向的内存区域中。开始 src 和 dest 分别指向两个实参数组的第 1 个元素，每次复制一个元素，然后各自的指针移向下一个元素。复制过程进行到字符串结束符被复制为止（即赋值表达式 *dest++=*src++ 的结果不等于空字符 '\0'），此时字符串 src 被全部复制到 dest 中。下面以一个实例来说明字符串的复制过程，参见图 7-1。

例 7.6 字符串复制函数 strcpy 的使用。

```
1        #include <string.h>
2        #include <stdio.h>
3        void main()
4        {
5            char str[80]="TurboC++";
6            char *p="BorlandC++";
7            strcpy(str,p);
8            strcpy(str,"VisualC++");
9            printf("%s\n",str);
10       }
```

第一次调用 strcpy 的复制过程如图 7-1a 所示，实参分别是 str（字符数组名）和 p（已赋值的字符指针），形参是 dest 和 src，均是字符指针，首先指向两个字符串的首字符，然后逐个复制，得到结果如图 7-1a 中的右边所示。

第二次调用 strcpy 的复制过程如图 7-1b 所示，实参分别是 str（字符数组名）和常量字符串，得到结果如图 7-1b 中的右边所示。

通过上例可以看出，调用以字符串为参数的函数时，对应的实参可以是字符数组名、已赋值的字符指针变量，或任何形式的 char* 类型的地址表达式（包括字符串常量）。注意从上图所示的复制过程和 strcpy 函数的定义可以看出，在运用该函数时，一定要保证指针 dest 所指向的内存区域空间足够大，能存放指针 src 所指向的字符串。

例如：将字符数组 2 中的字符串复制到字符数组 1 中：

```
char string1[20];
char string2[]="hello";
strcpy(string1,string2);
```

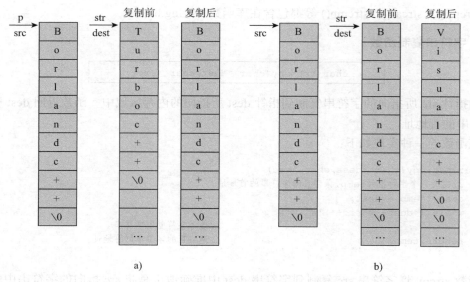

图 7-1　函数 strcpy 的复制过程示意图

将字符串直接复制到字符数组 1 中：

```
char string1[20];
strcpy(string1,"hello");
```

要注意，不能用赋值语句将一个字符串或字符数组直接传送给一个字符数组。下面的语句是不合法的：

```
char string1[10];
char string2[10];
string1="hello";
string1=string2;
```

而我们利用 strcpy 函数可以直接传送字符串或字符数组，这就是该函数的功能所在。

2. 字符串连接函数

```
char *strcat(char *dest,char *src);
```

strcat 函数的功能是将两个字符串连接。具体就是把字符串 2 或字符数组 2 中的字符串连接到字符数组 1 中的字符串的后面，结果存放在字符数组 1 中。

strcat 函数的一种实现方式如下：

```
char *strcat(char *dest,char *src)
{
  char *temp = dest;
  while(*dest!='\0') dest++;              //读完字符串1的数据直至'0'
  while(*src!='\0') *dest++ = *src++;     //将字符串2的数据放在字符串1后面
  *dest='\0';
  return temp;                           //返回目的字符串的首地址
}
```

例如：　char string1[80]={"good morning,"};

　　　　char string2[ ]={"everyone! "};

```
        strcat(string1,string2);
        printf("%s",string1);
```

输出的结果为:

good morning,everyone!

使用这个函数我们注意两点: 一是字符数组 1 必须足够大, 以便容纳连接后的新字符串; 二是连接前, 两个字符串的后面都有一个 '\0', 连接时将字符串 1 后面的 '\0' 取消, 只在新串最后保留一个 '\0'.

7.2.4 字符串比较函数

$$\boxed{\text{int strcmp(char *s1,char *s2);}}$$

该函数的功能是将指针 s1 所指向的字符串和指针 s2 所指向的字符串进行比较, 函数返回比较的结果。

1) 如果字符串 1 与字符串 2 相等, 函数返回 0。

2) 如果字符串 1 大于字符串 2, 函数值为一正整数。

3) 如果字符串 1 小于字符串 2, 函数值为一负整数。

该函数的一种实现如下:

```
int strcmp(char *s1,char *s2)
{
//从第一个字符开始, 逐个比较; 出现第一个不同的字符或遇到' \0' 时结束循环
for(; *s1==*s2 && *s1;s1++,s2++)
   ;
return  *s1 - *s2;            //返回: 比较结束时对应的元素的ASCII码差值
}
```

字符串比较, 即对两个字符串从第一个字符开始逐个字符相比(按照 ASCII 码大小比较), 直到出现第一个不同的字符或遇到 '\0' 为止。如全部字符相同, 则认为相等; 若出现不相同的字符, 则以第一个不相同的字符的比较结果为准。下面以一个实例来说明字符串的比较过程, 参见图 7-2。

例 7.7 字符串比较函数 strcmp 的使用。

```
1       #include <string.h>
2       #include <stdio.h>
3       void main()
4       {
5        char str[80]="Hello";
6        char *p="Hello";
7        if(strcmp(str,p)==0)
8          printf("two strings equal\n");
9        if(strcmp(str,"HELLO")>0)
10         printf("string(str)is larger\n ");
11      }
```

本例中第一次调用 strcmp 的过程如图 7-2a 所示, 实参分别是 str(字符数组名)和 p(已赋值的字符指针), 形参是 s1 和 s2, 均是字符指针, 首先指向两个字符串的首字符, 然后逐个进行比较, 前 5 个字符均相等, 在比较第 6 个元素(字符)时, 遇到字符串结束符 '\0', 比较结束, 函数返回值是 '\0' - '\0', 为零, 所以两个字符串相等。

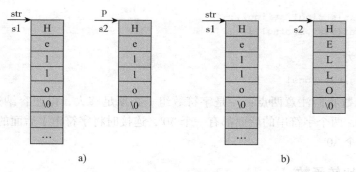

图 7-2　函数 strcmp 的处理示意图

第二次调用 strcmp 的过程如图 7-2b 所示，实参分别是 str（字符数组名）和常量字符串，从第一个字符开始，然后逐个进行比较，第 1 个字符相等，在比较第 2 个元素（字符）时不相等，比较结束，函数返回值是 'e'－'E'，大于零，所以"Hello"大于"HELLO"。

我们比较容易犯的错误是将两个字符串进行直接比较，比如下面的语句是错误的：

```c
char str1[80],str2[80];
...
if(str1==str2)
{
    i++;
}
```

7.2.5　其他函数

1. 求字符串的长度函数

```c
int strlen(char *s);
```

该函数的一种实现如下：

```c
int strlen(char *s)
{
    char *p=s;
    while(*p!='\0')
            p++;
    return p-s;
}
```

从以上函数的实现可以看出，求一个字符串的长度，是求它的有效字符串的长度，即从第一个字符开始，直到第一个字符串结束符 '\0' 结束之间的字符数，不包含 '\0' 在内。

求字符串长度函数 strlen 的使用如下：

```c
char string[20]={"hello"};
printf("%d\n",strlen(string));
printf("%d",strlen("hello"));
```

输出的结果是：

```
5
5
```

2. 字符串大小写转换函数

```
char *strupr(char *str);
char *strlwr(char *str);
```

strlwr 是 STRing LoWeRcase（字符串小写）的缩写。函数的作用是将字符串中的大写字母转换成小写字母。

strupr 是 STRing UPpeRcase（字符串大写）的缩写。函数的功能是将字符串中小写的字母转换成大写字母。

这两个函数的功能是相反的，它们的一种实现方式为：

```
char *strupr(char *str)                //字符串大写转换函数
{
   char *str1=str;
   while (*str1!='\0')                 //直到字符串串末为'\0'止
   {  //小写英文字母的ASCII码值加0x20变为大写英文字母
      if(*str1>='a'&& *str1<='z')
      *str1 -= 0x20;
      str1++;
   }
   return str;
}
char *strlwr(char *str)                //字符串小写转换函数
{
   char *str2=str;
   while (*str2!='\0')
   {
      if(*str2>='A'&& *str2<='Z')
      *str2 += 0x20;
      str2++;
   }
   return str;
}
```

3. 查找指定字符串在给定字符串中第一次出现的函数

```
char *strstr(char *s1,char *s2);
```

这个函数表示在 s1 中查找整个 s2 第一次出现的起始位置，并返回一个指向该位置的指针。如果 s2 并没有完整地出现在 s1 的任何地方，函数将返回一个 NULL 指针。如果第二个参数是一个空字符串，函数就返回 s1。

函数 char *strstr(char *s1,char *s2) 的使用举例如下。

例 7.8　编写一个函数，在给定字符串中查找子串最后（最右）一次出现的位置。

```
1      #include <stdio.h>
2      #include <string.h>
3      char *my_strstr(char *s1,char *s2)
4      {
5         char *last;
6         char *current;
7         last = NULL;                    //初始化
8         //只有在第二个字符串不为空时，才进行查找。如果s2为空，返回NULL
```

```
9              if( *s2 != '\0')
10             {
11              /*调用函数strstr查找s2在s1中第一次出现的位置，找到，返回找到的位置，
12               否则，返回NULL*/
13               current = strstr(s1,s2);
14              //每次找到字符串，则指向它的起始位置，然后查找该字符串下一个匹配位置
15               while (current!=NULL)
16               {
17                  last = current;
18                  current = strstr(last+1,s2);
19               }
20             }
21         return last ;              //返回找到的最后一次匹配的起始位置的指针
22       }
```

7.3 单个字符串的处理

在程序设计中经常需要编写函数对字符串进行处理。数组在函数之间进行传递时，通常包含数组名和数组长度两个参数，而字符串在进行函数传递时，由于包含 '\0' 作为字符串的结束标志，一般只需要采用地址传送方式把字符串的首地址传递给函数便可，不需要定义长度的参数，这时函数形式参数应该是字符指针。上一节介绍了部分字符串处理的库函数的定义和使用。现在讨论用户编写字符串处理函数时应注意的问题。

单个字符串处理的核心是围绕有效字符串进行处理，即以字符串的结束标志 '\0' 为核心，这是处理单个字符串问题的关键；另外处理单个字符串的函数形参是一级字符指针，用来接收实参传递的字符串的首地址。

1. 利用指针处理单个常量字符串

常量字符串是指 C 语言中定义的字符串常量，它通过字符指针或字符指针数组（多个字符串的处理）定义，定义后最好不要对字符串修改，因为如果修改后的字符串长度大于原来的，则会覆盖原字符串后面内存中的内容，很容易造成程序出错。

例 7.9 编写一个函数，在给定字符串中查找特定的字符。

```
char *strchr1(char *str, char ch);
```

由于 strchr() 函数在 <string.h> 库函数中已经存在，设新的函数名为 strchr1()。

函数功能：在字符串中查找字符 ch 第 1 次出现的位置，找到后函数返回一个指向该位置的指针；如果该字符不存在于字符串中，函数就返回一个 NULL 指针。

```
char *strchr1(char *str,char ch)
{
    char *temp=NULL;              //临时寄存指针，初始化为NULL，找不到时就返回NULL
    for(;*str!= '\0';str++)
       if(*str == ch)             //找到相应的字符
       {
          temp=str;               //保存地址，退出循环
          break;
       }
    return temp;                  //返回找到的地址值
}
```

下面写一个完整的程序调用上面的函数。常量字符串用字符指针直接赋值进行声明

char *string = "this is a string"，可以对该常量字符串进行操作，但不宜对其内容进行改变。本例便是对其中是否含有特定的字符 ch 进行判断。

```
1        #include <stdio.h>
2        #include <string.h>
3        char *strchr1(char *str,char ch);
4        void main()
5        {
6           char *string = "this is a string";    //声明一个字符指针，并初始化
7           char *pstr, ch= 'c';
8           pstr=strchr1(string,ch);
9           if(pstr)                              //根据返回值是否为NULL进行选择
10             printf("the character %c is at the position:%d\n",ch, pstr-string+1);
11          else                             //pstr-string表示出找到的字符在数组的什么位置上
12             printf("the character %c not found\n",ch);
13       }
```

运行结果：

```
the character c not found
```

2. 利用字符数组处理单个字符串

对于要进行处理的一个字符串，我们可以用字符数组进行字符的存储和操作，以达到处理字符串的目的。利用字符数组处理字符串可以借鉴数组的相关知识和操作方法来实现对字符串的处理。

例 7.10 编写一个函数，删除给定字符串中的数字字符。

```
1        #include <stdio.h>
2        #include <string.h>
3        char *delnum (char *s);
4        void main()
5        {
6           char string[80];
7           printf("input string:\n");
8           gets(string);
9           puts(delnum(string));
10       }
11       char *delnum(char *s)
12       {
13          int i;
14          char *temp = s;          //保存字符串的首地址
15          for(i=0; s[i]!='\0';)
16          {
17             if(s[i]>='0'&&s[i]<='9')
18                strcpy(s,s+1);    //将数字字符后的子串向前平移一个位置，删除数字字符
19             else
20                s++;              //指针移向下一个字符
21          }
22          return temp;
23       }
```

运行结果：

```
input string:
```

```
I have 12 dreams
I have  dreams
```

3. 利用动态内存分配处理单个字符串

内存的分配分为静态分配和动态分配两种，二者的主要区别如下：

1）静态内存分配是编译器在处理程序源代码时（即编译时）分配的；而动态内存分配是程序执行时调用运行时刻库函数来分配的。静态内存分配是在程序执行之前进行的，因而效率比较高，但是它缺少灵活性，它要求在程序执行之前就知道所需内存的类型和数量。

2）静态对象是有名字的变量，我们直接对其进行操作；而动态对象是没有名字的变量，我们通过指针间接地对它进行操作。

3）静态对象的分配与释放由编译器自动处理，程序员需要理解这一点，但不需要做任何事情；相反，动态对象的分配和释放，必须由程序员管理，相对来说比较容易出错。

利用动态内存分配处理字符串时我们会用到两个相关的函数，即

```
void * malloc (unsigned size);
void free (void * ptr);
```

用 malloc() 函数在堆区中开辟内存空间，并将该内存空间的首地址存放在指针中返回，当该字符串使用完后，应立即用配对的标准库函数 free() 释放这一内存空间，这便是通常所说的"动态存储技术"。编程者应牢牢记住：内存是计算机系统的重要资源之一，必须有效地加以管理以求得最佳使用效率，而动态存储技术是有效管理内存资源的最好办法。

例 7.11　删除字符串中 * 号的例子。

本程序所要实现的是将从键盘输入的字符串中删除除了前导的 * 号外串中其他的 * 号，例如若字符串中的内容为"****A*BC*DEF****"，删除后，字符串中的内容就变为"****ABCDEF"。根据题意我们定义一个删除函数 del() 来执行相应的功能及参数的调用。

```
       void del(char *s,char *p);
1      #include<stdio.h>
2      #include <stdlib.h>
3      #include<string.h>
4      void del(char *s,char *p);
5      void main()
6      {
7         char str[20],*p;
8         printf("Enter a string:\n");
9         gets(str);
10         if((p=(char *)malloc(strlen(str)+1))==NULL) //动态内存用来处理字符串
11        {
12           printf("\n not enough memory to allocate buffer! ");
13           exit(1);
14        }
15        del(str,p);
16        strcpy(str,p);                    //将经过处理的字符串返给str
17        free(p);
18        printf("%s\n",str);
19        getch();
20      }
21      void del(char *s,char *p)
22      {
```

```
23          while(*s&&*s=='*')              //前导的*号要进行保留
24          {
25              *p=*s;
26              p++;
27              s++;
28          }
29          while(*s)                       //字符串中的*号进行删除,其余的字符仍需保留
30          {
31              if(*s!='*')
32              {
33                  *p=*s;
34                  p++;
35              }
36              s++;
37          }
38          *p='\0';
39      }
```

运行结果:

```
Enter a string:
****A*BC*DEF****
****ABCDEF
```

7.4 多个字符串的处理

在 C 程序中除了上述处理单个字符串的函数外,还需要编写处理多个字符串的函数。这些函数仍是采用地址传送方式向函数传递信息。由于实参是二维字符数组名或字符指针数组名,相应函数的形式参数应采用数组指针或多级指针。

1. 利用字符指针数组处理多个常量字符串

例 7.12   用字符指针数组处理多个字符串的排序问题。

```
1       #include <stdio.h>
2       #include <string.h>
3       void sortstr(char **v, int n);
4       void main( )
5       {
6           char * proname[ ]={"pascal","basic","cobol","prolog","lisp"};
7           int i;
8           sortstr(proname,5);          //排序
9           for(i=0;i<5;i++)             //输出排序后的字符串
10              printf("%s\n",proname[i]);
11      }
12      void sortstr(char **v, int n)
13      {
14          int i,j;
15          char * temp;
16          for(i=0;i<n-1;i++)           //选择法排序
17              for(j=i+1;j<n;j++)
18              {
19                  if(strcmp(v[i],v[j])>=0)
20                  {
21                      temp=v[i];       // 注意这里是指针数组中的元素,即交换指针
22                      v[i]=v[j];
```

```
23                    v[j]=temp;
24                }
25            }
26        }
```

运行结果：

```
basic
cobol
lisp
pascal
prolog
```

该程序中函数 sortstr 的功能是把多个字符按字典排列的原则由小到大排序。函数的形式参数 v 用于接收指向多个字符串的字符指针数组的首地址。所以，v 在实质上是一个二级指针。在这个函数中出于对多个字符串在排序交换时的便利性，把 v 作为字符指针数组使用。

此外，从函数 main 中调用函数 sortstr 的形式可以看到调用多字符串处理函数时实参数的使用形式。这时的实参数应该是字符指针数组的首地址，它可以是字符指针数组名，或是指向字符指针数组的二级指针。在函数 main 中调用排序函数时是用指向 5 个字符串的字符指针数组名 proname 作为实参数的。

2. 利用多维字符数组处理多个字符串

例 7.13   从键盘上输入 10 个字符串，然后利用选择法进行升序排序，输出排序后的字符串，分别编写三个函数完成输入、排序、输出功能，主函数完成上述函数的调用。

分析：单个字符串可以采用一维数组或字符指针来处理，多个字符串采用二维字符数组或字符指针数组进行处理。这里采用二维字符数组。

```
1        #include <stdio.h>
2        #include <string.h>
3        void inpstr(char (*p)[80],int n);        //函数原型声明
4        void sortstr(char (*p)[80],int n);       //数组指针作形参，二维数组名作实参
5        void outpstr(char (*p)[80],int n);
6        void main()
7        {
8          char str[10][80];                      //采用二维字符数组处理多个字符串
9          inpstr(str,10);                        //字符串的输入
10         sortstr(str,10);                       //字符串的排序
11         outpstr(str,10);                       //输出排序后的字符串
12        }
13        /*void inpstr(char (*p)[80],int n)也可写成void inpstr(char p[ ][80],int n),
14          下面排序和输出函数也是一样；函数的第2个参数接收字符串的个数，采用值传递*/
15        void inpstr(char (*p)[80],int n)
16        {
17          int i;
18          for(i=0;i<n;i++)
19            gets(p[i]);                          //输入字符串，也可写成gets(*(p+i))
20        }
21
22        void sortstr(char (*p)[80],int n)
23        {
24          int i,j;
```

```
25              char temp[80];
26              for(i=0;i<n-1;i++)                //采用选择法进行排序
27                  for(j=i+1;j<n;j++)
28                      if(strcmp(p[i],p[j])>0)   //调用字符串比较的库函数进行字符串比较
29                      {
30                          strcpy(temp,p[i]);    //交换字符串,这里必须采用字符串复制函数
31                          strcpy(p[i],p[j]);
32                          strcpy(p[j],temp);
33                      }
34          }
35          void outpstr(char (*p)[80],int n)
36          {
37              int i;
38              for(i=0;i<n;i++)                  //输出字符串
39                  puts(p[i]);
40          }
```

运行结果:

```
输入:
    publisher
    word
    excel
    access
    frontpage
    outlook
    onenote
    infopath
    powerpoint
    visio
输出:
    access
    excel
    frontpage
    infopath
    onenote
    outlook
    powerpoint
    publisher
    visio
    word
```

3. 利用动态内存分配处理多个字符串

例 7.14 使用冒泡法对从键盘输入的 10 个字符串进行从小到大排序。

分析:本例使用动态内存分配处理字符串数组,首先定义一个指针数组用于存放输入的字符串 char *str[10],通过 gets() 函数从键盘输入字符串,由函数 malloc 和 free 动态分配多个字符串的内存空间,将新开辟出的内存空间地址返回到指针数组中,发挥出动态内存分配的优势,节省了内存空间。

```
1           #include<stdio.h>
2           #include<stdlib.h>
3           #include<alloc.h>
4           #include<string.h>
5           void sort(char **str, int n);
```

```
6       void main()
7       {
8           int i;
9           char *str[10]={NULL,NULL,NULL,NULL,NULL,NULL,NULL,NULL,\
10                      NULL,NULL};
11          char temp[100];                  //建立空指针数组和用来暂存字符串的字符数组
12          for(i=0;i<10;i++)
13          {
14              gets(temp);
15              str[i]=(char *)malloc(strlen(temp)+1);   //根据字符串长度动态分配内存
16              if(str[i]==NULL)
17              {
18                  printf("not enough memory to allocte buffer.\n");
19                  exit(1);                          //内存已满，分配失败，退出程序
20              }
21              strcpy(str[i],temp);                  //将输入的字符串存到新分配的内存中
22          }
23          sort(str,10);
24          for(i=0;i<10;i++)
25              puts(str[i]);
26          for(i=0;i<10;i++)
27          {
28              if(str[i]!=NULL)
29                  free(str[i]);
30          }
31      }
32      void sort(char **str,int n)
33      {
34          int i,j;
35          char *p;
36          for(i=0;i<n-1;i++)
37          {
38              for(j=0;j<n-1-i;j++)                    //冒泡法排序，较大的字符串逐渐浮上来
39              {
40                  if(strcmp(str[j],str[j+1])>=0)
41                  {
42                      p=str[j];
43                      str[j]=str[j+1];
44                      str[j+1]=p;                    //具体的实现是指针的互换
45                  }
46              }
47          }
48      }
```

具体的运行结果与例 7.13 相类似，只是采取了不同的排序算法和内存处理方式。

7.5 带参数的 main 函数

到目前为止，我们所接触到的 main 函数都是不带参数的，事实上，main 函数是可以带参数的。

我们把在操作系统状态下，为了执行某个程序而键入的一行字符称为命令行。命令行一般以回车 <CR> 作为结束符。命令行中必须有程序的可执行文件名，此外经常带有若干参数。例如，为了复制文件须键入以下一行字符：

```
copy  file.txt  file2.txt  <CR>
```

其中，copy 是可执行文件名，有时称它为命令名。而 filel.txt 和 filel2.txt 则是命令行参数。一个命令行的命令名与各个参数之间要求用空格分隔，并且命令名和参数不能使用空格字符。那么，在操作系统下键入的命令行参数如何传递到 C 语言程序中呢？C 语言专门设置了接收命令行参数的方法：在程序的主函数 main( ) 中使用形式参数来接收。执行带有命令行参数的 C 语言程序的主函数应该是下列形式：

```
int main(int argc, char *argv[])
{
 …
}
```

这时 main( ) 带有两个形式参数 argc 和 argv，这两个参数的名字可由用户任意命名，但习惯上都使用上面给定的名字。从参数说明可以看出，参数 argc 是 int 型变量，而 argv 是字符指针数组，它指向多个字符串。这些参数在程序运行时由系统对它们进行初始化。初始化的结果是：

1）argc 的值是命令行中包括命令在内的所有参数的个数之和。

2）指针数组 argv[ ] 的各个指针分别指向命令中命令名和各个参数的字符串。其中指针 argv[0] 总是指向命令名字符串，从 argv[1] 开始依次指向按先后顺序出现的命令行参数字符串。

例如，C 语言程序 test 带有三个命令行参数，其命令行是：

```
test progl.c  prog2.c  /p  <CR>
```

在执行这个命令行时，test 程序被启动运行。则主函数 main( ) 的参数 argc 被初始化为 4，因为命令行中命令名和参数共有四个字符串。指针数组 argv[ ] 的初始化过程是：

```
argv[0]="test";
argv[1]="progl.c";
argv[2]="prog2.c";
argv[3]="/p";
argv[4]=0;  //最后一个参数是编译系统为了程序处理的方便
```

由此看出，argc 的值和 argv[ ] 元素的个数取决于命令行中命令名和参数的个数。argv[ ] 的下标是从 0 到 argc 范围内的值。

在程序中使用 argc 和 argv[ ] 就可以处理命令行参数的内容。从而把用户在命令行中键入的参数字符串传递到了程序内部。

命令行的参数（不包括命令本身）在 C 的运行集成环境下，可通过菜单进行设置。如在 Borland C++3.1 for dos 或 Turbo C++ 3.0 for dos 的菜单 RUN 的 argumnet 子菜单下可设置命令行参数。

程序如何访问这些参数？请看下面的例子。

例 7.15　一个打印其命令行参数的程序。

```
1        #include <stdio.h>
2        #include <stdlib.h>
3        int main(int argc, char **argv)
4        {
5         //打印参数，直到遇到NULL指针（未使用argc），程序被跳过
```

```
6          while(*++argv!=NULL)
7              printf("%s\n",*argv);
8      return 1;
9      }
```

7.6 综合举例

例 7.16 输入若干个字符串，统计其中各种字符的个数，然后按统计的个数从大到小输出统计结果。

分析：该问题可以分成四个功能块，分别为输入、统计、排序和输出，我们把它规划成四个函数。再来看主要的数据类型或数据结构的选择，多个字符串的存储可以采取二维字符数组或指针数组（动态内存分配存储空间），这里采用二维字符数组存储多个字符串；统计的字符种类分大写字母、小写字母、数字字符、空格、其他字符等 5 种，为了处理数据的方便，将统计结果存放在一个由 5 个元素构成的一维整型数组中，与之配套的字符种类的名字存放在一个二维字符数组中（由于排序之后，需要知道结果对应的字符名称）。

有了上面的分析结果，我们就可以规划出四个函数的原型：

（1）输入

```
void input(char (*p)[80],int n);
```
也可写成：`void input(char p[][80],int n);`

第一个参数是一个二级指针，接收存储字符串的二维字符数组的首地址，第二个参数用于接收字符串个数，采用值传递。

（2）统计

```
void statistic(char (*p)[80],int n,int *presult);
```

第一个参数是一个二级指针，接收存储字符串的二维字符数组的首地址；第二个参数用于接收字符串个数，采用值传递；第三个参数用于接收存放统计结果的一维数组的首地址。

（3）排序

```
void sort(int *presult, int n, char (*pname)[20]);
```

这是一个对 n 个有名字的整型数进行排序的函数，第一个参数是一个一级指针，接收存放统计结果的一维数组的首地址；第二个参数用于接收统计结果的种类数，采用值传递；第三个参数用于接收存储统计结果种类的字符串的二维字符数组的首地址。

（4）输出

```
void output(int *presult, int n, char (*pname)[20]);
```

这是一个对 n 个有名字的整型数进行输出的函数，第一个参数是一个一级指针，接收存放统计结果的一维数组的首地址；第二个参数用于接收统计结果的种类数，采用值传递；第三个参数用于接收存储统计结果种类的字符串的二维字符数组的首地址。

程序清单如下：

```
1      #include <stdio.h>
2      #include <string.h>
3      #define N  10              //符号常量代表字符串的个数
4      //用户定义的函数原型声明
5      void input(char (*p)[80],int n);
6      void statistic(char (*p)[80],int n,int *presult);
```

```
7      void sort(int *presult, int n, char (*pname)[20]);
8      void output(int *presult, int n, char (*pname)[20]);
9      void main()
10     {
11         char str[N][80];                //多个字符串采用二维数组处理
12         char name[5][20]= \              //字符种类
13         {"capital","lowercase","digital","space","other "};
14         int result[5];                  //统计结果
15
16         input(str,N);                   //输入字符串
17         statistic(str,N,result);        //统计
18         sort(result,5,name);            //排序
19         output(result,5,name);          //输出
20         return ;
21     }
22     /*void input(char (*p)[80],int n)也可采用void input(char p[][80],int n)的形式;
23       第一个形参是数组指针;第二个参数采用值传递*/
24     void input(char (*p)[80],int n)
25     {
26         int i;
27
28         for(i=0;i<n;i++)
29         {
30             printf("input %d th string:\n",i+1);
31             gets(p[i]);                 //输入字符串,也可写成gets(*(p+i))
32         }
33         return;
34     }
35     void statistic(char (*p)[80],int n,int *presult)
36     {
37         int i,j;
38
39         for(i=0;i<5;i++)
40             presult[i]=0;               //统计数组结果初始化
41         for(i=0;i<n;i++)                 //n个字符串统计
42         {
43             for(j=0; p[i][j]!='\0'; j++)       //里层循环是一个字符串的统计
44             {
45                 if(p[i][j]>= 'A' && p[i][j]<= 'Z')            //大写字母
46                     presult[0]++;
47                 else if(p[i][j]>= 'a' && p[i][j]<= 'z' )      //小写字母
48                     presult[1]++;
49                 else if(p[i][j]>= '0' && p[i][j]<= '9' )      //数字字符
50                     presult[2]++;
51                 else if(p[i][j] == ' ' )                      //空格
52                     presult[3]++;
53                 else                                          //其他字符
54                     presult[4]++;
55             }
56         }
57      }
58     void sort(int *presult, int n, char (*pname)[20])
59     {
60         int i,j;
61         int temp;
62         char str[20];
```

```
63
64          for(i=0;i<n-1;i++)                      //选择法排序
65            for(j=i+1;j<n;j++)
66              if(presult[i]<presult[j])
67              {
68                  temp=presult[i];               //数字交换
69                  presult[i]=presult[j];
70                  presult[j]=temp;
71
72                  strcpy(str,pname[i]);          //名字交换
73                  strcpy(pname[i],pname[j]);
74                  strcpy(pname[j],str);
75              }
76        return;
77      }
78      void output(int *presult, int n, char (*pname)[20])
79      {
80        int i;
81
82        for(i=0;i<n;i++)
83          printf("%s:%d\n",pname[i],presult[i]);
84        return ;
85      }
```

例 7.17 信息录入系统，首先输入密码验证正确后，根据显示的编号与姓名，输入相应的个人信息：生日、年龄以及家庭住址，并能对个人信息进行修改和显示。

分析：根据题意易知：该系统可分为密码验证、信息初始化输入、信息修改、信息显示四个子函数。数据类型设计：初始密码 char word[20]="hust111" 设计为字符串常量；姓名设计为二维字符数组，里面放的是字符串常量；生日和家庭住址也为二维字符数组；年龄设计为整形数组。子函数功能实现：

（1）密码验证函数

```
int password(char *pword);
```

通过输入的密码与原始的密码相比较 strcmp(pword,iword)，如果密码正确返回整数 0，不正确返回值为 1。

（2）初始化输入函数

```
void init (char (*pname)[20],char (*pdate)[20], int *page, char (*paddress)[50]);
```

通过调用形参 char (*pname)[20]、char (*pdate)[20]、int *page、char (*paddress)[50] 实现信息的初始化录入。

（3）修改函数

```
void menu(char (*pname)[20],char (*pdate)[20], int *page, char (*paddress)[50]);
```

修改函数以菜单的形式出现，首先选择修改那一项信息，例如：生日、年龄或家庭住址（姓名为字符串常量不能修改），在选择需要修改哪个人，便可以录入新的信息。

（4）显示函数

```
void show(char (*iname)[20],char (*idate)[20], int *iage, char (*iaddress)[50], int n);
void showall(char (*iname)[20],char (*idate)[20], int *iage, char (*iaddress)[50]);
```

show() 函数可以选择显示第几个人的信息，形参 int n 用来传递，showall() 则是显示所有人的信息。

程序清单如下：

```
1     #include <stdio.h>
2     #include <stdlib.h>
3     #include <string.h>
4     #include <conio.h>
5     int password(char *pword);
6     void init (char (*pname)[20],char (*pdate)[20], int *page, char (*paddress)[50]);
7     void show(char (*iname)[20],char (*idate)[20], int *iage, char (*iaddress)[50],int n);
8     void showall(char (*iname)[20],char (*idate)[20], int *iage, char (*iaddress)[50]);
9     void menu(char (*pname)[20],char (*pdate)[20], int *page, char (*paddress)[50]);
10    void main ()
11     {
12        int p=1;
13        char word[20]="hust111";
14        char name[3][20]={"zhang san","li si","wang wu"};
15        char date[3][20];
16        int age[3];
17        char address[3][50];
18        p=password(word);
19        if (!p)                                        //如果密码正确则执行
20        {
21              init(name, date, age, address);
22                menu(name, date, age, address);
23        }
24        else
25        {
26              printf("The password is wrong!");
27              return;
28        }
29     }
30    int password(char *pword)
31     {
32        char iword[20];
33        printf("Please input the password:\n");
34              gets(iword);
35        return (strcmp(pword,iword));
36     }
37     void init (char **pname,char **pdate, int *page, char **paddress)
38     {
39        int i;
40        char str[20];                      //用来暂存输入年龄的值,再将其转换成整形
41        for(i=0;i<3;i++)
42        {
43              printf("number:%d\nname:%s\n",i+1,pname[i]);
44                printf("Please input the date:\n");
45                gets(pdate[i]);
46                printf("Please input the age:\n");
47                gets(str);
48                page[i]=atoi(str);              //将输入的字符串转换为整数作为年龄信息
49                printf("Please input the address:\n");
50                gets(paddress[i]);
51        }
```

```
52          printf("Initialization complete!\n\n");
53          showall (pname, pdate, page, paddress);
54      }
55      void show(char **iname, char **idate, int *iage, char **iaddress,int n)
56      {
57          printf("number:\t%d\n",n);
58          printf("name:\t%s\n",iname[n-1]);
59          printf("date:\t%s\n",idate[n-1]);
60          printf("age:\t%d\n",iage[n-1]);
61          printf("address:%s\n",iaddress[n-1]);
62      }
63      void showall(char **iname, char **idate, int *iage, char **iaddress)
64      {
65          printf("number:\t1\t2\t3\n");
66          printf("name:\t%s\t%s\t%s\n",iname[0],iname[1],iname[2]);
67          printf("date:\t%s\t%s\t%s\n",idate[0],idate[1],idate[2]);
68          printf("age:\t%d\t%d\t%d\n",iage[0],iage[1],iage[2]);
69          printf("address:%s\t%s\t%s\n",iaddress[0],iaddress[1],iaddress[2]);
70      }
71
72      void menu(char **pname, char **pdate, int *page, char **paddress)
73      {
74       char a, str[20];
75       int i;
76       do
77       {
78          printf("\n\n\n\n\n\t\t\t****        menu         ****\n");
79          printf("\t\t\t**** 1.modify date     ****\n");
80          printf("\t\t\t**** 2.modify age      ****\n");
81          printf("\t\t\t**** 3.modify address ****\n");
82          printf("\t\t\t**** 4.show            ****\n");
83          printf("\t\t\t**** 5.exit            ****\n");
84          gets(str);                      //字符输入也用gets()函数，再将首个字符提出
85              a=str[0];
86       }while(a<'1'||a>'5');              //当输入不为1~5时持续显示菜单界面
87       switch(a-'0')
88       {
89          case 1:
90          printf("Which one do you want to modify?\n\n");
91          printf("number:");
92          gets(str);
93              i=atoi(str);
94           show (pname, pdate, page, paddress,i);   //显示当前该人的信息，方便修改
95           printf("Please input the date:\n");
96          gets(pdate[i-1]);
97          break;
98
99          case 2:
100         printf("Which one do you want to modify?\n\n");
101         printf("number:");
102         gets(str);
103             i=atoi(str);
104         show (pname, pdate, page, paddress,i);
105         printf("Please input the age:\n");
106          gets(str);
107             page[i-1]=atoi(str);
```

```
108          break;
109
110          case 3:
111          printf("Which one do you want to modify?\n\n");
112          printf("number:");
113          gets(str);
114              i=atoi(str);
115          show (pname, pdate, page, paddress,i);
116          printf("Please input the address:\n");
117          gets(paddress[i-1]);
118          break;
119
120              case 4:
121           showall (pname, pdate, page, paddress);
122          getch();
123          break;
124          case 5:
125          return;
126      }
127      menu(pname, pdate, page, paddress);        //递归调用菜单函数，直至退出exit
128  }
```

例 7.18 从标准键盘输入读取正文，将正文以行为单位排序后输出。排序原则由命令行可选参数 -n 提供，当有参数 -n 时，将输入行按整数值大大小从小到大排序，否则按字典顺序排序。

分析：根据题意，每个输入行要么是由任意字符组成的一个字符串，要么是一个数字串（假定为十进制数）。如果输入任意字符串时，命令行应无 -n 参数，输入数字串时，可以有或无 -n 参数。

整个任务可划分成三个功能块：输入正文行、排序、输出按行排序后的正文，规划成三个函数，每一个功能块由一个函数来完成。

排序算法的基础是比较和交换操作，比较和交换的操作的具体实现与比较和交换的对象有关。所以通过传递不同的比较和交换函数给排序函数，就可以按不同的原则排序。本问题中的排序函数 sort 就是按这种方式工作的。由于交换的对象都是指针数组的元素，因此用相同的交换函数；按字典比较两个字符串由库函数 strcmp 完成；还需要一个按数值比较两个数的函数 numcmp。numcmp 和 strcmp 由命令行是否有参数 -n 决定其中之一被传给 sort 的函数指针参数。

再来看主要的数据类型或数据结构的选择，本问题中从标准输入设备上输入若干行字符串，多个字符串可以采取二维字符数组或指针数组（动态内存分配存储空间），这里采用指针数组，指针数组的内容由动态内存分配的地址决定，二维字符数组存储多个字符串。现在我们可以规划函数的原型：

（1）主函数：

```
int main(int argc, char **argv);
```

根据题意，程序运行时，需要带命令行参数，所以主函数采用带参数的 main() 形式。

（2）正文输入函数：

```
int input(char **p,int n);
```

该函数的第一个参数接收指针数组的首地址（指针数组元素中存放字符串首地址），第二个参数接收输入字符串的最大个数；函数返回实际输入的字符串的个数。

（3）排序函数：

```
void sort(char **p, int n, int (*comp)(void*,void *));
```

该函数的第一个参数接收指针数组的首地址（指针数组元素中存放字符串首地址），第二个参数接收输入字符串的最大个数，第三个参数是一个函数指针，接收要操作的函数的首地址（由命令行中 -n 决定操作的函数）。

（4）按数值大小比较字符串函数：

```
int numcmp(char *s1,char *s2);
```

该函数根据两个字符串的数值大小，决定函数的返回值，相等为 0，大于为 1，小于为 -1；两个参数分别指向待比较字符串的首地址。

（5）字符串交换函数：

```
void swap(char **linepstr,int n1,int n2);
```

由于采用了指针数组来处理字符串，所以交换字符串实际上是交换两个指针，该函数的第一个参数接收指针数组的首地址，第二个和第三个参数分别接收待交换的字符串的在指针数组中的下标值。

（6）输出排序后的正文：

```
void output(char **,int n);
```

该函数的第一个参数接收指针数组的首地址，第二个参数接收实际输入的字符串的个数。

程序清单如下：

```
1      #include <stdio.h>
2      #include <stdlib.h>
3      #include <string.h>
4      #define   MAXLINES    5    //输入最大行数
5
6      //定义函数原型声明
7      int input(char **p,int n);
8      void sort(char **p, int n, int (*comp)(void*,void *));
9      int numcmp(char *s1,char *s2);
10      void swap(char **s1,int ,int );
11     void output(char **,int n);
12
13     int main(int argc,char **argv)
14     {
15         int lines,flag=0,a;
16         char *linepstr[MAXLINES];   //指针数组
17
18         for(a=0;a<MAXLINES;a++)//指针数组元素初始化
19             linepstr[a]=NULL;
20             //命令行有-n参数，按数字串处理
21         if(argc > 1 && (strcmp(argv[1],"-n") == 0))
22             flag=1;
23         if(flag)
24             printf("input data, every one is a numeric:\n");
```

```
25        else
26            printf("input data,every one is a string:\n");
27        for(a=0;a< MAXLINES;a++)
28            linepstr[a]=0;
29        lines=input(linepstr,MAXLINES);
30        if(lines>0)
31        {
32            //数字串，第三个参数是数字比较函数的入口地址
33            //否则，是字符串比较函数的入口地址
34          if(flag)
35              sort(linepstr,lines,(int (*)(void *,void *))numcmp);
36          else
37              sort(linepstr,lines,(int (*)(void *,void *))strcmp);
38          output(linepstr,lines);   //输出信息
39          for(a=0;a< lines;a++)    //释放分配的内存
40              if(linepstr[a])free(linepstr[a]);
41        }
42
43      return ;
44    }
45    int input(char **linepstr,int n)
46    {
47        int count,len;
48        char str[100],*p;   //这里注意输入的字符串的大小不要超过数组的大小
49
50        for(count=0;count<n;count++)
51        {
52            gets(str);
53            if(strcmp(str,"")==0)
54              break;                //输入空字符串，终止输入
55            len=strlen(str);        //实际输入串的长度
56            str[len]=0;
57            //按实际串的长度，分配内存，无内存分配，直接返回
58            if((p=(char *)malloc(len))==NULL)
59              return count;
60            strcpy(p,str);          //将输入的串复制到新分配的内存中
61            linepstr[count]=p;      //将指针数组对应的元素指向新分配的内存
62        }
63
64        return count;              //返回实际输入的串数
65    }
66
67    void sort(char ** linepstr,int n,int (*comp)(void *,void *))
68    {
69        int i,j;
70
71        for(i=0;i<n-1;i++)    //按选择法排序
72          for(j=i+1;j<n;j++)
73          {
74            if((*comp)(linepstr[i],linepstr[j])>0)  //调用函数指针
75              swap(linepstr,i,j);
76          }
77    }
78
79    void swap(char **linepstr,int n1,int n2)
80    {
```

```
81          char *temp;
82
83          //交换指针数组对应元素
84          temp=linepstr[n1];
85          linepstr[n1]=linepstr[n2];
86          linepstr[n2]=temp;
87      }
88
89      int numcmp(char *s1,char *s2)    //数字串比较
90      {
91          float v1,v2;
92
93          v1=atof(s1);                 //将数字串转换为数
94          v2=atof(s2);
95          if(v1<v2)                    //按数进行比较
96              return -1;
97          else if(v1>v2)
98              return 1;
99          else
100             return 0;
101     }
102
103     void output(char **linepstr,int n)
104     {
105         int i;
106
107         for(i=0;i<n;i++)    //输出排序后的内容
108             printf("%s\n",linepstr[i]);
109     }
```

运行结果：

```
    输入:
        Ex7-18.exe
        input data,every one is a string
        China
        America
        England
        Germany
        France
    输出:
        America
        China
        England
        France
        Germany
```

本章小结

　　本章字符串的使用全面结合了函数、数组及指针这些 C 语言的重要内容。首先介绍了字符与字符串的基本概念，学会利用字符数组和字符指针去定义和处理字符串。接着介绍了与字符串相关的一些库函数，在实际应用中使用起来非常方便。然后分别就单个字符串及多个字符串列举出一些应用。最后则简单地介绍了带参数的 main 函数。学习本章对掌握数组和指针的概念和使用、对函数间参数传递及 C 语言的结构化编程的理解有很大帮助。

习题 7

一、写出下列程序的输出结果

1.
```c
#include <stdio.h>
#include <string.h>
void main()
{
    char *name[]={ "Java" ," Basical" ," windows" ," TurboC++" };
    int a,b,n=4;
    char *temp;

    for(a=0;a<n-1;a++)
        for(b=a+1;b<n;b++)
        {
            if(strcmp(name[a],name[b])<0)
            {
                temp=name[a];
                name[a]=name[b];
                name[b]=temp;
            }
        }
        for(a=1;a<n;a++)
            printf( "%s\n" ,name[a]);
}
```

2.
```c
#include <stdio.h>
#include <string.h>
void main()
{
    char ch;
    unsigned int i,j,bit,dit,n;
    long int a[20];
    char *str=" a123x456_789" ;
    for(i=0,j=0,a[0]=0,bit=0,dit=0;i<strlen(str);i++)
    {
        ch=*(str+i);
        if(ch>=' 0' &&ch<=' 9' )
        {
            a[j]*=bit;
            a[j]+=(ch-'0' );
            bit=10;   dit=1;
            n=j;
        }
        else
        {
            if(dit==1)
            {
                j++;   a[j]=0;
            }
            dit=0;   bit=1;
        }
    }
    for(i=0;i<=n;i++)
        printf( "a[%d]=%d" ,i,*(a+i));
}
```

二、程序填空题

1. 用字符指针数组处理多个字符串排序问题，按字典顺序输出。

```c
#include <stdio.h>
#include <string.h>
void sortstr(char *v[],int n);
void main()
{
    char *proname[]={"pascal","basic","cobol","prolog","lisp"};
    int i;
    sortstr(_____);
    for(i=0;i<5;i++)
        printf("%s\n",proname[i]);
    getch();
}
void sortstr(char *v[],int n)
{
    int i,j;
    char *temp;
    for(i=0;i<n-1;i++)
    {
        for(j=0;j<;j++)
        {
            if(_____>=0)
            {
                temp=v[j];
                _____;
                _____;
            }
        }
    }
}
```

2. 将一个字符串的正序和反序进行连接，形成一个新串放在另一个字符数组中。例如：当字符串为"ABCD"时，则新字符数组的内容应为"ABCDDCBA"。

```c
#include <stdio.h>
#include <string.h>
void fun(char *s,char *t);
void main()
{
    char S[100],T[100];
    printf("\nPlease enter string S:");
    scanf("%s",_____);
    fun(S,T);
    printf("\nThe result is:%s\n",T);
}
void fun(char *s,char *t)
{
    int i,d;
    d=_____;
    for(i=0;i<d;_____)
        t[i]=s[i];
    for(i=0;i<d;i++)
        _____;
    _____;
}
```

三、改错题

1. 逐个比较 a、b 两个字符串对应位置中的字符，把 ASCII 值大或相等的字符依次存放到 c 数组中，形成一个新的字符串。

```c
#include <stdio.h>
#include <string.h>
void fun(char *a,char *b,char *c);
void main()
{
    char a[10]="aBCDefgH",b[10]="ABcd",c[80]={'\0'};
    fun(a,b,c);
}
void fun(char *a,char *b,char *c)
{
    int k=1;
    while(*a!=*b)
    {
        if(*a<*b)
            c[k]=*b;
        else
            c[k]=*a;
        if(*a)
            a++;
        if(*b)
            b++;
        k++;
    }
}
```

2. 判断字符 CH 是否与 STR 所指串中的某个字符相同，相同则什么也不做，不同则将其插入串的最后。

```c
#include <conio.h>
#include <stdio.h>
#include <string.h>
void fun(char str,char ch);
void main()
{
    char s[81],c;
    printf("\nPlease enter a string:\n");
    gets(s);
    printf("\nPlease enter the character to search:");
    c=getchar();
    fun(s,c);
    printf("\nThe result is %s\n",s);
}
void fun(char str,char ch)
{
    while(*str&&*str!=ch)
        str++;
    if(*str==ch)
    {
        str[0]=ch;
        str[1]='0';
    }
}
```

3. 申请 100 字节的内存空间，显示其首地址，然后再释放申请的内存空间。

```
#include <stdio.h>
#include <alloc.h>
void main()
{
    char p[100];
    if (p = (char *)malloc(100) == NULL)
    {
        printf ("malloc memory fail!\n");
        return;
    }
    printf("%s\n",p);
    free(p);
}
```

4. 统计 N 个字符串中大写字母和数字字符的个数。

```
#include <stdio.h>
#define N   5
main ()
{
    char string[N][80];
    char i;
    int Capital_Count,Num_Count;
    for(i=0;i<=N;i++)
        scanf( "%s" ,&string[i]);
    for(i=0;i<N;i++)
        Capital_Count+=Count(string[i],&Num_Count);
    printf( "Capital Count :=%d,numbercount=%d\n"     \
            ,Capital_Count,Num_Count);
}
Count (char *str,int *result)
{
    int temp,i;
    for(i=0;i<80;i++)
    {
        if (str[i]>=' A' &&str[i]<=' Z' )
            temp++;
        if (str[i]>' 0' || str[i]<' 9' )
            *result++;
    }
    return temp;
}
```

四、编程题

1. 编写一个函数，由实参传递一个字符串，统计此字符串中字母、数字、空格和其他字符的个数，在主函数中输入字符串及输出上述统计的结果。

2. 编写一个函数，在字符串中的指定位置插入一个子串，如在字符串 "abcghi" 中第三个字符后插入子串 "def" 为 "abcdefghi"，如插入位置不合法，原字符串不作任何处理；主函数完成字符串、插入位置、子串的输入，调用所编函数得到插入后的字符串，并输出。

3. 编写函数 fun，它的功能是：判断字符串是否为回文，若是，则函数返回 1，主函数输出 YES，否则返回 0，主函数输出 NO。回文是指顺读和倒读都一样的字符串（例如字符串 LEVEL）。

4. 输入一个八进制数的字符串，将它转换成等价的十进制字符串，用 printf 的 %s 格式输出转换结果以检验转换的正确性。例如：输入字符串 "1732"，转换成十进制数的字符串为 "986"。

5. 写一程序，求任意一输入字符串的长度，将此输入的字符串按逆序的方式存入所在位置中显示输入字符串和其逆字符串。

6. 编写一个程序，将两个字符串连起来，不要用 strcat 函数，并返回连接后字符串的长度。

7. 输入 10 个字符串，然后排序输出。排序的原则由键盘输入的数来决定，若为 0，则将输入的字符串按整数值大小由小到大排序，否则按字典顺序排序。要求：输入、输出、排序分别用函数实现，主函数只是调用这些函数。

8. 用递归函数编写将字符串 s 逆转的函数 reverse(char * s)，并编写主函数将 "abcde" 逆转成 "edcba"。

9. 编写一个程序，要求在主函数中输入一行英文，调用函数（自己定义及实现的函数）求该行英文中最大（字典排序）的那个单词。

10. 编写一个程序，建立一个学生姓名的序列。用字符数组保存每个学生的姓名，要求在程序运行时能够随意增加或删除学生姓名的记录，同时要求此序列能够按照姓名的字母顺序排列显示出来。

11. 编写一个程序，主程序中输入一行字符串，内有数字字符和非数字字符，调用函数（自己定义及实现的函数），求该字符串中数字子串中最大的数字，并在主程序中显示最大的数字（限定该字符串中数字子串最多不超过 10 个）。如字符串 "a123b345.6x876.1y76t"，该字符串中含有数字子串最大的数字是 876.1。

12. 输入一行包含若干单词的字符串，单词之间用空格分开，要求按单词长短从小到大的次序排序后形成新的字符串输出。（假定字符串中单词个数不包括 10 个，字符串输入并形成单词序列、单词排序、排序后的单词形成新串并输出要求用不同的函数实现，编写主函数完成上述函数的调用。）

第8章 结构和联合

到目前为止，已经介绍了基本数据类型的变量，也介绍了一种构造类型数据：数组。数组中的各元素属于同一种数据类型。但是只有这些数据类型是不够的，有时需要将不同数据类型的数据组合成一个有机的整体，以便于引用。这些数据在一个整体中是互相联系的。例如，每位雇员的姓名、性别、年龄和工资，如果这些数据能够存储在一起，访问起来会简单一些。但是这些值的数据类型不同，它们无法存储在同一个数组中。在标准 C 语言中，使用结构可以把不同类型的数据存储在一起。结构的使用不仅为处理复杂的数据结构（如动态数据结构等）提供了手段，而且为函数间传递不同类型的数据提供了便利。本章详细讨论结构的概念、定义和使用方法，结构数组、指针和它们在函数间的传递，以及结构嵌套和位字段结构等。此外，本章还将介绍在相同存储区域内存储不同数据类型的构造类型——联合和类型定义的概念及链表的基础知识。

8.1 结构及结构变量

结构作为一种复杂数据结构类型，在 C 语言程序中首先要进行结构定义，然后才能进行结构变量的定义和使用。

8.1.1 结构的定义

结构是由不同数据类型的数据组成的。组成结构的每个数据称为该结构的成员项，简称成员。在程序中使用结构时，首先要对结构的组成进行描述，称为结构的定义。结构的定义是宣布该结构是由几个成员项组成，以及每个成员项具有什么数据类型。结构定义的一般形式如下：

```
struct 结构名
{
    数据类型      成员名 1;
    数据类型      成员名 2;
    ...
    数据类型      成员名 n;
};
```

例如，为了处理雇员的数据，在程序中可以定义如下结构：

```
struct Employee
{
    char name[20];
    char sex;
    int old;
    int wage;
};
```

该结构的名字是 Employee，它由四个成员项组成。第一个成员项是字符串型数据 name[ ]，它用于保存姓名字符串；第二个成员项是字符型数据 sex，它用于保存性别字符；第三个成员项是 int 型整数 old，它用于保存年龄数据；最后一个成员项是 int 型整数 wage，它用于保存工资数据。

1）结构的定义以关键字 struct 作为标识符，其后是定义的结构名，这两者形成了特定结构的类型标识符。结构名由用户命名，命名原则与变量名等相同。结构名是这一组数据集合体的名字，虽然，结构体是由用户自行定义的新数据类型，但编译系统把结构名 Employee 与 int、double 等基本数据类型名同等看待，即结构名就可以像基本数据类型名一样，用来说明具体的结构变量。

2）在结构名下面的一对花括号中的是组成该结构的各个成员项。每个成员项由其数据类型和成员名组成。每个成员项后用分号"；"作为结束符。整个结构的定义也用分号作为结束符，注意不要忘记这个分号。

3）结构的定义明确地描述了该结构的组织形式。在程序执行时，结构的定义并不引起系统为该结构分配内存空间。结构的定义仅仅是定义了一种特定的数据构造类型，它指定了这种构造使用内存的模式。在定义时没有指明使用这种结构构造具体的对象（在结构的说明时将指明这点）。如上述结构 Employee 的定义，仅仅指定了在使用这种结构时应该按图 8-1 所示的配置情况占用内存，但这时并没有实际占用内存空间。

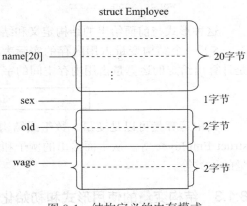

图 8-1　结构定义的内存模式

在程序中，结构的定义可以在函数内部也可以在函数外部。在函数内部定义的结构，其可见性仅限于该函数内部，而在函数外部定义的结构，在所在文件定义或说明的位置以后都是可见的。

8.1.2　结构变量的定义

程序一旦定义了一个结构体，就相当于定义了一个新的结构类型，那么就可以把结构名当作像 int、double 等关键字一样使用，用说明语句定义该形式结构体的具体结构变量，其格式为：

> ＜存储类型＞ struct　结构名　结构变量名；

结构变量的定义在程序的数据说明部分给出。

例如：`struct Employee wang;`

这个说明指出了结构变量 wang 使用 Employee 结构，即，结构变量 wang 是由前述的 Employee 的四个成员项组成的，每个成员项的类型和名字都与 Employee 结构定义中给出的相同。

1）结构变量的定义将引起系统按照结构定义时制定的内存模式，为被定义的结构变量分配一定的内存空间。例如，上述结构变量 wang 在内存中将占据与图 8-1 所示配置相同的内存空间。

当多个结构变量使用结构时，它们可以在一起定义。

例如：`struct Employee wang, li,zhang;`

被定义的三个结构变量 wang、li 和 zhang 都具有 Employee 定义的结构。

2）结构变量使用内存空间，所以它们也具有一定的存储类型。结构变量的存储类型、寿命、可见性及使用范围与普通变量、数组完全一致。

3）在程序中，结构变量的定义在该结构的定义之后，对于尚未定义的结构，不能用它对任何结构变量进行说明。

4）在一些简单的程序设计中，结构的定义和结构变量的定义也可以同时进行，在这种情况下，有时省略结构名。这时，被定义的结构变量直接在结构定义的花括号后给出。

例如：
```
struct Employee
{
    char name[20];
    char sex;
    int old;
    int wage;
}wang ,song ,zhou;
```

这种形式与前面给出的结构定义和结构说明分开进行时功能相同。

5）一个结构变量占用内存的实际大小，可以利用 sizeof 运算求出。sizeof 运算的功能是计算出给定的运算量占用内存空间的字节数，它的运算表达式一般形式如下：

sizeof(运算量)

其中运算量可以是变量、数组或结构变量，也可以是数据类型的名称，如 int、double、struct Employee 等。从下面给出的例子和运行结果可以清楚地了解 sizeof 运算的意义及运算量的种类等。

8.1.3 结构变量的使用形式和初始化

C 语言提供了两种类型的聚合数据类型：数组和结构。数组是相同类型的元素的集合，它的每个元素是通过下标引用或指针间接访问选择的。但在结构中情况并非如此，由于结构的成员可能长度不同，所以不能使用下标来访问它们。相反，每个结构成员都有自己的名字，它们是通过名字来访问的。此外，在结构说明的同时可以给各个成员项赋初值，即对结构进行初始化。

1. 结构的使用形式

结构是不同数据类型的若干数据的集合体。在程序中使用结构时，一般情况下不能把结构作为一整体参加数据处理，而参加各种运算和操作的是结构的各个成员项数据。结构的成员项用以下一般形式表示：

结构变量名.成员名

例如，8.1.2 节给出的结构变量 wang 具有下列四个成员项：

wang.name、wang.sex、wang.old、wang.wage

它们分别表示结构变量 wang 的四个组成数据。

在指明结构成员项时使用的 "." 符号是 C 语言的一个运算符，它规定的运算是访问结构的成员。例如，wang.old 实质上是一个运算表达式，它的运算是访问结构 wang 的成员 old。因此，它代表了结构变量 wang 中名字为 old 的成员项。访问成员运算 "."是第一运算优先级中的一种运算，它的结合规律是从左向右。明确这一点，对于分析包括有访问成员运算符的复杂运算表达式中各种运算的先后顺序有很大帮助。

当结构的成员项是指针变量时，要注意它的使用形式上的特点。

例如：
```
struct Employee1
    {
        char * name;
        char sex;
        int old;
        int wage;
    }zhou;
```

定义的 Employee1 结构中的成员项 name 是一个 char 型指针。如果结构变量 zhou 被说明为 Employee1 结构，则 zhou 的成员项 zhou.name 是一个 char 型指针。那么使用形式 *zhou.name 表示该指针指向的目标变量，它的意义可以从运算表达式的角度进行分析。上述表达式中有两种运算："*"(访问目标) 和 "·"(访问成员)。"·"运算优先于 "*"运算。所以，访问成员运算在先，而访问目标运算在后。所以表达式 *zhou.name 等价于：

*(zhou.name)

从下面给出的例子可以清楚地看到结构在程序中的使用形式。

例 8.1　结构在程序中的使用形式。

```
1      #include <stdio.h>
2      struct Employee                    //结构的定义
3      {
4          char * name;
5          char sex;
6          int old;
7          char * tel;
8          char * adr;
9      };
10     void main()
11     {
12         struct Employee wang,gao;           //结构变量的定义
13
14         wang.name="wang hai";               //结构变量的成员赋值
15         wang.sex='M';
16         wang.old=34;
17         wang.tel="010-12345678";
18         wang.adr="beijing";
19
20         gao.name="gao yang";
21         gao.sex='F';
22         gao.old=42;
23         gao.tel="021-87654321";
24         gao.adr="shanghai";
25
26         //显示结构变量的成员内容
27         printf("  name    sex    old    tel    address\n" );
28         printf("───────────────────────────────\n");
```

```
29          printf("%-14s%-4c%-4d%-10s%-20s\n",wang.name,wang.sex,\
30              wang.old,wang.tel,wang.adr);
31          printf("%-14s%-4c%-4d%-10s%-20s\n",gao.name,gao.sex,\
32              gao.old,gao.tel,gao.adr);
33      }
```

运行结果：

name	sex	old	tel	adr
wang hai	m	34	010-12345678	beijing
gao yang	f	42	021-87654321	shanghai

在文件的开始部分定义结构 Employee，在 main 函数的说明部分说明了使用该结构的两个结构变量 wang 和 gao。程序的执行部分由数据赋值和输出两大部分组成。在赋值部分中可以清楚地看到每个成员项的使用形式和使用特性。例如，其中的赋值语句：

wang.name="wang jun";

由于 wang.name 是一个 char 型指针变量，所以可以用一个字符串常量直接向它赋值。再者，从数据输出中可以看出，输出项 wang.name 对应的输出转换说明符是 %s，所以输出结果是指针 wang.name 所指向的字符串。由此可知，结构的成员项无论其表示形式多么复杂，它的类型和使用特性最终都会落实到成员名上。例如，成员名 name 在 Employee 结构定义时定义为 char 指针型，那么无论是 wang.name 还是 gao.name 都是 char 指针型。它们在程序中使用时，与使用一个普通的字符指针完全相同，视作一个整体。在后面介绍的结构嵌套中，成员项的表示形式更为复杂，但是只要注意到这种使用特点就不会出现什么问题。

2. 结构的初始化

在结构说明的同时，可以给这个结构的每个成员赋初值，称为结构的初始化。结构初始化的一般形式如下：

> struct 结构名　结构变量 ={ 初始数据 };

其中花括号中包围的初始数据之间用逗号分隔，初始数据的个数与结构成员项的个数应该相同，它们是按先后顺序一一对应赋值的。此外，每个初始数据必须符合与其对应的成员项的数据类型。例如，Employee 结构的结构变量 wang 在说明时可以如下初始化：

struct Employee wang={"wang hai",'M',34,"123-1111","beijing"};

它所实现的功能，与程序中下列赋值相同：

```
wang.name="wang hai";
wang.sex='M';
wang.old=34;
wang.tel="010-12345678";
wang.adr="beijing";
```

8.2　结构数组与结构指针

8.2.1　结构数组

在 C 语言中，具有相同数据类型的数据可以组成数组，指向相同类型的指针可以组成指针数组。根据同样的原则，具有相同结构变量的结构也可以组成数组，称为结构数组。结构数组的每一个元素都是结构变量。

结构数组的说明形式如下：

> <存储类> struct 结构名 结构数组名 [元素个数] [= { 初值表 }];

例如：`struct Employee man[3];`
说明了结构数组 man[ ]，它有三个元素 man[0]、man[1] 和 man[2]，它们都是具有 Employee 结构的结构变量。

结构数组适合处理由若干具有相同关系的数据组成的数据集合体。与数组一样，在定义结构数组的同时可以用初始化列表给它的每个元素赋初值。

1）在对结构数组进行初始化时，方括号 [ ] 中的元素个数可以缺省。

2）结构数组也具有数组的属性，结构数组名是结构数组存储的首地址，如上例中的 man 表示该结构数组存储的首地址。

例 8.2 结构数组的使用。

```
1    #include <stdio.h>
2    #define STUDENT 3              // 用符号常量STUDENT表示学生人数
3    struct Data {                  // 定义一个结构
4      char name[20];               // 姓名
5      short age;                   // 年龄
6      char adr[30];                // 地址
7      long tel;                    // 电话号码
8    };
9    void main( )
10   {
11     struct Data man[STUDENT] = {    // 定义一个结构数组并初始化
12       {"王伟", 20, "东八舍416室", 87543641},
13       {"李玲", 21, "南三舍219室", 87543945},
14       {"张利", 19, "东八舍419室", 87543645}};
15     int i;
16
17     // 输出显示表头提示信息
18     printf("编号\t姓名\t年龄\t地      址\t电      话\n\n");
19     for(i = 0; i < STUDENT; i++)            // 输出结构数组的数据
20     printf("%-d\t%-s\t%-d\t%-s\t%ld\n", i + 1, man[i].name, \
21           man[i].age, man[i].adr, man[i].tel);
22     // 每个输出项都左对齐，编号从1开始
23     printf("\n结构类型Data的数据长度 : %d字节。\n", sizeof(struct Data));
24   }
```

运行结果：

编号	姓名	年龄	地　　址	电　话
1	王伟	20	东八舍416室	87543641
2	李玲	21	南三舍219室	87543945
3	张利	19	东八舍419室	87543645

结构类型Data的数据长度：56字节。

例 8.3 选举后对候选人得票进行统计。设有 4 个候选人，*N* 个人参加选举，每次输入一个得票的候选人的名字，要求最后输出个人的得票结果。

程序如下：

```
1      #include <stdio.h>
2      #include <string.h>
3      #define  N  10                      //宏定义，定义参加选举人的个数
4      struct person                        //结构定义
5      {
6         char name[20];
7         int count;
8      };
9      void main()
10     {
11      //结构数组定义及初始化
12       struct person leader[4]={{"wang",0},{"zhang",0},{"zhou",0},{"gao",0}};
13       char name[20],i,j;
14
15      //模拟选举过程，循环一次代表一次选举
16       for(i=0;i<N;i++)
17       {
18         gets(name);                     //从键盘输入候选人的名字
19         for(j=0;j<4;j++)                 //在候选人中查找匹配的人
20           if(strcmp(name,leader[j].name)= =0)
21           {
22              leader[j].count++;          //被投票的候选人的票数加1
23              break;
24           }
25       }
26       printf("\n");
27       for(j=0;j<4;j++)                    //输出选举结果
28         printf("%s:%d\n",leader[j].name,leader[j].count);
29     }
```

运行结果：

```
wang
wang
zhang
zhang
zhang
zhang
zhou
zhou
gao
gao              //输入
wang:2
zhang:4
zhou:2
gao:2            //输出
```

8.2.2 结构指针

在前面各章的讨论中，已经介绍了 C 语言中各种不同用途的指针，如指向数组数据的指针、指向指针数组的指针和指向函数的指针等。指针在数据处理和函数间数据传递中起着十分重要的作用。在 C 语言中对于结构的数据也可以使用指针进行处理。

指向结构体的指针变量称为结构指针，它与其他各类指针在特性和使用方法上完全相同。结构指针的运算仍按地址计算规则进行，其定义格式为：

> <存储类型> struct　结构名 * 结构指针名 [= 初始地址值];

其中结构名必须是已经定义过的结构类型。

例如：
```
struct Employee  * pman;
struct Employee  * pd;
```

1）存储类型是结构指针变量本身的存储类型。编译系统按指定的存储类型为结构指针 pman 和 pd 分配内存空间。

2）由于结构指针是指向整个结构体而不是某个成员。因此结构指针的增（减）量运算，例如：执行语句"pman++;"，指针 pman 将跳过一个结构变量的整体，指向内存中下一个结构变量或结构数组中下一个元素，结构指针本身的（物理）地址增量值取决于它所指的结构变量（或结构类型）的数据长度。

3）结构体可以嵌套，即结构体成员又是一个结构变量或结构指针。

例如：
```
struct student
    {
        char name[20];
        short age;
        char adr[30];
        struct Date BirthDay;
        struct Date StudyDate;
    }studt[300];
```

其中成员项 BirthDay、StudyDate 是具有 Date 结构类型的结构变量，称 student 为外层结构体，Date 为内层结构体。

在结构嵌套中，当结构体的成员项具有与该结构体相同结构类型的结构变量或结构指针时，就形成了结构体的自我嵌套。这种结构体称为递归结构体。

例如：
```
struct Node
    {
        int num;                 // 数据场，节点序号
        struct Node * next;      // 指针场，指向下一个节点的结构指针
    };
```

该结构体中的成员项 next 是指向自身结构类型 Node 的结构指针，构成了递归结构体，在链表、树和有向图等数据结构中广泛采用递归结构体。

使用结构指针对结构成员进行引用时，有两种形式：

（1）使用运算符"."

这时指针指向结构的成员项一般表示形式是：

> (* 结构指针名).成员名

由于成员选择运算符"."的优先级比取内容运算符"*"高，所以需要使用圆括号。

在 C 语言程序中结构指针使用相当频繁，所以 C 中提供了一种直观的特殊运算符：结构指针运算符"->"（由减号和大于号组成）。在 C 语言程序中经常采用下面的形式。

（2）使用运算符"->"

> 结构指针名 -> 成员名

它与前一种表示方法在意义上是完全等价的。例如，前面给出的 pman 指向的结构中的成员项 old 可以表示如下：

```
pman->old
```

在这种表示方法中，->（减号和大于号）也是一种运算符，它在第一运算优先级中。它表示的运算意义是，访问指针指向的结构中的成员项。

例 8.4　结构指针的使用。

```
1     #include <stdio.h>
2     struct Date                              //定义一个结构
3     {
4       int month;
5       int day;
6       int year;
7     };
8     void main()
9     {
10      struct  Date  today, * date_p;         //定义一个结构变量和结构指针变量
11
12      date_p =&today;                        //将结构指针指向一个结构变量
13      date_p->month =4;                      //采用结构指针给目标变量赋值
14      date_p->day =15;
15      date_p->year =1990;
16      //采用结构指针输出目标变量的数据
17      printf("Today is %d/%d/%d\n", date_p->month,date_p->day , date_p->year );
18    }
```

运行结果：

```
Today is 4/15/1990
```

例 8.5　结构指针运算。

```
1     #include <stdio.h>
2     struct student          //定义一个结构
3     {
4       int No;
5       char name[20];
6       char sex;
7       int age;
8     };
9     void main()
10    {
11      //定义一个结构数组并初始化
12      struct student stu[3]={{10101,"Li Lin",'M',18},
13                             {10102,"Zhang fan",'M',19},
14                             {10104,"Wang Min",'F',20}};
15      struct student * p;            //定义一个结构指针变量
16      printf("No.         Name        Sex         Age\n");
17      for(p=stu;p<stu+3;p++)
18        printf("%8d%-12s%6c%4d\n",p->No,p->name,p->sex,p->age);
19    }
```

运行结果：

No.	Name	Sex	Age

10101	Li Lin	M	18
10102	Zhang fan	M	19
10104	Wang Min	F	20

例 8.6　指向结构数组的指针的应用。

```
1      #include <stdio.h>
2      struct Key                          //定义一个结构
3      {
4          char * keyword;
5          int keyno;
6      };
7      void main()
8      {
9          //定义一个结构数组
10         struct Key kd[]={{"are",123},{"my",456},{"you",789}};
11         struct Key * p;                 //定义一个结构指针变量
12         int a;
13         char chr;
14
15         p=kd;                           //将结构数组的首地址赋给结构指针p
16         a=p->keyno;
17         printf("p=%d,a=%d\n",p,a);
18
19         a=++p->keyno;                   // 相当于chr=++(p->keyno)，结构指针无变化
20         printf("p=%d,a=%d\n",p,a);
21
22         /*结构指针指向结构数组的下一个元素，结构指针发生变化；给a赋值是指针变化后
23            所指向目标的成员数据*/
24         a=(++p)->keyno;
25         printf("p=%d,a=%d\n",p,a);
26
27         /*给a赋值是指针变化前所指向目标的成员数据；结构指针值发生变化，结构指针指向
28            结构数组的下一个元素*/
29         a=(p++)->keyno;
30         printf("p=%d,a=%d\n",p,a);
31
32         p=kd;                           // 重新将结构数组的首地址赋给结构指针p
33         chr= * p->keyword;              // 相当于chr= * (p->keyword)
34         printf("p=%d,chr=%c(adr=%d)\n",p,chr,p->keyword);
35
36         //相当于chr=*(p->keyword)++，赋值之后，keyword指针发生变化
37         chr= * p->keyword++;
38         printf("p=%d,chr=%c(adr=%d)\n",p,chr,p->keyword);
39         /*相当于chr=( * (p->keyword) )++，给chr赋值的*(p->keyword)，所以为
40          'r'(前面keyword指针指向'r')；赋值之后*(p->keyword)进行加1变为's'*/
41         chr=( * p->keyword)++;
42         printf("p=%d,chr=%c(adr=%d)\n",p,chr,p->keyword);
43
44         /*给chr赋值是指针变化前所指向目标的成员数据，chr='s'；结构指针值发
45            生变化，结构指针指向结构数组的下一个元素*/
46         chr= * p++->keyword;
47         printf("p=%d,chr=%c(adr=%d)\n",p,chr,p->keyword);
48
49         //相当于chr=*(++(p->keyword))，结构指针值无变化，将"my"中的'y'赋给chr
50         chr=*++p->keyword;
```

```
51          printf("p=%d,chr=%c(adr=%d)\n",p,chr,p->keyword);
52      }
```

运行结果：

```
p=158,a=123
p=158,a=124
p=162,a=456
p=166,a=456
p=158,chr=a(adr=170)
p=158,chr=a(adr=171)
p=158,chr=r(adr=171)
p=162,chr=s(adr=174)
p=162,chr=y(adr=175)
```

注意：输出结果值中地址值每次运行时可能有所不同，但地址的相对值不变。

8.3　结构在函数间的数据传递

将一个结构体变量的值传递给另一个函数，有以下 3 种方法：

1）用结构体变量的成员作参数，用法和用普通变量作实参是一样的，属于"值传递"方式。应当注意实参和形参的类型保持一致。由于结构是不同数据类型的数据集合体，故采用这种方法无实用价值，实际应用中较少采用。

2）用结构体变量作实参。ANSI C 支持在调用函数时，把结构作为参数传递给函数，采取的是"值传递"的方式，将结构体变量所占的内存单元的内容全部顺序传递给形参。形参也必须是同类型的结构体变量。在函数调用期间，形参也要占用内存单元。

3）用结构变量的地址或结构数组的首地址作为实参，用指向相同结构类型的结构指针作为函数的形参来接受该地址值。用结构指针作为函数的形参与用指针变量作为形参在函数间传递方式是一样的，即采用地址传递方式，把结构变量的存储首地址或结构数组名作为实参向函数传递，函数的形参是指向相同结构类型的指针接收该地址值。

例 8.7　采用值传递在函数间传递结构变量，计算雇佣天数和工资。

```
1     #include <stdio.h>
2     struct  Date {
3       int    day;
4       int    month;
5       int    year;
6       int    yearday;
7       char   mon_name[4];
8     };
9     int day_of_year(struct Date pd);
10
11    void main( )
12    {
13       struct Date HireDate;
14       float   laborage;                    // 存放每天的雇佣工资
15
16       printf("请输入每天的工资 : ");
17       scanf("%f", & laborage);
18       printf("请输入年份 : ");
19       scanf("%d", & HireDate.year);
20       printf("请输入月份 : ");
```

```
21        scanf("%d", & HireDate.month);
22        printf("请输入日 : ");
23        scanf("%d", & HireDate.day);
24        HireDate.yearday = day_of_year( HireDate);
25        printf("从%d年元月1日到%d年%d月%d日的雇佣期限 : %d天。\n \
26                        应付给你的工钱: %-.2f元。\n", HireDate.year,\
27                        HireDate.year,HireDate.month,HireDate.day,\
28                        HireDate.yearday,laborage * HireDate.yearday);
29     }
30     // 计算某年某月某日是这一年的第几天
31     int day_of_year(struct Date  pd)
32     {
33        int day_tab[2][13] = {
34                   {0,31,28,31,30,31,30,31,31,30,31,30,31},      //非闰年的每月天数
35                   {0,31,29,31,30,31,30,31,31,30,31,30,31}};     //闰年的每月天数
36        /* 为了与月份一致，列号不使用为零的下标号。行号为0是非闰年的每月天
37           数，为1是闰年的每月天数 */
38        int i, day, leap;                                  // leap为0是非闰年，为1是闰年
39
40        day = pd.day;                                      // 将当月的天数加入
41        leap = pd.year % 4 == 0 &&                         // 能被4整除的年份基本上是闰年
42                pd.year % 100 != 0 ||                          // 能被100整除的年份不是闰年
43                pd.year % 400 == 0;                        // 能被400整除的年份又是闰年
44        // 求从元月1日算起到这一天的累加天数
45        for(i = 1; i < pd.month; i++)
46           day += day_tab[leap][i];
47        return day;
48     }
```

运行结果：

```
请输入每天的工资 : 38.5(CR)
请输入年份 : 2000(CR)
请输入月份 : 10(CR)
请输入日 : 1(CR)
从2000年元月1日到2000年10月1日的雇佣期限 : 275天。
应付给你的工钱 : 10587.50元。
```

例 8.8 采用地址方式传递结构变量，通讯录的建立和显示程序。

```
1      #include <stdio.h>
2      #define MAX  3                    //用符号常量MAX表示建立通讯录人数的最大记录数
3      struct Address                    //定义一个通讯录的结构，包括姓名、地址和电话
4      {
5         char name[20];
6         char addr[50];
7         char tel[15];
8      };
9      int input(struct Address * pt);                      //通讯录录入函数原型
10     void display(struct Address * pt,int n);             //通讯录显示函数原型
11     void main()
12     {
13        struct Address man[MAX];                          //定义一个结构数组，存放学生通讯录数据
14        int i;
15
16        for(i=0;i<MAX;i++)                                //建立通讯录
```

```
17              if(input(&man[i])==0)   break;
18          display(man,i);                             //显示通讯录
19      }
20      /*建立通讯录函数的定义，形参采用传址方式传递结构数据，struct Address * pt也
21          可写成数组形式struct Address pt[]，但实质上是指针变量；每调用一次，录入
22          一个人的通讯录数据*/
23      int input(struct Address * pt)
24      {
25          printf("Name?");
26          gets(pt->name);
27          if(pt->name[0]=='/0')   return 0;           //输入空字符串，停止录入，返回0
28          printf("Address?");
29          gets(pt->addr);
30          printf("Telephone?");
31          gets(pt->tel);
32          return 1;                                   //正常返回1
33      }
34      //通讯录显示函数，显示整个通讯录的数据
35      void display(struct Address * pt,int n)
36      {
37          int i;
38
39          printf("  name              address                 tel\n");
40          printf("-------------------------------------------------------------\n");
41          for(i=0;i<n;i++,pt++)
42              printf("%-15s%-30s%s\n",pt->name,pt->addr,pt->tel);
43      }
```

运行结果：

```
Name?               王伟
Address?            东八舍416室
Telephone?          87543641
Name?               李玲
Address?            南三舍219室
Telephone?          87543945
Name?               张利
Address?            东八舍419室
Telephone?          87543645         //输入
//以下为输出
name                address                 tel
王伟                 东八舍416室              87543641
李玲                 南三舍219室              87543945
张利                 东八舍419室              87543645
```

该程序由三个函数组成，其中 input( ) 函数用于以人机对话方式输入数据，它的形式参数 pt 是结构指针，用来接收结构地址。在 main( ) 函数中调用 input( ) 函数时，实参数是 &man[i]，它是结构数组 man[ ] 中的第 i 个结构的地址。从程序中看出，main( ) 的 for 循环中，通过 i 的递增依次把 man[ ] 中的各个结构地址传送到函数 input( )，在 input( ) 中给该结构的各个成员项输入数据。在输入过程中，对 name 输入零时，整个输入过程结束。

输入数据后，调用 display( ) 函数显示输入结果。在调用 display( ) 时，实参数是结构数组 man[ ] 的首地址，从而把整个结构数组传递到函数中。函数 display( ) 用结构指针 pt 接收

传送来的地址。然后通过 pt 的加一运算，依次处理各个结构的数据。

例 8.9 返回结构变量的函数。

```
1    /*该例题中调用了一个名为str_add_int的函数，该函数返回的是一个结构类型
2      变量，在这个例题中，同时介绍了数字串与浮点数转换的方法*/
3    #include <stdio.h>
4    #include <stdlib.h>
5    #include<math.h>
6    struct Record                               //定义一个结构
7    {
8       char str[20];
9       int num;
10   };
11   struct Record str_add_int(struct Record x);      //函数原型声明
12   void main()
13   {
14      struct Record p,s={"31.45",20};           //定义结构变量p、s，并对s 初始化
15   /*以值传递方式，将结构变量s传递给函数str_add_int，经过该函数对s的复制
16     值加工处理后，再将结果通过return语句返回给main中的另一结构变量p*/
17      p=str_add_int(s);
18      printf("%s    %d\n",s.str,s.num);
19      printf("%s    %d\n",p.str,p.num);
20   }
21   struct Record str_add_int(struct Record x)        //形参x和实参s的类型一致
22   {
23      float e;
24
25      e=atof(x.str);                 //将字符串x.str转换为浮点数并赋给e
26      e=e+x.num;                     //浮点数与整数相加
27      gcvt(e,5,x.str);               //将浮点数e再转换为字符串，并赋给x.str
28      return x;                      //将处理后的结果（结构变量）返回给调用函数
29   }
```

运行结果：

```
31.45    20
51.45    20
```

例 8.10 返回结构变量的地址即结构指针型函数。

C 语言中，结构的存储首地址可以作为函数的返回值传递给调用它的函数。返回值为结构地址的函数就是结构指针型函数。

```
1    /*本题中调用了一个名为find的函数，根据小汽车的代号（不为0）在一个结
2      构数组中来查找该种汽车数据的位置。该函数返回的是一个结构类型指针，
3      该指针指向所找到的结构变量，如未找到，返回NULL*/
4    #include <stdio.h>
5    #define   NULL   0
6    struct Sample                    //定义一个结构，包括小汽车代号、颜色和类型等成员
7    {
8       int num;
9       char color;
10      char type;
11   };
12   struct Sample * find(struct Sample * pd,int n);   //查找函数原型
```

```
13      void main()
14      {
15         int num;
16         struct Sample * result;      //定义一个结构指针变量，接收被调用函数的返回值
17         //定义一个结构数组并初始化，存放了所有样品汽车数据
18      struct Sample car[]={{101,'G','c'},{210,'Y','m'},{105,'R','l'},{222,
19                 'B','s'},{308,'P','b'},{0,0,0}};
20      printf("Enter the number:");
21      scanf("%d",&num);                              //输入要查找样品的代号
22
23      /*以传递地址的方式，将结构数组名car和查找代号num传递给函数find，该
24         函数返回查找的结果，如果找到则返回代号所对应的样品汽车数据的地址，
25         否则，返回NULL*/
26      result=find(car,num);
27      if(result->num!=NULL)
28      {
29         //找到，显示相关汽车数据
30         printf("number :%d\n",result->num);
31         printf("color :%c\n",result->color);
32         printf("type :%c\n",result->type);
33      }
34      else
35         printf("not found");                        //未找到，给出提示信息
36      }
37      struct Sample * find(struct Sample * pd,int n)
38      {
39         int i;
40         for(i=0;pd[i].num!=0;i++)
41            if(pd[i].num==n)break;                    //找到，退出循环
42         if(pd[i].num!=NULL)
43            return  pd+i;                             //返回查找结果
44         else
45            return NULL;
46      }
```

运行结果：

```
Enter the number:101          //输入
number:101                    //输出
color:G
type:c
```

该程序是查找结构数组 car[ ] 中的有关数据。键盘输入一个整数后，调用函数 find( ) 进行查找。然后把查到的结构地址作为返回值返回。因此，函数 find( ) 定义为 struct sample * 型。在 main( ) 函数中用指向相同结构的指针 result 接收函数返回值。在 car[ ] 结构数组中，用一个全零结构作为结构数组的结束标志（汽车代号不为 0）。采用这种方法便于程序处理。可以看出，结构数组中的结构数目无论如何变化，函数都不需要作任何修改。

结构指针型函数是以地址传递方式向调用它的函数返回结构的数据。采用这种方式，不仅可以返回某个结构的地址，也可以返回结构数组的地址，从而把函数中处理的若干结构的数据返回给调用它的函数。

8.4　位字段结构

计算机应用在过程控制、参数检测和数据通信领域时，要求应用程序具有对外部设备接口硬件进行控制和管理的功能。经常使用的控制方式是向接口发送方式字或命令字，以及从接口读取状态字等。与接口有关的命令字、方式字和状态字是以二进制位 (bit) 为单位的字段组成的数据，它们称为位字段数据。

位字段数据是一种数据压缩形式，数据整体没有具体意义。因此，在处理位字段数据时，总是以组成它的位字段为处理对象。在 C 语言程序中，可以使用位操作（位逻辑与操作、位逻辑或操作等）对位字段进行处理。此外，C 语言还提供了处理位字段的另一种构造类型——位字段结构。

位字段结构是一种特殊形式的结构，它的成员项是二进制位字段。例如，8251A 使用 RS-232 接口进行数据通信时，方式字具有如图 8-2 所示的形式，由 5 个二进制位字段组成。

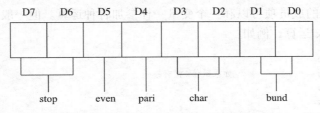

图 8-2　8251A 方式字的一般形式

可以定义下列位字段结构：

```
struct bit
{
    unsigned bund_bit:2;
    unsigned char_bit:2;
    unsigned pari_bit:1;
    unsigned even_bit:1;
    unsigned stop_bit:2;
};
```

如上所示，位字段结构定义中的每个成员项一般书写格式是：

unsigned　　成员名：　　位数；

1）位字段以单个 unsigned 型数据为单位，其内存放着一连串相邻的二进制位。例如，说明一个位字段结构变量 struct bit mode，如图 8-2 所示，对于位字段结构体 mode 的成员 bund 占用一个 unsigned 型数据的 D0 位和 D1 位，接着 char_bit 占用 D2 和 D3 位。

2）若某一位段要从另一个字开始存放。可以使用下列形式：

```
struct test
{
    unsigned a:1;
    unsigned b:2;                   //成员a和b占用一个存储单元
    unsigned :0;
    unsigned c:3;                   //成员c占用另一个存储单元
};
```

在位字段结构体内若有不带名字的位字段时，冒号后面的位数应写 0，它具有特殊的含义，表示位字段间的填充物，用无名的位字段作为填充物占满整个 unsigned 型数据的其他位，使得下一个成员项 c 分配在相邻的下一个 unsigned 型中。

3）位字段结构在程序中的处理方式和表示方法等，与普通结构相同。例如，上述 8251A 方式字结构在定义后可以有下列说明：

```
struct bit mod;
```

则结构变量 mod 的部分成员为：

```
mod.bund_bit
mod.stop_bit
```

4）一个位段必须存储在同一个存储单元中，不能跨两个单元。如果一个单元空间不能容纳下一位段，则不用该空间，而从另一个单元起存放该位段。位段的长度不能大于存储单元的长度，也不能定义位段数组。

5）位字段结构的成员项可以和一个变量一样参加各种运算。但一般不能对位字段结构的成员项作取地址 & 运算，例如：

```
struct bit mod;
mod.bund_bit=3;              //如果赋值4就有错
mod.char_bit=2;
mod.pari_bit=0;
printf("%d,%d,%d", mod.bund_bit, mod.char_bit, mod.pari_bit);
```

也可以使用 %u、%o、%x 等格式输出。

位段可以在数值表达式中引用，它会被系统自动地转换成整型数。

例如："mod.bund_bit+5/ mod.char_bit" 这个表达式无实际意义。

8.5 联合

在 C 语言中，不同数据类型的数据可以使用共同的存储区域，这种数据构造类型称为联合体，简称联合。联合体在定义、说明和使用形式上与结构相似。两者本质上的不同仅在于使用内存的方式上。

联合的定义形式一般如下所示：

```
union    联合名
{
数据类型    成员名1;
数据类型    成员名2;
…
数据类型    成员名 n;
};
```

联合的定义制定了联合的组成形式，同时指出了组成联合的成员具有数据类型。与结构的定义相同，联合的定义并不为联合体分配具体的内存空间，它仅仅说明联合体使用内存的模式。例如：

```
union uarea
{
```

```
    char c_data;
    int i_data;
    long l_data;
};
```

它宣布了联合 uarea 由三个成员项组成，这三个成员项在内存中使用共同的存储空间。由于联合中各成员项的数据长度往往不同，所以联合体在存储时总是按其成员中数据长度最大的成员项占用内存空间。如上述联合 uarea 占用内存的长度与成员项 l_data 相同，即占用 4 字节内存。这 4 字节的内存位置上既存放 c_data，又存放 i_data，也存放 l_data 的数据，如图 8-3 所示。

联合被定义后，就可以定义使用这种数据构造类型的具体对象，即联合变量的定义，其形式与结构的定义类似。

例如：`union uarea udata, * pud, data [10];`

定义了使用 uarea 联合类型的联合变量 udata、联合指针 * pud 和联合数组 data[ ]。联合变量的定义将引起系统按照联合定义时制定的模式为被定义的联合变量等分配内存空间。

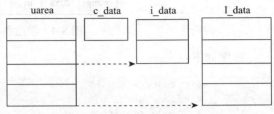

图 8-3 联合使用内存的模式

由于联合体的各个成员项使用共同的内存区域，所以联合体的内存空间中在某个时刻只能保持某个成员项的数据。由此可知，在程序中参加运算的必然是联合体的某个成员项。联合体成员项的表现形式与结构相同，它们也使用访问成员运算符 . 和 — > 表示。例如，前面说明的联合变量 udata 的成员项是：

`udata.c_data, udata.i_data 和 udata.l_data`

而联合指针 pud 的成员项是：

`pud->c_data, pud->i_data 和 pud->l_data`

这些成员项的数据特性与它们在 uarea 联合定义时规定的完全一致。

联合变量可以向另一个相同联合类型的联合体赋值。此外，联合变量可以作为参数传递给函数，也可以作为返回值从函数中返回。

在程序中经常使用结构与联合体相互嵌套的形式。即联合体的成员项可以是结构，或者结构的成员项是联合体。例如，下列结构 data 的第三个成员项是联合：

```
uinon uarea
{
    char c_data;
    int i_data;
    long l_data;
};
struct data
{
    char *p;
    int type;
    uinon uarea udata;
};
```

例 8.11 设有若干人员的数据，其中有学生和教师。学生的数据中包括：姓名、号码、性别、职业、班级。教师的数据包括：姓名、号码、性别、职业、职务。现要求把它们放在同一表格中。要求先输入人员的数据，然后再输出。

分析：从上面可以看出，学生和老师包含的数据是不同的（见图 8-4）。如果"job"项为"s"（学生），则第 5 项为 class（班），即"li"是 501 班的。如果"job"项是"t"（教师），则第 5 项为 position（职务），即"wang"是 professor。显然对第 5 项可以采取联合来处理。

name	num	sex	job	Class/position
li	1011	f	s	501
wang	2058	m	t	professor

图 8-4　学生和教师的数据格式

程序如下：

```
1      #include <stdio.h>
2      #include <stdlib.h>
3      #include <string.h>
4      #define  N  10
5      union Career                          //定义一个联合
6      {
7        int class;
8        char position[10];
9      };
10     struct Data                           //定义一个结构
11     {
12       int num;
13       char name[10];
14       char sex;
15       char job;
16       union Career category;
17     };
18     void main()
19     {
20       int n;
21       char str[20];
22       struct Data person[N];              //定义一个结构数组，存放录入数据
23
24       for(n=0;n<N;n++)
25       {
26         printf( "please input num:" );
27         gets(str);
28         person[n].num=atoi(str);          //将字符串转换为整数
29         printf( "please input name:" );
30         gets(person[n].name);
31         printf( "please input sex:" );
32         gets(str);
33         person[n].sex=str[0];             //取字符串的第一个字符
34         printf( "please input job:" );
35         gets(str);
36         person[n].job=str[0];             //取字符串的第一个字符
37         if(person[n].job=='s')            //为学生
38         {
39           printf( "please input class:" );
```

```
40              gets(str);
41              person[n].category.class=atoi(str);
42          }
43          else if(person[n].job=='t')              //为老师
44          {
45              printf("please input position:");
46              gets(person[n].category.position);
47          }
48          else                                     //输入数据错误
49              printf("input error");
50      }
51      printf("\n");
52      printf("No. Name    Sex   Job    class/position\n");
53      for(n=0;n<N;n++)                              //显示录入数据信息
54      {
55          if(person[n].job=='s')                   //为学生
56              printf("%-6d%-10s%-3c%-3c%-10d\n",person[n].num, person[n].name, \
57                  person[n].sex,person[n].job, person[n].category.class);
58          else if(person[n].job=='t')              //为老师
59              printf("%-6d%-10s%-3c%-3c%-10s\n",person[n].num,person[n]. \
60                  name ,person[n].sex, person[n].job, person[n].category.position);
61      }
62  }
```

8.6 类型定义语句 typedef

8.6.1 用 typedef 语句定义新类型名

C 语言为编程者提供了一种用新的类型名来代替已有的基本数据类型名和已经定义的类型（如结构体、联合体、指针、数组、枚举等类型）的功能。这可以采用 typedef 语句，它在 C++ 中仍然保留，其格式为：

> typedef ＜类型说明＞ ＜新类型名＞;

其中 typedef 是类型定义语句的关键字，类型说明是对新类型名的描述，类型说明可以是各种基本数据类型名（char、int、…、double）和已经定义的结构体、联合体、指针、数组、枚举等类型名。

例如：`typedef   int    INTEGER;`
`typedef   float   REAL;`

即 int 与 INTEGER，float 与 REAL 等价，以后在程序中可任意使用两种类型名去说明具体变量的数据类型。

例如：`int   i, j;`　　　等价　　　`INTEGER i, j;`
　　　`float  a, b;`　　　等价　　　`REAL  a, b;`

在程序中，若要将一些整型变量用来计数，通常定义：

`typedef  int  COUNTER;`

即 int 和 COUNTER 等价。则：

`COUNTER  i, j, * p;`　　　等价　　　`int  i, j, * p;`

在源程序中将 i、j 定义为 COUNTER 类型，可使阅读程序者一目了然地知道它们是用来计数的。习惯上把新类型名用大写字母表示。在 Visual C++ 的 windef.h 头文件中，有如下定义：

```
typedef unsigned char   BYTE;
typedef unsigned short  WORD;
typedef unsigned long   DWORD;
```

例如，在 stdio.h 头文件中有：

```
typedef unsigned int size_t;
```

由于经常要用无符号整型变量记录一个内存空间的大小或是某种数据类型的数据块大小，取用新类型名"size_t"，不仅书写方便，且见名知意，在标准函数库中经常使用新类型名"size_t"。

8.6.2　新类型名的应用

用 typedef 语句只是对已经存在的类型增加了一个新的类型名，并没有创建一个新的数据类型。

用 typedef 语句可将类型说明和变量说明分离开来，便于源程序的移植。例如，有的计算机 C++ 语言系统 int 型长度是 2 个字节，而有的以 4 字节存放一个整数。如果将一个源程序从以 4 字节存放一个整数的计算机 C++ 语言系统移植到以 2 字节存放一个整数的系统中，则需要检查定义变量的有关说明语句，将其中每个"int"都改为"long"。

例如：

```
int  a, b, c;    修改→    long  a, b, c;
```

若采用 typedef 语句，则可这样定义：

```
typedef  int  INT;    修改→    typedef  long  INT;
```

在源程序中用"int"定义整型变量，在移植时只需修改上述一条的 typedef 语句即可。

typedef 语句和 #define 语句的区别：

```
typedef    int     COUNT;
#define    COUNT   int
```

上述两条语句的作用都是用"COUNT"代替"int"，但 #define 语句是在预处理操作时进行字符串的替换，而 typedef 语句是在编译时进行处理的，它并不是进行简单的字符串替换。例如，定义字符数组类型时，若写：

```
typedef  char[81]  STRING;
```

则定义了一个 STRING 类型，它是具有 81 个字符的数组，以后可用 STRING 类型定义类同的字符型数组：

```
STRING text, line;
```

"STRING text, line;"等价于"char text[81], line[81];"，显然，这不是简单地用字符串"STRING"去替换字符串"char[81]"。如果从类型表达式的角度来理解它，则类型表达式就是由数据类型名与"*"、"[ ]"、"&"、"( )"等运算符所组成的式子。在一个说明语句中，去掉所定义的变量名、数组名、函数名等标识符，剩下的部分就是类型表达式，例如，说明语句"char text[81];"中，去掉数组名 text 剩下的部分"char [81];"就是类型表达式。在解释类型说明时，对类型表达式内的优先级作如下规定：下标运算符 [ ] 和函数调用运算符 ( ) 最高，*（指针）其次，数据类型名最低。所以上面的类型说明可解释为：如果标识符 text 是一个具有 81 个元素的字符型数组名。那么，类型定义就是用一个或多个标识符来命名一个类型表达式，从而得到新的类型名。上例中，"char [81]"是类型表达式，标识符 STRING 是一个新的类型名，被命名为类型表达式"char [81]"的类型，说明 STRING 类型为具有 81 个元素的字符数组，用 STRING 来定义的变量就是一个具有 81 个元素的字符数组，所以，对使用新类型名的说明语句"STRING text, line;"中定义的变量名 text 和 line，都应解释为是具有 81 个元素的字符型数组。

使用 typedef 语句给已定义的结构类型赋予新的类型名，大大简化了对结构变量的说明。

例如：
```
typedef  struct
    {
    double real;
    double imag;
    }COMPLEX ;
```

其中，COMPLEX 就是 struct{…} 的新类型名，即 struct{…} 与 COMPLEX 对其结构变量的说明作用一样，显然 COMPLEX 也是结构名。

例如：
```
COMPLEX   c1, c2;
COMPLEX   *r, *op1, *op2;
```

但 COMPLEX 是结构类型，即是形式结构体而不是结构变量，因此不能用 COMPLEX 进行访问成员的运算。如"COMPLEX.real"是非法的。只有用 COMPLEX 说明了具体的结构变量 c1、c2 后，才能写成"c1.real"、"c2.imag"等的形式。

例 8.12 复数的加法运算。

```
1     #include <stdio.h>
2     typedef struct
3     {
4       double real;
5       double imag;
6     }COMPLEX ;                         // COMPLEX就是struct{…}的新类型名
7     //复数的加法运算函数,带两个形参都是指向COMPLEX类型的结构指针,其
8     //返回值仍是一个复数结构类型
9     COMPLEX cadd(COMPLEX * op1, COMPLEX * op2);
10    COMPLEX cadd(COMPLEX * op1, COMPLEX * op2)
11    {
12      COMPLEX  result;
13
14      result.real = op1 -> real + op2 -> real;      //实数部分相加
15      result.imag = op1 -> imag + op2 -> imag;      //虚数部分相加
16
17      return result;
18    }
19    void main( )
20    {
21      COMPLEX a = {6.0, 8.0}, b = {2.0, 8.0}, c;
22      printf("(1)COMPLEX a(%.2lf, %.2lf)\n", a.real, a.imag);
```

```
23        printf("(2)COMPLEX b(%.2lf, %.2lf)\n", b.real, b.imag);
24        c = cadd(&a, &b);                        // 调用cadd( )求复数a和b之和
25        printf("(3)COMPLEX c(%.2lf, %.2lf)\n", c.real, c.imag);
26    }
```

运行结果：

```
(1)COMPLEX a(6.00, 8.00)
(2)COMPLEX b(2.00, 8.00)
(3)COMPLEX c(8.00, 16.00)
```

8.7 枚举类型

8.7.1 枚举类型的定义和枚举变量的说明

C 语言和 C++ 还提供一种可由用户自行定义的数据类型，它把一组整型符号常量按顺序集合成一种数据类型，称为"枚举类型"，这些整型符号常量叫作该枚举类型的元素，简称"枚举元素"，每个枚举元素都具有确定的整数值。作为枚举类型的具体实例变量只能取它的几个枚举元素值，因此，枚举的含义就是将这种变量的所有可能值一一列举出来，且是用符号常量名来依次列举它的每一个可能值。实际生活中有许多可用枚举类型来描述的事例，例如，用数字 0、1、…、6 分别表示星期日、星期一、…、星期六，则可定义一个名字叫 WEEKDAY 的枚举类型为：

```
enum WEEKDAY {sun, mon, tue, wed, thu, fri, sat};
```

又如，用数字 0、1、2、4、14、15 分别表示黑、蓝、绿、红、黄、白等 6 种颜色，可定义一个名称为 COLOR 的枚举类型为：

```
enum COLOR {BLACK, BLUE, GREEN, RED = 4, YELLOW = 14, WHITE};
```

枚举类型的一般定义格式为：

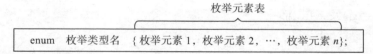

枚举类型的定义与结构类型的定义一样，只是由用户定义了一个新的数据类型，要使用这种枚举类型还必须用它来说明具体的实例变量，其一般格式为：

<存储类> enum 枚举类型名 枚举变量名；

例如：`static enum COLOR backdrop, frame;`

1）枚举变量具有变量的属性，可以读取它的值和对它赋值。其存储类型也有 auto、static 和 extern 型，有关概念也与普通变量一样。只是这种变量只能取枚举元素表内所列的几种有限的可能值，并且，给它们赋值时，不使用具体的数值，而使用枚举元素名，从而避免了把非枚举值赋给了枚举变量。例如，用赋值语句对枚举变量 frame（框架）和 backdrop（背景）赋值可写成：

```
frame = RED;
backdrop = BLUE;
```

初学者应特别注意，右值是整型常量，而不是字符串常量，即不能写成"RED"和"BLUE"。

因此，执行了上述语句后，枚举变量 frame 的取值是 4，而 backdrop 的取值是 1。

2）与结构类型一样，枚举类型的定义和枚举变量的说明既可以如上所述那样分开进行，又可以同时进行。

例如：enum MONTH {January = 1, February, March, April, May, June, July, August, September, October, November, December} month;

此时的枚举类型名也可以省略。

3）在 C++ 中，即在扩展名为 ".cpp" 的源文件内，一旦定义了一个枚举类型，该枚举类型名可像基本数据类型名（char、int、…、float 和 double 等）一样单独使用，可直接用来定义枚举变量，关键字 enum 可以缺省，即：

> <存储类> 枚举类型名 枚举变量名；

4）枚举元素均为常量不是变量，不能用赋值语句对它们赋值。

例如：sun = 1;   // 出错
　　　RED = 2;   // 出错

因此，枚举元素一经初始化后，只能使用它而不能改变它，即在源程序中用它产生一个枚举类型的可能取值，而不能改变该取值。

5）枚举元素作为常量具有数值，编译系统按定义时的排列顺序分别使它们的数值为 0、1、2、…，如枚举类型 WEEKDAY 的元素 sun 的值 0、mon 的值为 1、…、sat 的值为 6，这称为隐式初始化操作。

6）枚举元素的值也可以在定义的同时由编程者自行指定。例如，对于枚举类型 COLOR 可用如下语句去读取它的所有元素值：

```
printf("BLACK = %d, BLUE = %d, GREEN = %d, RED = %d, YELLOW = %d,\
        WHITE = %d\n", BLACK, BLUE, GREEN, RED, YELLOW, WHITE);
```

其结果为：

```
BLACK = 0, BLUE = 1, GREEN = 2, RED = 4, YELLOW = 14, WHITE = 15
```

由此可知，枚举元素 BLACK、BLUE 和 GREEN 是用隐式初始化操作的，若从 0 开始按顺序增 1，而 RED 自行指定为 4，YELLOW 也是自行指定为 14，则 WHITE 隐式自增 1 为 15。

8.7.2　枚举类型的应用

对于那些只有几种可能取值的一类变量，可定义成一类枚举类型的变量，枚举变量可以用于 while 和 for 语句中的循环控制变量，或 if 和 switch 语句中的条件选择表达式。

例 8.13　枚举变量用于 switch 语句。

```
1     #include <stdio.h>
2     void main( )
3     {
4       enum  MONTH {January=1, February, March, April, May, June,July,
5                   August, September, October, November, December} month;
6       int year, day, days;
7
8       printf("请输入年份 : ");
9       scanf("%d", & year);
```

```
10          printf("请输入月份 : ");
11          scanf("%d", & month);
12          // 枚举变量也可以通过调用scanf( )函数接受键盘输入的数据
13          printf("请输入日 : ");
14          scanf("%d", & day);
15          days = day;                    // 加入本月的天数
16          //计算(month - 1)月的累加天数，该switch语句为链形结构
17          switch(month - 1)
18          {
19            case December : days += 31;
20            case November : days += 30;
21            case October : days += 31;
22            case September : days += 30;
23            case August : days += 31;
24            case July : days += 31;
25            case June : days += 30;
26            case May : days += 31;
27            case April : days += 30;
28            case March : days += 31;
29            case February :
30              if(year % 4 == 0 && year % 100 != 0 || year % 400 ==0)
31                days += 29;                    // 闰年
32              else
33                days += 28;                    // 非闰年
34            case January : days += 31;
35            default : break;
36          }
37        printf("从%d年元月1日到%d年%d月%d日共有%d天 !\n\n", \
38              year, year, month, day, days);
39      }
```

运行结果：

```
请输入年份 : 2000(CR)
请输入月份 : 11(CR)
请输入日 : 11(CR)
从2000年元月1日到2000年11月11日共有316天！
```

8.8 综合应用

8.8.1 链表

在前面的章节中，我们学习了数组，如 N 个整数可以用一维整型数组存储，N 行的二维表信息可以用结构数组表示；数组虽然结构简单、访问元素方便、执行速度快，但是数组是静态数据结构，即必须要预先确定它的大小（数组元素的个数），当实际的数据个数预先无法确定时，用数组这种静态数据结构的方式来处理则会暴露出它的弱点。同时它只能用顺序存储的存储结构，且要求其存储单元是连续的，所以当元素的个数较多时，就会产生一些问题，如要求连续的存储空间过大，删除元素时需要大量移动元素等。于是产生了链式存储的概念；它可以实现存储空间的动态分配，链表是链式存储结构中最简单的一种。链表作为一种常用的动态数据结构，就非常适合处理数据个数预先无法确定且数据记录频繁变化的情况，它使用动态存储技术和递归结构体建立链表，根据需要为链表的新节点（Node）动态地开辟内存空间，当从链表中删除某节点时，可释放它所占用的内存资源以备他用。

常用的链表有单链表和双链表，单链表中又包含循环单链表，双链表也包含循环双链表（如图 8-5～8-8 所示）。其中，∧ 代表空指针（NULL）。在设计链表时有带头节点的链表和不带头节点的链表两种形式。所谓带头节点的链表是指专门使用一个不存储任何数据的节点，其指针是该链表的表头指针，表头节点的指针域指向链表的第一个节点；不带头节点的链表是指头指针即为该链表的第一个节点的指针，如图 8-5 和图 8-6 所示的是不带头节点的单链表和循环单链表。本节以不带头节点的一般单链表为例，讲述有关单链表的 C 语言编程，希望读者体会相关应用及其他链式存储结构的编程。

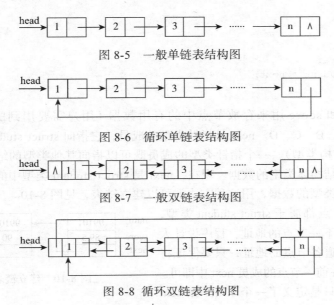

图 8-5　一般单链表结构图

图 8-6　循环单链表结构图

图 8-7　一般双链表结构图

图 8-8　循环双链表结构图

1. 单链表的概述

在前面提到的各种链表中，这里先以一种最简单的链表（单向链表）为例，说明它的结构。如图 8-9 所示。

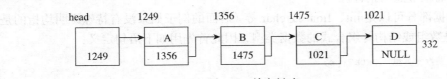

图 8-9　单向链表

链表有一个"头指针"变量，在图 8-9 中以 head 来表示，它存放一个地址。该地址指向一个元素。链表中每一个元素称为"节点"，每个节点都应该包括两个部分：一为用户需要用的实际数据，二为下一个节点的地址。可以看出，head 指向第一个元素；第一个元素又指向第二个元素……直到最后一个元素，该元素不再指向其他元素，它称为"表尾"，它的地址部分放一个"NULL"（表示"空地址"），链表到此结束。

可以看到链表中各元素在内存中可以不是连续存放的。要找某一元素，必须先找到上一个元素，根据它提供的下一元素的地址才能找到下一个元素。如果不提供"头指针"（head），则整个链表都无法访问。链表如同一条铁链一样，一环扣一环，中间是不能断开的。打个通俗的比方：幼儿园的老师带领孩子出来散步，老师牵着第一个小孩的手，第一个小孩牵着第二个小孩的手，依此类推，最后一个小孩的一只手空着，它是"链尾"。要找到这个队伍，必须先找到老师，然后顺序找到每一个孩子。

可以看到，这种链表的数据结构，必须利用指针变量才能实现。即：一个节点中应包含一个指针变量，用它存放下一个节点的地址。

前面介绍了结构体变量，用它作链表中的节点是合适的。一个结构体变量包含若干成员，这些成员可以是数值类型、字符类型、数组类型，也可以是指针类型。我们用这个指针类型成员来存放下一个节点的地址。例如，可以设计这样一个结构体类型：

```
struct student
{
    int num;
    float score:
    struct student * next;
};
```

其中，成员 num 和 score 用来存放节点中的有用数据（用户需要用到的数据），相当于图 8-9 节点中的 A、B、C、D。next 是指针类型的成员，它指向 struct student 类型数据（这就是 next 所在的结构类型）。一个指针类型的成员既可以指向其他类型的结构体数据，也可以指向自己所在的结构体类型的数据。现在，next 是 struct student 类型中的一个成员，它又指向 struct student 类型的数据，用这种方法就可以建立链表，见图 8-10。

图中每一个节点都属于 struct student 类型，它的成员 next 存放下一节点的地址，程序设计人员可以不必具体知道各节点的地址，只要保证将下一节点的地址放在前一节点的成员 next 中即可。

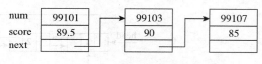

图 8-10　建立链表示示例

请注意：上面只是定义了一个 struct student 类型，并未实际分配存储空间。只有定义了变量才分配内存单元。

构造单链表的第一步就是节点的定义，一般单链表的每个节点的存储结构都包括两个部分：数据域和指针域，数据域存放节点的数据部分，指针域存放的是该节点的后继节点的首地址，即指向后继节点的指针。

节点的数据部分可以是 int、float 或 char 等（后面的例子如果没有特殊说明均指的是 int 型），也可能是数组或结构等组合式的数据类型，因此首先用如下语句定义：

```
typedef  某数据类型  DataType;
```

然后定义单链表的节点如下：

```
typedef struct linknode
{
    DataType data;
    struct linknode * next;
} Node;
```

例 8.14　编程将从键盘输入的十个整数分别作为各节点的数据域建立一个单链表。如用 main() 函数，则程序如下：

```
1       #include <stdio.h>
2       #include <alloc.h>
3
4       typedef  int  DataType;
```

```
5       typedef struct linknode
6       {
7         DataType data;
8         struct linknode * next;
9       } Node;
10      void main( )
11      {
12        Node  * head=NULL, * p,* q;
13        int i=0;
14        do
15       {
16          p=(Node *)malloc(sizeof(Node));
17          if(p==NULL)
18          {
19             printf("no enough memory");
20             exit(1);
21          }
22             printf("please input the number: ");
23             scanf("%d",&p->data);
24             getchar();
25             if(head==NULL)
26          {
27             head=p;
28             q = head;
29          }
30          else
31          {
32             q->next=p;
33             q=p;
34          }
35          i++;
36       }while(i<10)
37       q->next=NULL;
38      }
```

如将构造链表写成一个自定义的函数，则程序如下：

```
1       #include <stdio.h>
2       #include <alloc.h>
3
4       typedef  int  DataType;
5       typedef struct linknode
6       {
7         DataType data;
8         struct linknode *next;
9       } Node;
10      Node  * creat_link( );
11      Node  * creat_link( )
12      {
13        Node  * head=NULL, * p,* q;
14        int i=0;
15        do
16        {
17          p=(Node *)malloc(sizeof(Node));
18          if(p==NULL)
19             {
```

```
20                printf("no enough memory");
21                exit(1);
22            }
23          printf("please input the number: ");
24          scanf("%d",&p->data);
25          getchar();
26          if(head==NULL)
27          {
28             head=p;
29              q = head;
30          }
31          else
32          {
33             q->next=p;
34              q=p;
35          }
36          i++;
37      }while(i<10)
38      q->next=NULL;
39      return head;
40  }
41  void main( )
42  {
43      Node * head;
44      head = creat_link();
45      ...
46  }
```

而在前面讲过，链表结构是动态地分配存储的，即在需要时才开辟一个节点的存储单元。怎样动态地开辟和释放存储单元呢？ C 语言编译系统的库函数提供了以下有关函数。

（1）malloc 函数

> void * malloc(unsigned int size);

其作用是在内存的动态存储区中分配一个长度为 size 的连续空间。

（2）calloc 函数

> void * calloc(unsigned n,unsigned size);

其作用是在内存的动态区存储中分配 n 个长度为 size 的连续空间。

（3）free 函数

> void free(void * p);

其作用是释放由 p 指向的内存区，使这部分内存区能被其他变量使用。

下面就可以对链表进行操作（包括建立链表、插入或删除链表中一个节点等）。有些概念需要在后面的应用中逐步建立和掌握。

2. 单链表的操作

（1）查找某个节点

在已建立好的单链表（表头指针为 head）中查找某个节点 x，假设找到返回 1，未找到返回 0，则对应的函数如下：

```
int node_find(Node  * head, Datatype x)
{
    Node *p;
    p=head;
    While (p!=NULL)
    {
        if (p->data ==x) break;
        p=p->next;
    }
    if(p==NULL)return 0;
    else return 1;
}
```

如果要求，找到了则返回该节点的指针，未找到则返回 NULL，函数稍做修改为：

```
Node  * node_find(Node  *head, Datatype x)
{
    Node *p;
    p=head;
    While (p!=NULL)
    {
        if ( p->data == x) break;
        p = p->next ;
    }
    return p;
}
```

（2）求单链表的长度

计算一个已建立好的单链表（表头指针为 head）的节点个数，结果通过函数返值返回。

```
int length (Node *head)
{
    Node *p;
    p=head;
    int len = 0;
    While (p!=NULL)
    {
        len++;
        p = p->next ;
    }
    return (len);
}
```

（3）单链表的节点插入

在编写程序时通常是先查找某节点，得到该节点的指针（如上所述）p，然后再插入。假如找到的是非空节点，则在该节点后插入 x 的函数如下：

```
void insert (Node * p, Datatype x)
{
    Node *q, *t ;
    q=(Node *)malloc(sizeof(Node));
    if(q==NULL)
    {
        printf("no enough memory");
        exit(1);
    }
```

```
        q->data = x ;
        t = p->next ;
        p->next = q;
        q->next = t;
    }
```

上述函数看起来很简单，主要原因是考虑 p 是非空节点，如果考虑 p 可能是空节点时也插入到最后的话就复杂多了，读者可以根据上面的思想编程看看，也可以练习一下在该节点前面插入的函数编写。

下面给出一个完整的程序，以此说明如何设计程序实现链表的最基本操作。

例 8.15 单向链表的建立和遍历、插入和删除节点。

```
1      #include <stdio.h>
2      #include <stdlib.h>                    //包含标准库函数malloc()和free()的原型
3      //定义递归结构类型Student，别名STUDENT，作为单向链表每个节点的数据类型
4      typedef struct Student{
5        unsigned num;                        //存放学生的考号
6        char name[20];                       //存放学生的姓名
7        float score;                         //存放学生的考分
8        struct Student * next;               //指向下一个节点的结构指针
9      }STUDENT;
10     /*定义结构指针型函数Create()建立一个单向链表，返回该单向链表的表头结
11       点，即返回值是表头节点的首地址*/
12     STUDENT * Create(STUDENT * phead)
13     {
14       STUDENT * pnew;
15       //递归结构类型Student的结构指针pnew，用来指向创建的新节点
16       STUDENT * pend;
17       phead = NULL;
18       //初始状态令表头节点为空，即链表未建立时，整个链表为空
19       do
20       {
21         printf("\n");
22         if((pnew = (STUDENT *) malloc(sizeof(STUDENT))) == NULL)
23         {
24           printf("堆区内存已用完! \n");
25           exit(1);
26         } /*为每个创建的新节点在堆区中按递归结构类型STUDENT的内存模式
27             开辟一个内存空间，成功时将该内存空间的首地址赋给结构指针pnew*/
28         printf("输入新考生的考号（为零则结束建表！）: ");
29         scanf("%u",&pnew -> num);
30         if(pnew -> num ==0)
31           break;
32         /*当新考生的考号为零时，则退出循环停止创建新节点，否则输入新考生
33             的其他信息*/
34         printf("输入新考生的姓名: ");
35         scanf("%s", pnew -> name);
36         printf("输入新考生的成绩: ");
37         scanf("%f",& pnew -> score);
38         if(phead == NULL)
39           phead = pnew,pend=phead; //如果链表为空，则把创建的新节点作为表头
40         else
41           {pend -> next = pnew;      //如果链表不为空，则把创建的新节点放在
42                                      //表尾节点之后
43         pend = pnew;}               //再把创建的新节点作为表尾
```

```
44          }while(pnew -> num != 0);
45      /*用do~while循环，为单向链表逐个地创建新的节点，直到学生的考号是零
46          时为止*/
47      pend -> next = NULL;                    //表尾节点的后面为空
48      free(pnew);                             //释放考号为零的节点所开辟的内存空间
49      return phead;                           //返回值为单向链表表头节点的首地址
50  }
51  //向单向链表的任意位置插入一个新节点的函数，其返回值是表头节点的首地址
52  STUDENT * Insert(STUDENT * phead, STUDENT * pnew)
53  {
54      STUDENT * pcur;
55      /*用来指向当前节点（Current Node）的结构指针pcur,当前节点是指正在考察
56          它的节点，下同*/
57      if(phead -> num > pnew -> num)
58      {
59          pnew -> next = phead;
60          phead = pnew;
61          return phead;
62      }
63      /*新节点插入的位置在表头，则把新节点放在表头，原来的表头放在其后*/
64      /*用for循环寻找插入点位置，当前节点从表头开始一直到表尾，第3分量是
65          使当前节点向后移动一个节点*/
66      for(pcur = phead; pcur -> next != NULL; pcur = pcur -> next)
67          if(pcur -> next -> num > pnew -> num)
68          {
69              pnew -> next = pcur -> next;
70              pcur -> next = pnew;
71              return phead;
72          }
73      /*若新节点插入的位置在当前节点的后面，则把新节点的指针指向当前结
74          点后面的节点，而把当前节点的指针指向新节点，再返回链表头*/
75      pcur -> next = pnew;
76      pnew -> next = NULL;
77      /*退出for循环时结构指针pcur指向表尾节点，则将表尾节点的指针指向新
78          节点，而新节点后面为空*/
79      return phead;
80  }
81  //删除指定节点的函数，其返回值是表头节点的首地址
82  STUDENT * Delete(STUDENT * phead, unsigned n)
83  {
84      STUDENT * pcur, * pdel;
85      //pcur为指向当前节点的结构指针，pdel为指向要删除节点的结构指针
86      if(phead == NULL)
87      {
88          printf("链表为空，不需要做删除操作! \n");
89          return phead;
90      }
91      //链表为空，不需要作删除操作直接返回
92      if(phead -> num == n)
93      {
94          pcur = phead;
95          phead = phead -> next;
96          printf("考号为%u的学生\"%s\"被删掉! ! ! \n\n",\
97                  pcur -> num,pcur -> name);
98          free(pcur);
99          return phead;
```

```
100          }
101      //表头节点是要删除的节点，将表头后面的节点作为表头，然后删除表头节点
102      /*用for循环寻找要删除的节点，当前节点从表头开始一直到表尾，第3个分量
103        是使当前节点向后移动一个节点*/
104      for(pcur = phead; pcur -> next != NULL; pcur = pcur -> next)
105        if(pcur -> next -> num == n)
106        {
107          pdel = pcur -> next;
108          pcur -> next = pdel -> next;
109          printf( "\n考号为%u的学生\" "%s\" 将被删掉！！！\n" ,\
110                  pdel -> num, pdel -> name);
111          free(pdel);
112          return phead;
113        }
114      /*退出for循环时结构指针pcur指向表尾节点，说明单向链表中找不到要删
115        除的节点。反斜杠\为续行符，下同*/
116      printf("链表中没有考号为%u的学生！\n",n);
117      return phead;
118    }
119    //删除单向链表中所有节点的函数
120    void DelAll(STUDENT * phead)
121    {
122      STUDENT * pcur, * pnext;
123      //pcur为指向当前节点的结构指针，pnext为指向它后面一个节点的结构指针
124      pcur = phead;
125      //当前节点从表头节点开始
126    /*令pnext指向当前节点的下一个节点，直到下一个节点为空时为止，每循环一
127      次撤销一个当前节点，第3分量把当前节点和下一个节点都向后移动一个位置*/
128      for(pnext = pcur -> next; pcur != NULL; pcur = pnext, pnext = pnext -> next)
129        free(pcur);
130    }
131    //显示单向链表每个节点数据信息的函数
132    void ShowList(STUDENT * phead)
133    {
134      STUDENT * pcur;                //用来指向单向链表中当前节点的结构指针pcur
135      printf( "考号\t姓名\t成绩\n" );
136      pcur = phead;                  //当前节点从表头节点开始
137      while(pcur != NULL)
138      {
139        printf("%-u\t%-s\t%-.1f\n",pcur -> num,pcur ->name,pcur -> score);
140        pcur = pcur -> next;
141      }
142      //显示单向链表中每个节点的数据信息
143      printf("\n");
144    }
145    void main()
146    {
147      STUDENT * head = NULL;
148      STUDENT * pn;                  //用来指向新插入节点的结构指针pn
149      unsigned number;              //用来存放删除节点的考号
150      printf("\t\t******建立成绩表单******\n");
151      head = Create(head);          //调用Create()建立以head为表头的单向链表
152      ShowList(head);
153      //调用ShowList ( ) 函数，显示新建立的单向链表所有节点的数据信息
154      printf( "\t\t******插入一个学生成绩******\n" );
155      if((pn = (STUDENT *)malloc(sizeof(STUDENT))) == NULL)
```

```
156        {
157            printf("堆区内存已用完!\n");
158            exit(1);
159        }
160        //为插入的新节点在堆区动态地分配内存空间，成功时pn指向了该空间首地址
161        printf("输入新考生的考号: ");
162        scanf("%u",&pn -> num);
163        printf("输入新考生的姓名: ");
164        scanf("%s",&pn -> name);
165        printf("输入新考生的成绩: ");
166        scanf("%f",&pn -> score);
167        head = Insert(head,pn);          //调用Insert()函数，插入新节点
168        ShowList(head);
169        //调用ShowList()函数，显示插入操作后新单向链表所有节点的数据信息
170        printf("\t******删除一个学生成绩******\n");
171        printf("输入考生的考号: ");
172        scanf("%u",&number);
173        head = Delete(head,number);      //调用Delete()函数，删除指定的节点
174        ShowList(head);
175        //调用ShowList()函数，显示删除操作后新单向链表所有节点的数据信息
176        DelAll(head);
177        //在程序执行完成前或者是单向链表使用完前，撤销单向链表
178    }
```

运行结果:

```
                ******建立成绩表单******

输入新考生的考号（为零则结束建表！）: 9902（CR）
输入新考生的姓名: WangWei(CR)
输入新考生的成绩: 86.5（CR）

输入新考生的考号（为零则结束建表！）: 9904（CR）
输入新考生的姓名: LiLing(CR)
输入新考生的成绩: 90（CR）

输入新考生的考号（为零则结束建表！）: 9906（CR）
输入新考生的姓名: ZhangLi(CR)
输入新考生的成绩: 92.5（CR）

输入新考生的考号（为零则结束建表！）: 0（CR）
考号        姓名        成绩
9902      WangWei     86.5
9904      LiLing      90.0
9906      ZhangLi     92.5

            ******插入一个学生成绩******
输入新考生的考号（为零则结束建表！）: 9905（CR）
输入新考生的姓名: LiuWei(CR)
输入新考生的成绩: 82.5（CR）

考号        姓名        成绩
9902      WangWei     86.5
9904      LiLing      90.0
9905      LiuWei      82.5
9906      ZhangLi     92.5
```

```
******删除一个学生成绩******
输入学生的考号: 9904 (CR)

考号为9904的学生"LiLing"将被删除！！！
考号      姓名      成绩
9902     WangWei    86.5
9905     LiuWei     82.5
9906     ZhangLi    92.5
```

下面对照例 8.15 给出一些讨论。

1）在堆区建立一个单向链表：调用 Create( ) 函数即可建立一个记录考生成绩的单向链表，其创建过程如图 8-11 所示。在 Create( ) 函数体内，建立一个单向链表从链表为空（即表头为空）开始，接着进入 do-while 循环，为第 1 个节点开辟内存空间，当指向新节点的指针 pnew 接收到第 1 个新节点的首地址时，就可以用键盘给第 1 个新节点的数据域输入数据信息，然后令指针 phead 指向它，即将第 1 个节点作为表头，由于此时单向链表只有一个节点，所以又令指针 pend 也指向它，这便执行完 do-while 语句的第 1 次循环，形成如图 8-11a 所示的状态。由于考号不是 0，接着进行第 2 次循环向链表加入第 2 个节点，指针 pnew 接收到第 2 个新节点的首地址，当用键盘输入完数据信息后，令表头节点（此时指针 pend 正指向表头节点）指针域的结构指针 next 指向新节点，然后让指针 pend 指向新创建的第 2 个节点，即把它作为表尾节点，从而形成如图 8-11b 所示的状态。在第 3 次循环时，指针 pnew 接收到第 3 个新节点的首地址，令第 2 个节点（此时指针 pend 正指向第 2 个节点）指针域的结构指针 next 指向新节点，然后让指针 pend 指向新创建的第 3 个节点，即把它作为表尾节点，如图 8-11c 所示。实际上还可以不断重复上述过程再创建新的节点，直到新节点的数据成员 num 为零时退出 do-while 循环，令表尾节点指针域的结构指针 next 指向空指针，以表头指针 phead 作为函数的返回值，完成了单向链表的创建过程。

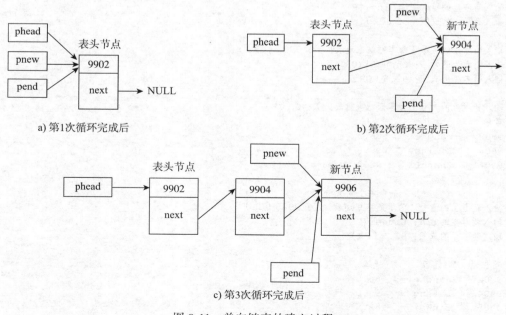

a) 第1次循环完成后　　　　　　　　　　　　　　b) 第2次循环完成后

c) 第3次循环完成后

图 8-11　单向链表的建立过程

2）向单向链表中插入一个新节点：单向链表的插入操作非常方便，在不破坏链接关系的前提下，只要修改单向链表中节点指针域的结构指针的指向，无需移动表中元素的位置就能高效地实现插入操作。在主函数内，先将要插入的新节点准备好，即用结构指针 pn 接收要插入的新节点首地址，并用键盘输入数据信息，接着调用 Insert( ) 函数，在实参传递给形参后，该函数的形参指针 phead 指向了已建立的单向链表头节点 head，另一个形参指针 pnew 指向了要插入的新节点，为了便于叙述，现假设单向链表是按照节点数据成员 num 由小到大的顺序排列。通常，插入操作应分为 3 种情况设计，其一如图 8-12a 所示，新节点的 num 值比表头节点 head 的还小，则表头位置就是插入点，这时应将新节点指针域的结构指针指向原来的表头节点，然后再把表头指针 phead 指向新节点，新节点即成为表头节点了。其二是在任意位置插入新节点，首先要找到插入点的位置，为此，把正在考虑的节点称为"当前节点"，并定义一个结构指针 pcur 指向它，采用 for 循环从表头节点当作当前节点开始，把新节点的 num 值逐个与各节点进行比较，每比较一次若未找到插入点，结构指针 pcur 的指向往后移动一个节点，其 num 值小于新节点的 num 值时，则新节点应插入到当前节点之后，如图 8-12b 所示，当前节点指针 pcur 指向了链表的第 2 个节点，即该节点为当前节点，它后面节点的 num 值为 9906 大于新节点的 num 值 9905，说明插入点已找到，则修改当前节点的指针域，操作步骤为：

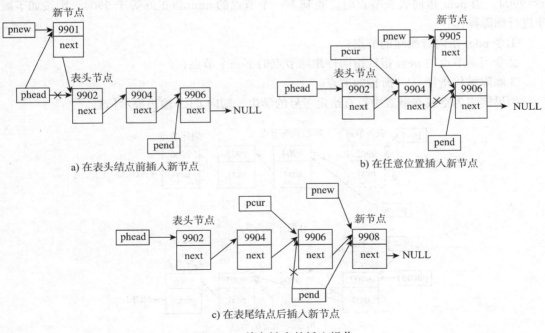

a) 在表头结点前插入新节点　　　　　　　　b) 在任意位置插入新节点

c) 在表尾结点后插入新节点

图 8-12　单向链表的插入操作

①令新节点的 next 指针指向当前节点的下一个节点；
②当前节点的 next 指针指向新节点。

这两步操作的顺序是不能颠倒的，否则，若先修改当前节点的 next 指针（因为此时 next 指针正指向当前节点的下一个节点），则将丢失当前节点下一个节点的首地址，那就再也无法找到下一个节点了。其三是若插入点在表尾节点之后，即 for 循环一直进行到第 2 分量的关系式" pcur -> next != NULL;"不成立，即当前节点是表尾节点时结束循环，如

图 8-12c 所示，令表尾节点的 next 指针指向插入的新节点，而新节点的 next 指针指向空指针。

3）从单向链表中删除一个节点：删除操作与插入操作一样不能破坏链接关系，即一个节点被删除后，应该使它前一节点的 next 指针指向它的后一节点，以确保链接关系不会中断。为了方便仍然引用当前节点，并在 Delete（）函数体内定义一个结构指针 pcur 指向它。有两种情况需做删除操作，其一是要删除的节点是表头节点，如图 8-13a 所示，其操作步骤为：

①令 pcur 指向表头节点；
②令表头指针 phead 指向下一个节点，即把下一个节点作为新的表头节点；
③删除 pcur 所指的节点。

这 3 步的操作顺序也是不能颠倒的，否则将丢失链接关系中的节点地址，其二是删除非表头节点，首先应按给定的关键字（例 8.15 的关键字是学生的考号 num）查找到要删除的节点，采用 for 循环从表头节点当作当前节点开始，把给定的关键字即形参 n 逐个与各节点的 num 值进行比较，每比较一次若未找到，结构指针 pcur 的指向往后移动一个节点，即当前节点指向后一个节点位置，如果检测到当前节点的下一个节点，其 num 值等于给定的关键字 n 时，说明当前节点的下一个节点就是要删除的节点，如图 8-13b 所示，若给定的关键字 n＝9904，当 pcur 指向表头节点时，查到下一个节点的 num 值正好等于 9904，则按如下顺序进行删除操作：

①令 pdel 指向待删除的节点；
②令当前节点的 next 指针指向待删除节点的下一个节点；
③删除结构指针 pdel 所指的节点。

如果链表为空或在链表中没有给定考号的学生，则向 CRT 输出提示信息。

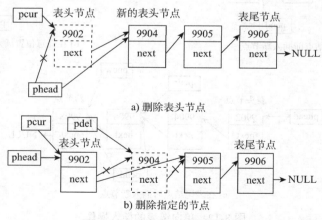

a) 删除表头节点

b) 删除指定的节点

图 8-13　单向链表的删除操作

4）当链表使用完后，应删除它所有的节点，并释放它们所占用的内存空间以备他用，本例程编写了 DelAll（）函数来实现这一功能，在其函数体内定义了两个结构指针 pcur 和 pnext，pcur 用来指向当前节点，此时的当前节点就是待删节点，而 pnext 用来指向当前节点的下一个节点，如图 8-14 所示，删除操作也是采用 for 循环从表头节点开始向后进行，在当前节点被删除之前，应将它下一个节点的地址保存下来，这只有把当前节点的 next 指针的值即下一个节点的地址值存放在结构指针 pnext 中，然后才能把当前节点删除掉，接着，令

pcur 指向下一个节点，即把下一个节点作为当前节点，pnext 的指向也向后移动一个节点，不断重复上述过程，一直到当前节点的下一个为空时停止。

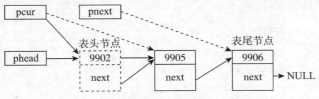

图 8-14 撤销整个单向链表的操作

8.8.2 其他应用举例

例 8.16 编程处理某班 N 个学生 4 门课的成绩，它们是数学、物理、英语和计算机。按编号从小到大的顺序依次输入学生的姓名、性别和四门课的成绩。计算每个学生的平均分，并以清晰的打印格式从高分到低分的顺序打印平均分高于全班总平均成绩的男生的成绩单。

分析： 从题目的要求来看，该问题可以分成三个功能块：输入数据、排序，求总平均成绩和输出，我们把它规划成四个函数。再来看主要的数据类型或数据结构的选择，由于学生的姓名、性别、各门功课的成绩及平均成绩具有一定的关联性，作为集合数据，将其规划为一个结构体：

```
struct student
{
    char name[20];          //姓名
    char sex;               //性别，'m'代表男，'f'代表女
    float score[4];         //学生的各科成绩
    float aver;             //平均成绩
};
```

这样学生的数据就可以存放在一个结构数组中。有了上面的分析结果，我们就可以规划出三个函数的原型。

1）输入数据：void input(struct student * p, int n);

第一个参数用来接收存储学生数据的结构数组的首地址，第二个参数接收学生的个数。

2）排序：void sort(struct student * p, int n);

第一个参数用来接收存储学生数据的结构数组的首地址，第二个参数接收学生的个数。

3）输出：void output(struct student * p, int n,float aver);

第一个参数用来接收存储学生数据的结构数组的首地址，第二个参数接收学生的个数，第三个参数接收总平均成绩。

4）求总平均成绩：float average(struct student * p, int n);

第一个参数用来接收存储学生数据的结构数组的首地址，第二个参数接收学生的个数，函数返回总平均成绩。

程序清单：

```
1       #include <stdio.h>
2       #include <stdlib.h>
3       #include <math.h>
```

```
4        #define   N    10                    //符号常量代表学生人数
5        struct student                       //结构定义
6        {
7          char name[20];
8          char sex;
9          float score[4];
10         float aver;
11       };
12       //用户定义的函数原型声明
13       void input(struct student * p,int n);
14       void sort(struct student * p,int n);
15       float average(struct student * p,int n);
16       void output(struct student * p,int n,float aver);
17       void main()
18       {
19         struct student stu[N];              //定义结构数组，存储学生的相关信息
20         float t_aver;                       //总平均成绩
21         input(stu,N);                       //录入学生信息及成绩，计算每人的平均成绩
22         sort(stu,N);                        //按成绩排序
23         t_aver=average(stu,N);              //计算总平均成绩
24         output(stu,N,t_aver);               //输出高于总平均成绩的男生的成绩单
25       }
26       void input(struct student * p,int n)
27       {
28         int i,j;
29         float per_aver;
30         char str[20];
31         char *subject[4]={ "maths", "physics", "english", "computer"};
32
33         for(i=0;i<n;i++,p++)                 //每循环一次，录入一个学生数据
34         {
35           printf("input student name:\n");
36           gets(p->name);                     //输入姓名
37           printf("input student sex:\n");
38           gets(str);
39           p->sex=str[0];                     //取字符串的第一个字符
40           printf("input student score:\n");
41           for(per_aver=0,j=0;j<4;j++)        //录入四门功课成绩
42           {
43             printf("%s\n",subject[j]);
44             gets(str);
45             p->score[j]=atof(str);           //将字符串转换为浮点数
46             per_aver+= p->score[j];          //累计当前学生各科成绩
47           }
48           p->aver=per_aver/4;                //计算当前学生的平均成绩
49         }
50         return ;                             //程序返回控制
51       }
52       void sort(struct student * p,int n)
53       {
54         struct student temp;                 //中间变量，用于交换
55         int i,j;
56
57         for(i=0;i<n-1;i++)                    //选择法排序
58         for(j=i+1;j<n;j++)
59           if(p[i].aver<p[j].aver)            //降序排序
```

```
60              {
61                  temp=p[i];                              //结构变量交换数据
62                  p[i]=p[j];
63                  p[j]=temp;
64              }
65          }
66      float average(struct student * p,int n)
67      {
68          int i;
69          float temp;
70
71          for(i=0,temp=0;i<n;i++)
72              temp=temp+p[i].aver;                        //计算个人平均成绩的累加和
73          return temp/n;                                  //总平均成绩
74      }
75      void output(struct student * p,int n, float aver)
76      {
77          int i;
78          printf("Name   Sex  maths  physics  english  computer  average\n");
79          printf("-------------------------------------------------\n");
80          for(i=0;i<n;i++)
81              if(p[i].aver>aver&&p[i].sex=='m'||'M')       //高于总平均成绩打印，注意
82                                                           //这里指针采用了数组的形式
83              printf("%-10s%-10c%8.2f%8.2f%8.2f%8.2f%8.2f\n",p[i].name,p[i].sex,\
84                      p[i].score[0], p[i].score[1], p[i].score[2],p[i].score[3], p[i].aver);
85      }
```

本章小结

　　本章内容是 C 语言数据类型的进一步扩展，特别是结构类型在软件编制中有广泛的用途。因此应重点掌握结构类型的定义、结构变量的定义及初始化、结构变量成员的引用方法，结构变量的输入、输出与赋值方法；同时还应该注重链表的学习。

　　学习本章，应掌握结构变量在函数间传递的方法，对应的函数定义形式和调用方法；掌握结构变量、结构数组、结构指针的定义形式，初始化及成员的引用方法；熟悉联合的定义及引用、枚举变量的概念、枚举变量的定义及使用等；掌握链表的基本操作。

习题 8

一、程序分析题

阅读下面的程序，写出程序运行结果。

程序 1：

```
#include  <stdio.h>
struct std   {
    int id;
    char * name;
    float sf1;
    float sf2;
};
void main( )
{
    int i;
```

```
    char * s;
    float f1, f2;
    struct std a;

    i = a.id = 1998;
    s = a.name = "Windows 98";
    f1 = a.sf1 = 1.18f;
    f2 = a.sf2 = 6.0;
    printf("%d is %s\n", i, s);
    printf("%.2f\t%.2f\n", f1, f2);
}
```

程序 2:

```
#include <stdio.h>
struct bicycle
{
    long num;
    char color;
    int type;
};
void main( )
{    static struct bicycle bye[ ] = { {200012, 'B', 18},
                                       {970101, 'R', 12},
                                       {960005, 'G', 30},
                                       {981168, 'Y', 20},
                                       {991688, 'W', 18} };
    int i;
    printf("number color type\n");
    printf("-------------------\n");
    for(i = 0; i < 4; i++)
        printf("%-9ld%-6c%d\n",bye[i].num,bye[i].color,bye[i].type);
    }
```

程序 3:

```
#include<stdio.h>
struct Key
{
    char *keyword;
    int keyno;
};
void main()
{
    struct Key kd[3]={{"are",123},{"your",456},{"my",789}};
    struct Key *p;
    int a;
    char *str;

    p=kd;
    str=p++->keyword;
    printf("str=%s\n",str+1);

    a=++p->keyno;
    printf("a=%d\n",a);

    p=kd;
```

```
    a=p->keyno;
    printf("a=%d\n",a);
}
```

二、填空题

1. 设有一描述零件的数据结构如下：

零件名 pname 　　　指针 next

下面程序完成建立 10 个零件的链表，请把程序补充完整。

```
#include<stdio.h>
#include<stdlib.h>
#define NULL 0
#define LEN sizeof(struct parts)
struct parts
{
    char pname[10];
    _____(1)_____;
};
void main()
{
    struct parts *head,*p;
    int i;
    head=NULL;
    for(i=0;i<3;i++)
    {
        p=_____(2)_____;
        printf("请输入零件号: ");
        scanf("%s",p->pname);
        p->next=head;
        head=p;
    }
    printf("\n零件号: ");
    _____(3)_____;
    for(i=0;i<3;i++)
    {
        printf("%s\t",p->pname);
        p=p->_____(4)_____;
    }
    printf("\n");
    free(head);
}
```

2. 已知某链表中节点的数据结构定义如下：

```
struct node
{
    int x;
    struct node *next;
};
```

函数 find_del 的功能是：在参数 head 指向的链表中查找并删除 x 值最大的节点，如有多个相同的 x 值最大的节点，删除第一个节点，保存该节点的地址到 pm 指向的指针变量中，函数返回链表首节点的指针。

```
struct node *find_del(struct node *head,struct node **pm)
```

```
{
    struct node *p1,*p2,*pmax,*pre;
    if(head==NULL)
        return NULL;
    pmax=_____(1)_____;
    p2=p1=pmax;
    while(p1)
    {
        if(p1->x>_____(2)_____)
        {
            pre=p2;
            pmax=p1;
        }
        p2=p1;
        p1=p1->next;
    }
    if(pmax==head)
        head=pmax->next;
    else
        _____(3)_____=pmax->next;
        _____(4)_____=pmax;
    return head;
}
```

3. 已知某链表中节点的数据结构定义如下：

```
struct node
{
    int x;
    struct node *next;
};
```

函数 loop 的功能是：根据 dir 的值循环移位 head 指向的链表中的所有节点，当 dir 为正数时实现循环右移一次，否则循环左移一次。函数返回链表首节点的指针。

例如，移位前的链表数据：head->1->3->5->4,

　　　　移一次后的链表数据：head->4->1->3->5。

```
struct node *loop(struct node *head,int dir)
{
    struct node *p1,*p2;
    p1=head;
    if(p1==NULL||p1->next==NULL)
        return head;
    if(dir>=0)
    {
        while(p1->next)
        {
            p2=p1;
            p1=p1->next;
        }
        _____(1)_____=NULL;
        p1->next=_____(2)_____;
        head=p1;
    }
    else
    {
```

```
        head=_____(3)_____;
        p2=head;
        while(p2->next)
            p2=p2->next;
        _____(4)_____;
        p1->next=NULL;
    }
    return head;
}
```

三、编程题

1. 定义一个结构体变量，其成员项包括工作证号、姓名、工龄、职务、工资。然后通过键盘输入所需的具体数据，再进行打印输出。

2. 按上题的结构体类型定义一个有 N 名职工的结构体数组。编一程序，计算这 N 名职工的总工资和平均工资。

3. 设有 N 名考生，每个考生的数据包括考生号、姓名、性别和成绩。编一程序，要求用指针方法找出女性考生中成绩最高的考生并输出。

4. 建立一个学生班的成绩登记表，包括的信息有班号（全班一个）、总人数（设为 10 人）、制表日期（整个表一个）和每个学生的信息。每个学生包含下列信息：学号、姓名、四门课程的成绩。输入每个人的上述所有信息，统计每个学生四门课程的平均成绩，然后按平均成绩从高到低的顺序输出每个学生的学号、姓名、平均成绩和名次一览表。要求平均成绩保留两位小数；成绩相等者名次应相同。

5. 在题 4 的基础上，增加下列功能：

   （1）找出平均成绩的最高分，并输出最高分学生的学号、姓名、平均成绩；

   （2）统计平均成绩在 60 分以下学生的人数，输出这些学生的学号、姓名和平均成绩。

   要求将功能 1 和 2 分别定义成函数。

6. 有两个链表 a 和 b，设节点中包含学号、姓名。从 a 链表中删去与 b 链表中有相同学号的那些节点。

7. 将一个链表按逆序排列，即将链头当链尾，链尾当链头。

8. 建立一个考生人员情况登记表，表格内容如下：

学生证号	姓　　名	性　　别	出生日期（年、月、日）
无符号整型	字符数组型	字符型 'M' 为男 'W' 为女	结构类型

   要求：

   （1）正确定义该表格内容要求的数据类型。

   （2）分别输入各成员项数据，并打印输出。（为简便起，假设有 3 名考生。）

9. 编写一程序计算从 2000～2001 学年度第 2 学期（从 2001 年 2 月 12 日开始至 2001 年 7 月 6 日结束）有多少天？要求应用如下结构类型：

```
struct Date {
    int   day;
    int   month;
    int   year;
    int   yearday;
    char month_name[4];
};
```

编写一函数 day_of_year(struct Date * pd) 计算某日在本年中是第几天，注意闰年问题。

（1）闰年年号必须能被 4 整除；

（2）是 100 整数倍的年号不是闰年；

（3）是 400 整数倍的年号又是闰年。

调用该函数计算 2001 年 2 月 12 日是该年的第几天，再计算 2001 年 7 月 6 日是该年的第几天，这两天数之差即为该学期的天数，试写成一个完整的可运行源程序。

10. 一个公司，有若干名员工，每名员工有姓名、性别、工龄、工资等信息。编程输入员工档案信息和便于工资发放的各种钞票数（工资为整数，发放的工资各种钞票限定为 100 元、50 元、20 元、10 元、5 元、1 元，发放的钞票数张数要求为最少），要求输出工龄大于 20 年，工资高于 5000 元的所有男员工信息和工资发放的各种钞票数。（要求输入和输出功能用不同的函数实现，编写主函数完成上述函数的调用。）

第9章 C语言中的文件与图形

前面的章节介绍了 C 语言的基本内容及基本方法，本章在介绍概念的基础上将结合实例阐述 C 语言的实际应用：文件操作与图形设计。

9.1 文件的基本概念

9.1.1 文本文件与二进制文件

ANSI C 中把文件的输入输出功能作为标准库函数的一部分，以提高程序的可移植性。在 C 中文件可分为两类：文本文件和二进制文件。文本文件又称为 ASCII 文件，它的每一个字节放一个 ASCII 代码，代表一个字符。如果有一个整数 1357，按二进制文件存放，则需 2 字节；按文本文件形式存放，则需 4 字节，如图 9-1 所示。用 ASCII 码形式输出与字符一一对应，一个字节代表一个字符，因而便于对字符进行逐个处理，也便于输出字符，但一般占存储空间较多，而且要花费转换时间。用二进制形式输出数值，可以节省外存空间和转换时间，主要用于程序内部数据的保存和重新装入使用，在保存或装入大批数据时有速度优势，但一个字节并不对应一个字符，这种保存形式不适合人阅读。

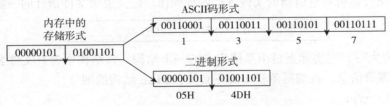

图 9-1 二进制形式与 ASCII 码形式存放整数示意图

9.1.2 缓冲型文件系统

所谓"缓冲型文件系统"是指系统自动地在内存区为每个正在使用的文件（如图 9-2 的 File1）开辟一个缓冲区（如图 9-2 的 Buffer1）。从磁盘向内存读取数据，则一次从磁盘文件中将一批数据读入到内存缓冲区，然后再从缓冲区逐个地将数据送到程序中变量所对应的内存空间内。

如果从内存向磁盘输出数据，必须将数据先送到内存中的缓冲区（如图 9-2 的 Buffer2）集中，待装满缓冲区后才将缓冲区的全部数据一次送到磁盘中保存。

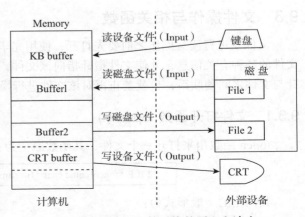

图 9-2 缓冲型文件系统的写入和读出

文件的处理过程通常要经历如下三个步骤：

> 打开文件→文件的读 / 写→关闭文件

C 语言标准库提供了一套文件操作函数，包括文件的创建（打开文件）、撤销（关闭文件）、对文件的读写及一些辅助函数，将在下面予以详细介绍。

9.2　文件类型指针

在 C 语言中，无论是磁盘文件还是设备文件，都可以通过文件结构类型的数据集合进行输入输出操作。该结构类型是由系统定义的，取名为 FILE。在 stdio.h 中有如下的文件结构类型声明：

```
typedef struct
{
    int            level;              // 缓冲区"满"或"空"的程度
    unsigned       flags;              // 文件状态标志
    char           fd;                 // 文件描述符号
    unsigned char  hold;               // 如无缓冲区则不读取字符串
    int            bsize;              // 缓冲区大小
    unsigned char  _FAR * buffer;      // 数据传输缓冲区指针
    unsigned char  _FAR * curp;        // 文件缓冲区位置
    unsigned       istemp;             // 临时文件指示器
    short          token;              // 用于有效性检查
} FILE;
```

通过文件指针就可对它所指的文件进行各种操作。定义说明文件指针的一般形式为：

> FILE * 指针变量标识符；

其中 FILE 应为大写，它实际上是由系统定义的一个结构，该结构中含有文件名、文件状态和文件当前位置等信息。在编写源程序时不必关心 FILE 结构的细节。

例如：`FILE *fp;`

表示 fp 是指向 FILE 结构的指针变量，通过 fp 即可查找存放某个文件信息的结构变量，然后按结构变量提供的信息找到该文件，实施对文件的操作。习惯上也笼统地把 fp 称为指向一个文件的指针。

9.3　文件操作与相关函数

文件在进行读写操作之前要先打开，使用完毕后要关闭。所谓打开文件，实际上是建立文件的各种有关信息，并使文件指针指向该文件，以便进行其他操作。关闭文件则指断开指针与文件之间的联系，也就禁止再对该文件进行操作。

9.3.1　文件打开函数 fopen ( )

fopen 函数用来打开一个文件，其函数原型为：

> FILE *fopen(const char *filename, const char *mode);

其调用的一般形式为：

> if((文件指针名 = fopen(文件名 , 使用文件方式))==NULL)

其中，"文件指针名"必须是被说明为 FILE 类型的指针变量，"文件名"是被打开文件的文件名，"使用文件方式"是指文件的类型和操作要求，"文件名"是字符串常量或字符串数组。

例如：`FILE *fp;`

　　　`if((fp=fopen("c:\\config.sys","r"))==NULL);`

其意义是检查文件指针 fp 所指向的文件是否存在，如果存在，则打开 C 盘根目录下的 config.sys 文件，只允许进行"读"操作，并使 fp 指向该文件。两个反斜线"\\"中的第一个表示转义字符，第二个表示根目录。

又如：`FILE * fphzk;`

　　　`if(( fphzk = fopen("ccbp.dat","rb")) ==NULL);`

其意义是先检查文件 ccbp.dat 是否存在，如果存在则打开当前目录下的文件 ccbp.dat，这是一个二进制文件，只允许按二进制方式进行读操作。使用文件的方式共有 12 种，具体含义见表 9-1。

表 9-1 C 语言中使用文件的方式

文件使用方式	意　义
"rt"	只读打开一个文本文件，只允许读数据
"wt"	只写打开或建立一个文本文件，只允许写数据
"at"	追加打开一个文本文件，并在文件末尾写数据
"rb"	只读打开一个二进制文件，只允许读数据
"wb"	只写打开或建立一个二进制文件，只允许写数据
"ab"	追加打开一个二进制文件，并在文件末尾写数据
"rt+"	读写打开一个文本文件，允许读和写
"wt+"	读写打开或建立一个文本文件，允许读写
"at+"	读写打开一个文本文件，允许读，或在文件末追加数据
"rb+"	读写打开一个二进制文件，允许读和写
"wb+"	读写打开或建立一个二进制文件，允许读和写
"ab+"	读写打开一个二进制文件，允许读，或在文件末追加数据

对于文件使用方式有以下几点说明：

1）文件使用方式由 r、w、a、t、b、+ 六个字符拼成，各字符的含义是：

r(read)：读

w(write)：写

a(append)：追加

t(text)：文本文件，可省略不写

b(binary)：二进制文件

+：读和写

2）用"r"打开一个文件时，该文件必须已经存在，且只能从该文件读出。

　　3）用"w"打开的文件只能向该文件写入。若打开的文件不存在，则以指定的文件名建立该文件，若打开的文件已经存在，则将该文件删去，重建一个新文件。

　　4）若要向一个已存在的文件追加新的信息，只能用"a"方式打开此文件。但此时该文件必须是存在的，否则将会出错。

　　5）在打开一个文件时，如果出错，fopen 将返回一个空指针值 NULL。在程序中可以用这一信息来判别是否完成打开文件的操作，并作相应的处理。因此常用以下程序段打开文件：

```
if((fp = fopen("c:\\hzk16.dat","rb")==NULL)
    //检查能否打开hzk16.dat文件
{
    printf("\n error on open c:\\hzk16.dat file!\n");
    exit (1);                              //退出
}
```

　　这段程序的意义是，如果返回的指针为空，表示不能打开 C 盘根目录下的 hzk16 文件，则给出提示信息"error on open c:\hzk16.dat file!"，下一行 exit(1) 退出程序。

　　6）把一个文本文件读入内存时，要将 ASCII 码转换成二进制码，而把文件以文本方式写入磁盘时，也要把二进制码转换成 ASCII 码，因此文本文件的读写要花费较多的转换时间。对二进制文件的读写不存在这种转换。

　　7）标准输入文件（键盘）、标准输出文件（显示器）和标准出错输出（出错信息）是由系统打开的，可直接使用。

9.3.2　文件关闭函数 fclose( )

　　文件一旦使用完毕，应用关闭文件函数把文件关闭，以避免文件的数据丢失等错误。

　　fclose 函数调用的一般形式是：

$$\boxed{\text{fclose(文件指针);}}$$

　　例如：fclose(fp);

　　其中 fp 是已定义过的文件指针。该函数在关闭前清除与文件有关的所有缓冲区，正常完成关闭文件操作时，fclose 函数返回值为 0。如返回非零值则表示有错误发生。

9.3.3　数据块读 / 写函数 fread( ) 和 fwrite( )

　　fread( ) 和 fwrite( ) 是 ANSI C 文件系统提供的用于整块数据读 / 写的函数。可用来读写一组数据，如一个数组元素，一个结构变量的值等。

　　函数 fread( ) 和 fwrite( ) 的原型分别如下所示：

$$\boxed{\begin{array}{l} \text{size\_t fread(void *ptr, size\_t size, size\_t n, FILE *stream);} \\ \text{size\_t fwrite(const void *ptr, size\_t size, size\_t n, FILE*stream);} \end{array}}$$

　　对于函数 fread( ) 而言，变元 ptr 是存放所读入数据的内存区域的指针，而对于 fwrite( ) 函数而言，ptr 是写入到那个文件的信息的指针。变元 n 的值确定将读写多少项，而每项的长度是由 size 决定的，变元 size 的类型为 size_t，一般代表无符号整数。函数最后的变元 stream 是指针变量，是指向原先打开的文件。

函数 fread( ) 和 fwrite( ) 都有返回值。fread( ) 返回读入的项数，如果出错或达到文件的尾部时，返回值可能会小于 n；fwrite( ) 返回写出的项数，如果出错，该值可能会小于 n。

例如：`fread(fa,4,5,fp);`

其意义是从 fp 所指的文件中，每次读 4 个字节送入 fa 所指向的内存空间中，连续读 5 次。

9.3.4　格式化读 / 写函数 fscanf( ) 和 fprintf( )

fscanf( ) 函数、fprintf( ) 函数与前面使用的 scanf( ) 和 printf( ) 函数的功能相似，都是格式化读写函数。两者的区别在于 fscanf( ) 函数和 fprintf( ) 函数的读写对象不是键盘和显示器，而是磁盘文件。函数 fscanf( ) 和 fprintf( ) 的原型分别如下所示：

> int fscanf (FILE *fp, const char *format [, address, ...]);
> int fprintf (FILE *fp, const char *format [, address, ...]);

变元 fp 是函数 fopen( ) 返回的文件指针，而函数 fprintf( ) 和 fscanf( ) 是把 I/O 操作导向 fp 指明的文件。

这两个函数的调用格式为：

> fscanf(文件指针 , 格式字符串 , 输入表列);
> fprintf(文件指针 , 格式字符串 , 输出表列);

例如：

```
fscanf(fp,"%d%s",&i,s);
fprintf(fp,"%d%c",j,ch);
```

9.3.5　读 / 写字符函数 fgetc( ) 和 fputc( )

fgetc( ) 函数的功能是从指定的文件中读一个字符，函数调用的形式为：

> 字符变量 = fgetc (文件指针);

例如：`ch = fgetc ( fp );`
其意义是从打开的文件 fp 中读取一个字符并送入 ch 中。
fputc( ) 函数的功能是把一个字符写入指定的文件中，函数调用的一般形式为：

> fputc(字符量 , 文件指针);

其中，待写入的字符量可以是字符常量或变量。
例如：`fputc('a',fp);`
其意义是把字符 *a* 写入 fp 指向的文件中。

9.3.6　读 / 写字符串函数 fgets( ) 和 fputs()

fgets( ) 函数的功能是从指定的文件中读一个字符串到字符数组中，函数调用的形式为：

> fgets(字符数组名 , *n*, 文件指针);

其中，*n* 是一个正整数。表示从文件中读出的字符串不超过 *n*−1 个字符。在读入的最后一个字符后加上串结束标志 '\0'。

例如：`fgets(str, n, fp);`

其意义是从 fp 所指的文件中读出 $n-1$ 个字符送入字符数组 str 中。

fputs 函数的功能是向指定的文件中写入一个字符串，其调用形式为：

> fputc(字符量 , 文件指针);

其中字符串可以是字符串常量，也可以是字符数组名或指针变量。

例如：`fputs("abcd", fp);`

其意义是把字符串 "abcd" 写入 fp 所指的文件之中。

9.3.7　rewind 函数

rewind 函数前面已多次使用过，其调用形式为：

> rewind(文件指针);

它的功能是把文件内部的位置指针移到文件首。

9.3.8　fseek 函数

fseek 函数用来移动文件内部位置指针，其调用形式为：

> fseek(文件指针，位移量，起始点);

其中："文件指针"指向被移动的文件。"位移量"表示移动的字节数，要求位移量是 long 型数据，以便在文件长度大于 64KB 时不会出错。当用常量表示位移量时，要求加后缀 "L"。"起始点"表示从何处开始计算位移量，规定的起始点有三种：文件首、当前位置和文件尾。其表示方法如表 9-2。

表 9-2　C 语言中文件"起始点"相关符号

起 始 点	表 示 符 号	数 字 表 示
文件首	SEEK_SET	0
当前位置	SEEK_CUR	1
文件末尾	SEEK_END	2

例如：`fseek(fp,100L,0);`

其意义是把位置指针移到离文件首 100 个字节处。

还要说明的是 fseek 函数一般用于二进制文件中。在文本文件中由于要进行转换，故往往计算的位置会出现错误。文件的随机读 / 写在移动位置指针之后，即可用前面介绍的任一种读 / 写函数进行读 / 写。由于一般是读写一个数据块，因此常用 fread 和 fwrite 函数。

9.3.9　文件检测函数

1）文件结束检测函数 feof，函数调用格式：

> feof(文件指针);

功能：判断文件是否处于文件结束位置。如文件结束，则返回值为 1，否则为 0。

2）读写文件出错检测函数 ferror，函数调用格式：

$$\boxed{\text{ferror(文件指针);}}$$

功能：检查文件在用各种输入输出函数进行读写时是否出错。如 ferror 返回值为 0 表示未出错，否则表示有错。

3）文件出错标志和文件结束标志置 0 函数 clearerr 调用格式：

$$\boxed{\text{clearerr(文件指针);}}$$

功能：本函数用于清除出错标志和文件结束标志，使它们为 0 值。

9.4 文件函数应用综合举例

在了解各文件操作函数用法之后，我们通过编写一个简单的学生数据管理系统，练习使用文件操作函数。从键盘输入两个学生数据，先用 fprintf() 写入到 stu_list.txt 文件中，再用 fscanf() 读出这两个学生的数据显示在屏幕上。然后再用 fwrite() 写入到 stu_list.dat 中，再用 fread() 读出这两个学生数据显示在屏幕上。

```
1     #include <stdio.h>
2     #include <stdlib.h>
3     #include <conio.h>
4     struct stu
5     {
6        char name[10];
7        int num;
8        int age;
9        char addr[15];
10    };
11     void main( )
12     {
13        char ch;
14        int i;
15        struct stu boya[2],boyb[2],*pp,*qq;   // pp指向boya, qq指向boyb
16        pp = boya;
17        qq = boyb;
18        if((fp = fopen("stu_list.txt","w+")) == NULL)
19        {
20            printf("不能打开文件,任意键退出!");
21            getch();
22            exit(1);
23        }
24        printf("\ninput data\n"); // 输入两个学生数据
25        for(i = 0 ; i < 2 ; i ++ , pp ++)
26        {
27            scanf("%s%d%d%s",pp->name,&pp->num,&pp->age,pp->addr);
28        }
29        // 将两个学生的数据输出到文件指针所指向的文件
30        pp = boya;
31        // 用fprintf()将数据输入文件中
32        for(i = 0 ; i < 2 ; i ++ , pp ++)
33        {
```

```
34              fprintf(fp,"%s %d %d %s\n",pp->name,pp->num,pp->age,pp->addr);
35          }
36      //关闭文件，保证缓冲区的信息写入文件中
37      fclose(fp);
38      //再次以只读形式打开文件
39      if((fp = fopen("stu_list.txt","r")) == NULL)
40      {
41          printf("不能打开文件，任意键退出!");
42          getch();
43          exit(1);
44      }
45      // 把文件内部位置指针移到文件首，读出两个学生数据rewind(fp)
46      for(i = 0 ; i < 2 ; i ++ , qq ++)
47      {
48          fscanf(fp,"%s %d %d %s\n",qq->name,&qq->num,&qq->age,
49              qq->addr);
50      }// 用fscanf()来读取文件数据
51      printf("\n\nname\tnumber age addr\n");
52      qq = boyb;
53      for( i = 0 ; i < 2 ; i ++ , qq ++)
54      {
55          printf("%s\t%5d %7d %s\n",qq->name,qq->num,qq->age,
56              qq->addr);
57      }
58      fclose(fp);
59      if((fp = fopen("stu_list.dat","w+")) == NULL)
60          {
61          printf("不能打开文件，任意键退出!");
62          getch();
63          exit(1);
64      }
65      // pp指向boya，qq指向boyb
66      pp = boya;
67      qq = boyb;
68
69      fwrite(pp, sizeof(struct stu), 2, fp);// 用fwrite()来写入文件
70      //关闭文件，保证缓冲区的信息写入到文件中
71      fclose(fp);
72      //再次以只读形式打开文件
73      if((fp = fopen("stu_list.dat","rb")) == NULL)
74      {
75          printf("不能打开文件，任意键退出!");
76          getch();
77          exit(1);
78      }
79      rewind(fp);
80      fread(qq, sizeof(struct stu), 2, fp);// 用fread()来读取文件
81          printf("\n\nname\tnumber age addr\n");
82      for(i = 0; i < 2; i ++, qq ++)
83      {
84          printf("%s\t%5d%7d%s\n",qq->name,qq->num,qq->age,qq->addr);
85              fclose(fp);
86              getch();//按键结束
87          }
88  }
```

9.5　C 语言图形程序设计基本概念

使用 C 语言来开发各种图形软件，是 C 语言的重要应用之一。无论多么复杂的图形，最终都归结为对诸如点、线、矩形和圆等简单图形的处理上。掌握了这些基本处理方法，就为进一步深入研究更复杂的图形处理打下了一定的基础。本节以 BC + +3.1 for Dos 编译系统为例介绍使用 C 语言开发基本图形软件的方法。

为了便于程序员使用图形显示资源，PC 环境一般都向程序员提供现成的图形显示函数，如 BC + +3.1 编译器提供了在 DOS 操作系统下使用的图形包（一系列关于图形显示的函数）；Windows 操作系统提供图形 API 函数、Direct Draw 图形包，以及从小型机移植过来的 Open GL 图形包等。

下面介绍 BC ++3.1 图形包中常用的部分函数，这些函数是进行图形软件开发的基础，读者须结合后面的实例程序和自己的实践来掌握这些函数的用法。使用图形包的 C 语言程序，必须在源程序中包含头文件 graphics.h。

显示器有两种工作模式：文本模式和图形模式。计算机开机后，自动处于文本模式，此时屏幕被分成 25 行，每行 80 列，每列上写一个西文字符，屏幕的分辨率以字符作为度量单位，若在此模式下绘图，只能绘制由字符组成的简单图案。若要绘制出精确细腻的曲线图形，必须将显示器设置为图形模式。在图形模式下，屏幕由称作"像素"的光点组成，屏幕的分辨率用像素来度量。例如，常用的 SVGA 显示器的分辨率已达到 1024×768 或更高，所谓 1024×768，表示屏幕由 1024×768 个像素光点组成，即 x 轴被分为 1024 列，y 轴被分为 768 行，行与列的交点就是一个像素点。在图形模式下，为了方便作图，通常为屏幕建立一个直角坐标，原点在屏幕的左上角，x 轴在上、方向朝右；y 轴在左、方向朝下（见图 9-3）。引入坐标系统以后，程序就能对任意一个制定的像素点绘图。在图形模式下，若显示器的分辨率为 1024×768，则 x 轴的取值为 0～1023 之间的整数，y 轴的取值为 0～767 之间的整数。

由图 9-3 可见，显示器的像素坐标是数学中的平面直角坐标以 x 轴为转轴旋转 180° 而形成的。

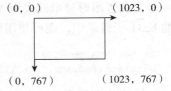

图 9-3　1024×768 分辨率的像素坐标

9.6　C 语言中的图形函数

9.6.1　初始化图形系统函数 initgraph

```
void initgraph (int *grahdriver, int *graphmode, char *pathtodriver);
```

函数原型如下：

它用来将图形驱动程序装入内存，并初始化图形系统。用户使用图形功能时，必须先用此函数将显示模式切换为指定的图形方式后才可在屏幕上绘图。

函数 initgraph 的 3 个参数都是指针类型。

1）graphdriver 指向存有显示卡类型编号（整数）的整型变量。显示卡类型编号和显示模式编号以枚举的形式定义于头文件"graphics.h"中：

```
enum graphics_drivers     //define graphics drivers
  { DETECT,               //requests autodetection
```

```
            CGA, MCGA, EGA, EGA64,EGAMONO,IBM8514,        //1-6
            HERCMONO,ATT400,VGA,PC3270,                   //7-10
            CURRENT_DRIVER =-1
        };
```

2）graphmode 指向存有显示模式编号（整数）的整型变量。关于显示模式的枚举类型定义如下：

```
enum graphics_modes //graphics modes for each driver
{… //省略 CGA、EGA等显示模式的定义
    VGALO =0,               //640×200 16 color 4 pages
    VGAMED =1,              //640×350 16 color 2 pages
    VGAHI =2,               //640×480 16 color 1 page
    PC3270HI =0,            //720×350 1 pages
    IBM8514LO =0,           //640×480 256 colors
    IBM8514HI =1,           //1024×768 256 colors
};
```

3）pathtodriver 指向一个字符串，字符串的内容是图形驱动程序文件存放位置的路径。图形驱动程序文件以 bgi 为扩展名，如文件 egavga.bgi 是 VGA 显示卡的图形驱动程序文件，通常存放在 BC ++3.1 编译器所在目录下的 bgi 子目录下，如 BC ++3.1 安装在 c:\bc31 目录下，则第三个参数应指向的字符串为 " c:\\bc31\\bgi"。当向用户发布使用了 BC++3.1 图形包的程序时，必须将程序中所使用的图形驱动程序文件如 "egavga.bgi" 一同提交给用户。

从上面的定义中可以看到，常用的 VGA 显示卡有 3 种显示模式，分别是 VGALO（分辨率为 640×200、16 色，共 4 个显示页）、VGAMED（分辨率为 640×350、16 色，共 2 个显示页）和 VGAHI（分辨率为 640×480、16 色，共 1 个显示页）。

如要设置图形显示模式为 VGAHI 方式，而图形驱动程序文件 egavga.bgi 在 C 盘根目录下的 bc31 子目录中，则可使用如下语句来初始化图形系统：

```
int gd =VGA,gm =VGAHI;
initgraph(&gd,&gm," C:\\bc31 \\bgi") ;
```

如果想让图形系统在初始化时由程序自动侦测显示卡的最高显示模式，而且确定相应的图形驱动程序文件已放在运行程序所在的当前目录中，则可以使用如下语句来初始化图形系统：

```
int gd =DETECT,gm;
initgraph(&gd,&gm," ") ;
```

9.6.2 关闭图形系统函数 closegraph

函数原型如下：

```
void closegraph(void);
```

该函数的功能是关闭图形系统，释放图形系统所占用的内存空间，并返回调用 initgraph 函数之前的显示模式。该函数没有入口参数。当完成图形显示任务时，应该调用此函数来关闭图形系统以返回原来的显示模式（通常是文本模式）：

```
closegraph( );
```

将系统从图形方式切换到文本方式的函数还有：

```
void far restorecrtmode(void);
```

9.6.3　设置画笔当前颜色及屏幕背景色

函数　　　　| void setcolor(int color); |

用来设置画笔当前颜色，将影响待画出的直线、圆、矩形等线条的颜色。

函数　　　　| void setbkcolor(int color); |

用来设置屏幕背景色。

在头文件 graphics.h 中，以枚举的形式定义了颜色：

```
enum COLORS{BLACK, BLUE, GREEN, CYAN, RED, MAGENTA, BROWN, LIGHTGRAY, DARKGRAY,
    LIGHTBLUE, LIGHTGREEN, LIGHTCYAN, LIGHTRED, LIGHTMAGENTA, YELLOW, WHITE
};
```

如要设置画笔当前颜色为绿色，可执行语句：

```
setcolor(GREEN);
```

也可执行语句：

```
setcolor(2);
```

这里用（2）来代替枚举常量 GREEN，这是因为枚举常量其实就是整型常量的缘故。

如要设置屏幕背景色为蓝色，可执行语句：

```
setbkcolor(BLUE);  或  setbkcolor(1);
```

9.6.4　画点及获取屏幕点的颜色

函数　　　| void putpixel(int x,int y,int color); |

向屏幕指定坐标（*x*, *y*）处画一个给定颜色的点。如要向屏幕的坐标位置（100，80）画一个红色的点，可执行语句：

```
putpixel(100,80,RED);
```

函数　　　| unsigned getpixel(int x,int y); |

用来指出屏幕上某一点的颜色是什么。例如，要获取屏幕上坐标位置（20，30）的点的颜色，可执行语句：

```
c =getpixel(20,30) ;
```

上面的语句执行结束后，就会将位于坐标（20，30）的点的颜色值存放在变量 c 中。

9.6.5　设置线型及画直线

函数 setlinestyle 用于设置画笔的当前线型及宽度，这种设置将影响待画出的所有直线、曲线的样式。

| void setlinestyle(int linestyle, unsigned user_pattern, int thickness); |

参数 linestyle 即线型的枚举常量的取值如表 9-3 所示。

表 9-3　线型取值表

枚举常量名	整　数　值	线　　型
SOLID_LINE	0	实线
DOTTED_LINE	1	虚线
CENTER_LNE	2	中心线
DASHE_LINE	3	破折号
USERBIT_LINE	4	用户自定义线型

若 linestyle 参数取值为 USERBIT_LINE，则参数 user_pattern 的值就是用户自定义的线型。线型以二进制位（共 16 位）的形式存放于参数 user_pattern 中，其中二进制为 1 的点被画出，为 0 的点则不画。当 linestyle 参数取非 USERBIT_LINE 值时，user_pattern 取 0 值。

参数 thickness 只有两个值：NORM_WIDTH(整数值为 1) 和 THICK_WIDTH(数值为 3)。值 NORM_WIDTH 表示画细线，值 THICK_WIDTH 表示画粗线。

如想画出细的虚线，可先执行语句：

```
setlinestyle( DOTTED_LINE,0,NORM_WIDTH);
```

画直线的相关函数为：

```
void line( int xl, int y1,int x2,int y2);
void lineto( int x, int y);
void moveto( int x, int y);
```

line 函数在屏幕上的任意两点之间画一条直线段。如要在坐标为 (10,20)、(150,50) 的两点画一条直线，可执行语句：

```
line(10,20,150,50);
```

函数 moveto 用于移动画笔的当前位置到指定坐标位置，但移动过程中不画线。函数 lineto 如配合函数 moveto 使用，则可在屏幕上画出连续的折线。如欲画一个以点（50，0）、（100，50）及（60，80）为顶点的三角形，可执行语句：

```
moveto(50,0);
lineto(100,50);
lineto(60,80);
lineto(50,0);
```

9.6.6　画圆、椭圆、矩形及多边形

相关的函数为：

```
void circle(int x, int y, int  radius);
void ellipse(int x, int y, int stangle,int endangle, int xradius, int yradius);
void rectangle( int left, top, int right, int bottom);
void drawpoly( int numpoints, int*polypoints);
```

1）函数 circle 的功能是以屏幕的某点为圆心，用当前线型画一个指定半径的圆。如以（100，80）为圆心，画一半径为 30（以像素为单位）的圆，可执行语句：

```
circle(100,80,30);
```

2）函数 ellipse 用于在屏幕上画一个椭圆。参数（x，y）是椭圆的中心坐标，stangle 是起始角度，endangle 是结束角度，xradius 和 yradius 分别为 x 轴和 y 轴的椭圆半径。

例如：`ellipse(150,100,0,180,40,30);`

3）函数 rectangle 的功能是画一个矩形。参数（left，top）是矩形左上角坐标，参数（right，bottom）是矩形右下角坐标。

例如：`rectangle(10,20,80,50);`

4）函数 drawpoly 的功能是按给定的顶点，画一条连续折线。如果所画的折线是封闭的，那么画出的便是一个多边形。参数 numpoints 为折线的顶点数，参数 polypoints 指向存有顶点坐标的一维整型数组的第一个元素，数组中顶点的坐标按（x，y）依次存放。

例如：画一个梯形，可执行语句：

```
int v[] ={50,10,100,10,120,60,30,50,10} ;
drawpoly(5,v);
```

9.6.7 填充图形函数

1）设置填充模式和填充颜色相关的函数为：

```
void setfillpattern(char*upattern, int color);
void setfillstyle( int pattern, int color);
```

填充图案枚举常量如表 9-4 所示。

表 9-4　图形填充枚举常量表

枚举常量名	整　数　值	填　充　图　案
EMPTY_FILL	0	用背景色填充
SOLID_FILL	1	单色填充
LINE_FILL	2	用…填充
LTSLASH_FILL	3	用 /// 填充
SLASH_FILL	4	用粗 /// 填充
BKSLASH_FILL	5	用粗 \\\ 填充
LTBKSLASH_FILL	6	用 \\\ 填充
HATCH_FILL	7	用淡影线填充
XHATCH_FILL	8	用交叉线填充
INTERLEAVE_FILL	9	用间隔线填充
WIDE_DOT_FILL	10	用稀疏空白点填充
CLOSE_DOT_FILL	11	用密集空充白点填充

函数 setfillpattern 的功能是设置用户定义的填充图案及填充颜色。参数 upattern 指向存有表示填充图案（8×8 方块）的 8 个字节的存储区域，参数 color 为填充颜色。

例如：`char pattern[] ={0xFF,0x81,0x81,0x81,0x81,0x81,0x81,0xFF} ;`
`setfillpattern( pattern, BLUE);`

函数 setfillstyle 的功能是设置系统预设填充图案及用户指定的填充颜色。参数 pattern 的取值如表 9-4 所示。

值得注意的是，如果想使用用户自定义填充模式，应该使用 setfillpattern 函数，而不是用 setfillstyte 函数的 USER_FILL 模式。如想用淡影线填充模式及黄色填充色，则可以执行语句 setfillstyle(HATCH_FILI,YELLOW);

2）填充指定区域函数：

```
void floodfill(int x,int y,int border);
```

将指定边界色为 border 的封闭区域，用当前填充图案和填充色来填充。参数（x，y）为填充区域中的某一点，参数 border 为区域的边界颜色值。例如，用绿色填充一个圆形区域（边界用红色），可执行语句：

```
setcolor( GREEN);
circle(80,60,30);
floodfill(80,63,RED);
```

3）填充矩形、多边形、椭圆、圆和扇形相关的函数为：

```
void bar(int left, int top, int right, int bottom);
void fillpoly(int numpoints, int *polypoints);
void fillellipse( int x, int y, int xradius, int yradius);
void pieslice( int x, int y, int stangle, int endangle, int radius);
void sector( int x, int y, int stangle, int endangle, int xradius, int yradius);
```

函数 bar 和函数 rectangle 相似，不同的是，函数 bar 用当前线型和当前颜色画完矩形边框后，还会用当前填充图案和填充色填充该矩形。

函数 fillpoly 与函数 drawpoly 相似，不同的是，函数 fillpoly 在画完折线后，还会用当前填充图案和填充色来填充折线所围起的区域。

函数 fillellipse 和函数 ellipse 相似，但函数 fillellipse 在画完椭圆后，还会用当前填充图案和填充色来填充椭圆区域。

函数 fillellipse 和函数 sector 的区别在于：用函数 fillellipse 画出的是一个完整的椭圆，而用函数 sector 可画出扇形椭圆，参数 stangle 是起始角度，参数 endangle 是结束角度。确切地说，函数 sector 除了多一个填充功能外，其余功能与函数 ellipse 完全一样。

函数 pieslice 和函数 sector 的区别在于：函数 pieslice 画出的是圆形扇形，而函数 sector 画出的是椭圆扇形（通过调整 xradius 和 yradius 参数值的比例可用 sector 函数画出圆形扇形）。

例如：要在屏幕上画一个第二象限的扇形并填充，可执行语句：

```
sector(120,120,90,180,30,40);
```

9.7　图形方式下的文本常见操作函数

在图形方式下主要绘制图形，但除此之外，还要输出文本串。为了有效地进行图形操作，在图形方式下开设 "视口"（也称 "窗口" 或 "视见区"）也是极其重要的。图形方式下的文本操作函数是指在图形区进行文本输入 / 输出的函数，BC++ 3.1 只提供了对图形进行字符串输出的函数，但输出字符的字型等是可控制的。

9.7.1 视口操作函数

视口 viewport 是指用于图形输出的屏幕矩形区域，初始化图形系统时，视口默认为整个屏幕区域。前面介绍的图形坐标都是指视口内的坐标，即绘制图形所用的坐标是视口坐标系，视口内的左上角坐标为（0，0）。

视口函数有：

```
void far setviewport ( int left, int top, int right, int bottom,int clip) ;
void far getviewport(struct viewporttype *viewport);
void far clearviewport( void);
```

函数 setviewport (int left, int top, int right, int bottom, int clip) 用于设置视口在屏幕中的位置及视口区的大小。参数（left，top）为视口左上角的坐标（屏幕坐标系中的坐标），参数（right，bottom）为视口右下角的坐标（屏幕坐标系中的坐标）。参数 clip 用来确定当绘制的图形越过视口边界时，是否对其进行剪裁。当 clip 为非 0 值时，图形将在视口边界被剪裁掉，即超出视口边界的图形不被画出；当 clip 为 0 值时，允许图形越过视口边界进行绘制。例如，设置视口为屏幕中间的一个矩形区，并允许剪裁，可执行语句：

```
setviewport (50, 50, 200, 200, 1);
```

函数 getviewport (struct viewporttype *viewport) 返回当前的视口区的信息，结果存入 viewport 中。viewporttype 结构定义如下：

```
struct viewporttype
{
    int left,top,right,bottom;
    int clip;
};
```

函数 clearviewport(void) 清除当前视口区。

9.7.2 图形方式下的文字输出

输出字符串的字体、大小和方向由函数 settextstyle (int font, int direction, int charsize) 来指定？英文字体数型枚举常量如表 9-5 所示。

表 9-5 图形方式下文字输出英文字体线型枚举常量表

枚举常量名	整 数 值	字体类型
DEFAULT_FONT	0	8×8 点阵字体
TRIPLEX_FONT	1	三重矢量字体
SMALL_FONT	2	小号矢量字体
SANS_SERIF_FONT	3	无衬线矢量字体
GOTHIC_FONT	4	哥特矢量字体

函数中参数 font 确定所用字体的类型。BC ++3.1 图形包提供了几种英文字体，如表 9-5 所示。其中，8×8 点阵字体放在图形驱动程序中，而其余的矢量字体都是以 CHR 为扩展名，存放在系统初始化函数 initgraph 指定的目录中或存放在当前目录下。

参数 direction 确定输入文字的方向，它只有两个值：HORIZ_DIR(整数值为 0) 和

VERT_ DIR(整数值为 1)。HORIZ_DIR 表示文字输出方向为从左向右，而 VERT_DIR 表示文字输出方向为从上到下。

参数 charsize 确定文字的大小，取值范围为 0～10。

例如：设置字体为小号矢量字体，尺寸为 3，从左向右输入文字，并输出"China"字符串，可执行语句：

```
settextstyle( SMALL_FONT,HORIZ_DIR,3);
```

文本操作函数如下：

```
void outtext ( char*textstring);
void outtextxy ( int x,int y, char*textstring);
```

函数 outtext 的功能是在当前位置输出一个由 textstring 指向的字符串，而函数 outtextxy 的功能是在指定位置 (x, y) 输出一个由 textstring 指向的字符串。例如：在当前位置输出"hust"，采用语句：

```
outtext("hust") ;
```

在视口（50，100）输出"china"，采用语句：

```
outtextxy(50,100,"china") ;
```

9.7.3 屏幕图形的保存和恢复

使用函数 getimage (int left, int top, int right, int bottom, void *bitmap) 可把屏幕上某一矩形区的图像保存到指定的内存中。参数（left，top）为矩形区左上角的坐标，参数（right，bottom）为矩形区右下角的坐标，参数 bitmap 为用于保存图像的内存区地址。

函数 imagesize (int left, int top, int right, int bottom) 用于计算保存图形所需要的存储空间大小。

函数 putimage (int left, int top, void*bitmap, int op) 的功能是恢复函数 getimage 保存的图像，并将其显示到屏幕上去。参数（left, top）为屏幕目标矩形区域的左上角坐标，参数 bitmap 为由函数 getimage 保存的图像存放区域的地址，参数 op 为恢复方式，其值如表 9-6 所示。

表 9-6   图形复制时，枚举常量取值表

枚举常量名	整　数　值	字　体　类　型
COPY_PUT	0	原样写到屏幕上
XOR_PUT	1	与屏幕上的点"异或"后写入
OR_PUT	2	与屏幕上的点"或"后写入
AND_PUT	3	与屏幕上的点"与"后写入
NOT_PUT	4	原图像取反写到屏幕

例如：要将屏幕某一矩形区的图像复制到屏幕的另一位置，可执行语句：

```
void *buffer;               //定义指针用于存放图像存储区的地址
unsigned s;                 //用于存放存储区大小
s =imagesize(20,30,50,65) ; //计算所需内存的尺寸
buffer =malloc(s);          //动态分配所需的内存
```

```
getimage(20,30,50,65,bufer);              //保存矩形区图像到buffer指向的内存区
putimage(100,100,buffer,COPY_PUT); //以复制方式将图像恢复到指定位置
free( buffer);                            //释放分配的内存空间
```

例如：要将屏幕某一矩形区的图像复制到屏幕的另一位置，可执行语句

```
void*buffer;                         //定义指针用于存放图像存储区的地址
unsigned s;                          //用于存放存储区大小
s=imagesize(20,30,50,65) ;           //计算所需内存的尺寸
buffer =malloc( s);              //动态分配所需的内存
putimage (100,100,buffer,COPY_PUT);  //以复制方式将图像恢复到指定的屏幕位置
free( buffer);                       //释放分配的内存空间
```

9.8　C 语言图形操作综合应用举例

在学习了这些画图函数以后，可以应用这些函数画出很多图形界面。例如：画出一个搜索引擎的基本界面，用一个二维数组来存储鼠标的画图信息（存放在 Cursor 中）。用两个 for 循环将鼠标画出来，感兴趣的话可以将鼠标中断调用后实现鼠标的移动和点击。再用填充和画线来画出输入框和按键。设置好文本输出，用 outtextxy() 标注内容，这样一个基本的搜索引擎的界面就出来了。

```
1        #include <stdio.h>
2        #include <graphics.h>
3        #include <stdlib.h>
4        #include <conio.h>
5        void main()
6        {    //存储画鼠标信息的二维数组
7             int Cursor[16][10]={
8             {1,0,0,0,0,0,0,0,0,0},
9             {1,1,0,0,0,0,0,0,0,0},
10            {1,1,1,0,0,0,0,0,0,0},
11            {1,1,1,1,0,0,0,0,0,0},
12            {1,1,1,1,1,0,0,0,0,0},
13            {1,1,1,1,1,1,0,0,0,0},
14            {1,1,1,1,1,1,1,0,0,0},
15            {1,1,1,1,1,1,1,1,0,0},
16            {1,1,1,1,1,1,1,1,1,0},
17            {1,1,1,1,1,1,1,1,1,1},
18            {1,1,1,1,1,0,0,0,0,0},
19            {1,1,1,0,1,1,0,0,0,0},
20            {1,1,0,0,1,1,0,0,0,0},
21            {1,0,0,0,0,1,1,0,0,0},
22            {0,0,0,0,0,1,1,0,0,0},
23            {0,0,0,0,0,0,1,0,0,0}
24            };
25            int driver =VGA;
26            int mode =VGAHI,i,j,x,y;
27            initgraph(&driver,&mode,"d:\\bc31\\bgi"); // "d:\\bc31"是bc31的安装路径
28            cleardevice();
29            setbkcolor(LIGHTGRAY);
30            setviewport(20,100,570,450,1);            //开一个图示窗口
31            x=500;
32            y=200;                                    //鼠标的位置
33            for(i=0;i<16;i++)
```

```
34          for(j=0;j<10;j++)
35          {
36              if(Cursor[i][j]!=0)
37              putpixel(x+j,y+i,WHITE);    //画鼠标
38          }
39      setfillstyle(1,WHITE);
40      bar(100,100,400,120);              //画输入栏
41      setcolor(BLUE);                    //画标题
42      circle(250,50,30);
43      circle(250,10,8);
44      circle(220,15,5);
45      circle(280,15,5);
46      setfillstyle(1,BLUE);
47      floodfill(250,50,BLUE);
48      floodfill(250,10,BLUE);
49      floodfill(220,15,BLUE);
50      floodfill(280,15,BLUE);
51      settextstyle(1,0,3);
52      setcolor(RED);
53      outtextxy(150,35,"SEARCHING ENGINE");
54      setfillstyle(1,LIGHTGRAY);
55      bar(420,100,460,120);              //画按键
56      setcolor(WHITE);                   //使按键凸显的效果
57      line(419,99,461,99);
58      line(419,99,419,121);
59      setcolor(DARKGRAY);
60      line(461,121,461,99);
61      line(461,121,419,121);
62      setcolor(RED);
63      settextstyle(SMALL_FONT,HORIZ_DIR,4);
64      outtextxy(423,102,"search");       //在按键上写"search"
65      outtextxy(125,130,"help");
66      outtextxy(225,130,"more");
67      outtextxy(325,130,"about");
68      setcolor(DARKGRAY);
69      line(102,101,102,119);             //画输入栏的光标
70      getch();                           //按任意键结束
71      closegraph( );
72  }
```

本章小结

　　C 语言中文件的处理过程通常要经历"打开文件→文件的读 / 写→关闭文件"等 3 个步骤，C 标准函数库为此都配备了相应的操作函数。按文件内的数据组织形式，可把文件分为文本流文件和二进制流文件，编写程序时应注意这两种流文件在完成上述 3 个存取操作步骤的不同之处。文件可按只读、只写、读 / 写、追加 4 种操作方式打开，同时还必须指定文件的类型是二进制文件还是文本文件。学习 C 语言文件读 / 写函数，重点需要掌握 fopen、fclose、fread、fwrite、fscanf 和 fprintf。

　　使用 C 语言开发各种图形软件是 C 语言的重要应用之一。无论多么复杂的图形，最终都归结为对诸如点、线、矩形和圆等简单图形的处理上。掌握了这些基本处理方法就为进一步深入研究更复杂的图形处理打下了一定的基础。本章以 BC++ 3.1 for Dos 编译系统为例，介绍使用 C 语言开发基本图形软件的方法。

习题 9

一、填空题

1. 文件按不同的原则可以划分成不同的种类。文件存储的外部设备可分为（　　）文件和（　　）文件，按文件内的数据组织形式可分为（　　）文件和（　　）文件。

2. 在 C 语言中输入输出设备均作为文件进行处理，常把最常用的外部设备作为标准设备文件来处理，这些标准设备所对应的 3 个标准文件指针是（　　）、（　　）和（　　）。

二、选择题

1. 数据块输入函数 fread(&Iarray, 2, 16, fp) 的功能是（　　）。

    A）从数组 Iarray 中读取 16 次 2 字节数据存储到 fp 所指的文件中

    B）从 fp 所指的数据文件中读取 16 次 2 字节的数据存储到数组 Iarray 中

    C）从数组 Iarray 中读取 2 次 16 字节数据存储到 fp 所指文件中

    D）从 fp 所指的数据文件中读取 2 次 16 字节的数据存储到数组 Iarray 中

2. 输出函数 put(32767, fpoint) 的功能是（　　）。

    A）读取 fpoint 指针所指文件中的整数字 32 767

    B）将两字节整数 32767 输出到文件 fpoint 中

    C）将两字节整数 32767 输出到 fpoint 所指的文件中

    D）从文件 fpoint 中读取整数字 32 767

3. 以读写方式打开一个已存在的文本文件 file1，下面 fopen 函数正确的调用方式是（　　）。

    A) FILE * fp;

    　fp = fopen("file1", "r");

    B) FILE * fp;

    　fp = fopen("file1", "r+");

    C) FILE * fp;

    　fp=fopen("file1", "rb");

    D) FILE * fp;

    　fp = fopen("file1", "rb+");

4. 下面对图形系统初始化正确的是（　　）

    A) int gd=1,gm=2;

    　intitgraph(gd,gm,"c:\\bc31\\bgi");

    B) int gd=VGA,gm=2;

    　intitgraph(gd,&gm,"c:\\bc31");

    C) int gd=VGA,gm=VGAHI;

    　intitgraph(&gd,&gm,"c:\\bc31\\bgi");

    D) int gd=VGA,gm=VGAHI;

    　intitgraph(&gd, gm,"c:\\bc31\\bgi");

三、程序分析题

请分析下面程序，指出程序所完成的功能。

程序 1：

```c
#include <stdio.h>
void main( )
{
    char ch1, ch2;
    while((ch1 = getchar()) != EOF)
    {
        if(ch1 >= 'a' && ch1 <= 'z')
        {
            ch2 = ch1 - 32;
            putchar(ch2);
        }
        else putchar(ch1);
```

```
    }
}
```

程序 2:

```
#include <stdio.h>
void main( )
{
    FILE * point1, * point2;
    point1 = fopen("file1.cpp", "r");
    point2 = fopen("file2.cpp", "w");
    while(!feof(point1))
    fputc(fgetc(point1), point2);
    fclose(point1);
    fclose(point2);
}
```

程序 3:

```
#include <graphics.h>
#include <stdlib.h>
#include <conio.h>
void main()
{
    int driver=VGA;
    int mode=VGAHI;
    initgraph(&driver,&mode,"c:\\bc31\\bgi");
    cleardevice();
    setviewport(20,20,570,450,1);
    setcolor(2);
    setbkcolor(3);
    getch();
    closegraph();
}
```

四、程序填空题

下面程序完成从磁盘文件 stu.obj 中读取 n 个学生的姓名、学号、成绩后在屏幕下显示输出。请将程序补充完整:

```
#include <stdio.h>
      (1)
#define   N    3
struct student {
char name[20];
unsigned  No;
int score;
} stud[N];
void main( )
{
struct student stud[ ] = {      {"王伟", 200184008, 86},
                                {"李玲", 200184011, 90},
                                {"张利", 200184016, 92}};
FILE * fp;
int i;
if((fp = fopen("d:\\test\\stu.obj", "wb")) == NULL)
{
```

```
    printf("文件打不开 ?\n");
        exit(1);
    }
    for(i = 0; i < N; i++)
    if(fwrite(&stud[i], sizeof(struct student), 1, fp) != 1)
    {
        printf("写文件出错 !\n");
            exit(1);
    }
    fclose(fp);
    if(  (2)  ) == NULL)
    {
        printf("文件打不开 ?\n");
            exit(1);
    }
    for(i = 0; i < N; i++)
    {
        (3)
        printf("name : %s\t No : %u\t score : %d\n", stud[i].name, stud[i].No, stud[i].
            score);
    }
    (4)
```

五、编程题

1. 用文件的字符串输入函数 fgets( )，读取磁盘文件中的字符串，并在屏幕上输出。

2. 编一程序，读取磁盘上某一 C 源程序文件，要求加上行号后再存回磁盘中。

3. 从键盘输入一个字符串，并逐个将字符串的每个字符传送到磁盘文件 "test.txt" 中，字符串的结束标志为 "#"。

4. 编一程序，把文本文件 w1.txt 中的数字字符复制到文本文件 w2.txt 中。

5. 编一程序，统计一字符文件中字符和数字的个数。

6. 有一整数文件 intfile，现要求将其中的偶数加倍，奇数加 1，生成一个新的偶数文件 evenfile。

7. 编一程序，将文件 old.txt 从第 10 行开始拷贝到文件 new.txt 中。

8. 有一磁盘文件，存放某单位职工的有关信息：姓名（10 个字符）、工作证号（4 位数字）、性别（单个字符，'M' 代表男、'W' 代表女）、工资（实型数），编一程序从文件中读取数据后，计算该单位 N 名职工的工资总数，并打印输出该工资表。

9. 建立 5 名学生的信息表，其中包括学号、姓名、年龄、性别、民族、电话号码、Email 及 8 门课的成绩。要求从键盘输入数据，并将这些数据写入到磁盘文件 studata.dat 中。用 fwrite( ) 函数完成。

10. 编写程序实现对文件 ABC.TXT 进行加密。采用加密的简单方法是当为 'a' ～ 'z' 小写字母时用后一个字母代替前一个字母，当为其他字符时不变。例如，原文件为 "This is a secret code!"，加密后的文件为 "Tijt jt b tfdsfu dpef!"。

11. 用 C 语言图形函数画出奥运五环。

第 10 章　编译预处理

用 C 语言编写的源程序使用的是人能够看懂的 ASCII 码；要让计算机能识别，就必须将这些 ASCII 码翻译成机器语言，这个翻译过程分成编译和链接两个步骤：第一步编译过程是将源程序中除了函数调用以外的语句翻译成机器语言，生成一个目标文件；第二步链接过程是将库函数的执行代码加入到生成的目标文件中，生成可执行文件。

一般情况下，我们写的源程序只能控制程序执行的流程。但有些时候，如果我们想对编译过程进行一些干预，就要用到编译预处理命令。编译预处理命令告诉编译系统，在对源程序进行编译前应该预先做些什么处理，然后将预处理的结果和源程序一起进行编译，得到目标代码。

在 C 语言中提供了以下 3 种预处理命令：宏定义、文件包含和条件编译。

为了与一般的 C 语句区分，预处理命令以 # 号开头。预处理命令占据一个单独的书写行，且命令行末尾一般不加分号。本章将分别介绍这 3 种编译预处理命令。

10.1　宏定义

在 C 语言源程序中允许用一个标识符来表示一个字符串，称为"宏"。宏定义是由源程序中的宏定义命令完成的，其一般格式为：

```
#define 标识符 字符串
```

其中 #define 是宏定义命令，一个 #define 只能定义一个宏，若需要定义多个宏就要使用多个 #define 命令。被定义为"宏"的标识符称为"宏名"，习惯上用大写字母表示；字符串称为"宏体"，可以是常量、关键字、语句、表达式或者空白。在编译预处理时，对程序中所有出现的"宏名"，都用宏定义中的字符串去替换，称为"宏替换"或"宏展开"。 宏替换是由预处理程序自动完成的。在 C 语言中，"宏"分为有参数和无参数两种。 下面分别讨论这两种"宏"的定义和调用。

10.1.1　不带参数的宏

宏名后不带参数时，表示用一个指定的标识符来代表一个字符串，也就是定义符号常量。

例如，下面定义了两个无参数宏：

```
#define TRUE 1
#define FALSE 0
```

这两个宏定义将符号常量 TRUE 定义为 1，FALSE 定义为 0。在后面的程序中就可以将符号常量作为常量使用。

例如：if (x == TRUE)
　　　printf("TRUE");

```
        else if ( x == FALSE )
        printf("FALSE");
```

在进行了编译预处理后，程序中的符号常量被定义它们的常量替换，成为下面的形式。

例如：
```
if ( x == 1 )
    printf( "TRUE" );
else if ( x == 0 )
    printf("FALSE");
```

在这里也可以看到，双引号中的 TRUE 和 FALSE 不被替换，因为符号常量出现在双引号中时，将失去定义过的含义，而仅仅作为一般字符串使用。

在宏定义语句中，可以使用已经定义过的宏，即允许宏的嵌套。

例如：
```
#define R 3
#define PI 3.14159
#define L 2*PI*R
```

使用宏名代替一个字符串，可以减少程序中重复书写某些字符串的工作量。例如，如果不定义 PI 代表 3.141 59，则在程序中要多处出现 3.141 59，不仅麻烦，而且容易写错，用宏名代替，简单不易出错，因为记住一个宏名要比记住一个无规律的字符串容易，而且在读程序时能立即知道它的含义。同时，当需要改变某一个常量时，只要改变 #define 命令行，做到一改全改。

例如，定义数组大小，可以先用宏定义命令：

```
#define ARRAY_SIZE 1000
```

然后定义数组：

```
int array[ARRAY_SIZE];
```

并在程序中表示数组大小的地方都用 ARRAY_SIZE 代替，如果需要改变数组大小，则只要改动 #define 行。

10.1.2　带参数的宏

C 语言允许宏带有参数。在宏定义中的参数称为形参，在宏调用中的参数称为实参。在调用带参数的宏时不仅要进行宏替换，而且要用实参去替换形参。带参数的宏定义的一般形式为：

```
#define  宏名(形参表)  字符串
```

调用带参数的宏的一般形式为：宏名 (实参表)

例 10.1

```
1        #include <stdio.h>
2        #define MAX(x,y) ( ( x > y ) ? x : y )          // 带参数的宏定义
3        void main( )
4        {
5          int a , b ;
6          a = 6;
7          b = 9;
8          printf("Max number is %d", MAX(a,b));          // 调用带参数的宏
9        }
```

运行结果：

```
Max number is 9
```

在程序中，MAX(a,b) 经过编译预处理后的形式为：

```
((a>b)?a:b)
```

带参数的宏和函数在形式和使用上有一些相似之处，但它与函数是不同的，主要的差别如下：

1）函数调用时，先求出实参表达式的值，然后代入形参；而使用带参数的宏只是进行简单的字符替换，不进行计算。

2）函数调用是在程序运行时处理的，分配临时的内存单元；而宏展开则是在编译时进行的，在展开时并不分配内存单元，也不进行值的传递处理，也没有"返回值"的概念。

3）对函数中的实参和形参都要定义类型，二者的类型要求一致，如不一致，应进行类型转换。而宏不存在类型问题，宏名无类型，它的参数也无类型，只是一个符号代表，展开时代入指定的字符即可。宏定义时，字符串可以是任何类型的数据。

4）调用函数只可得到一个返回值，而用宏可以设法得到几个结果。

例如：有宏定义语句：

```
#define CIRCLE(R,L,S,V)  L = 2*PI*R;  S = PI*R*R;  V=4.0/3.0*PI*R *R*R
```

则当调用这个宏时，可以得到三个结果。

5）使用宏次数多时，宏展开后源程序增长，而函数调用不会使源程序变长。

6）宏替换不占运行时间，只占编译时间，而函数调用则占运行时间。

一般用宏来代表简短的表达式比较合适。有些问题，用宏和函数都可以。例如上面例子中用到的宏定义，也可以用函数代替。

例 10.2

```
1          #include <stdio.h>
2          int max(int x, int y)                           //定义函数max(x,y)
3          {
4              return ( (x > y) ? x : y );
5          }
6          void main( )
7          {
8              int a , b;
9              a = 6;
10             b = 9;
11             printf("Max number is %d", max(a,b));        //调用函数max(x,y)
12         }
```

运行结果：

```
Max number is 9
```

10.1.3 使用宏定义时应注意的问题

在使用宏定义时，要注意以下几个问题。

1）宏名一般习惯上用大写字母表示，以与变量名相区别。

2）宏定义是用宏名来表示一个字符串，在宏展开时又以该字符串取代宏名，这只是一种简单的替换，预处理程序对它不作任何检查。如果有错误，只能在编译已将宏展开后的源程序中发现。

3）宏定义不是说明或语句，在行末不必加分号，如加上分号，则连分号也一起置换。

4）带参宏定义中，宏名和形参表之间不能有空格出现。

例如：`#define MAX(a,b) ( a > b ) ? a : b`

如果写为：

```
#define MAX (a,b) ( a > b ) ? a : b
```

就会被认为是无参宏定义，宏名 MAX 代表字符串 (a，b)(a > b)？a：b。这显然与我们的初衷不符。

5）在宏定义中，字符串内的形参通常要用括号括起来以避免出错。

例如：宏定义

```
#define POWER(x)   (x*x)
```

则 POWER(a+b) 这样的调用形式将被预编译成 a+b*a+b，这也与我们期望的效果不符，应改为：

```
#define POWER(x)   ((x)*(x))
```

6）#define 命令出现在程序中函数的外面，宏名的有效范围为定义命令之后到本源文件结束。通常，#define 命令在文件开头，函数之前，作为文件一部分，在此文件范围内有效。

7）可以用 #undef 命令终止宏定义的作用域。

例如：
```
#define PI 3.14159
    void main( )
    {
    ...                        //PI的有效范围
    }
    #undef PI                  //结束之前定义的宏PI
    void function1( )
    {
    ...                        //PI无效
    }
```

10.2　文件包含

文件包含是 C 预处理程序的另一个重要功能。C 语言提供了 #include 命令用来实现"文件包含"的操作。其一般形式为：

```
#include "文件名"   或   #include <文件名>
```

在前面我们已多次用此命令包含过库函数的头文件。

例如：
```
#include "stdio.h"
    #include "string.h"
```

文件包含命令的功能是把指定的文件插入该命令行位置取代该命令行，从而把指定的文件和当前的源程序文件连成一个源文件。

在 C 语言程序设计中，文件包含是很有用的。从理论上说，#include 命令可以包含任何类型的文件，只要这些文件的内容被扩展后符合 C 语言语法就可以。但在 C 程序设计中，一般 #include 命令用于包含扩展名为 .h 的文件，如 stdio.h、string.h、math.h。一个大的 C

语言程序可以分为多个模块，由多个程序员分别编程开发。有些公用的符号常量、宏或声明函数原型等可单独组成一个文件，在其他文件的开头用包含命令包含这些文件即可使用。这样，可避免在每个文件开头都去书写那些公用量，从而节省时间，并减少出错。图 10-1 给出了一个 C 语言工程文件中包含多个文件的例子。

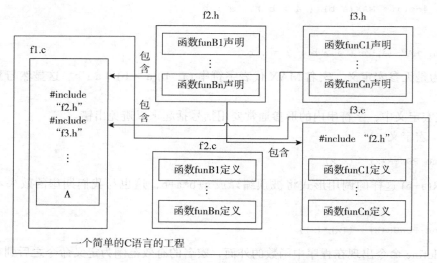

图 10-1　在一个 C 语言工程文件中"文件包含"的示意图

在 f1.c 文件中，有文件包含命令 #include "f2.h" 和 #include "f3.h"。在 f3.c 文件中，有文件包含命令 #include "f2.h"。这样，f1.c 中可以使用 f2.c 和 f3.c 中定义的函数，而 f3.c 中则只可使用 f2.c 中定义的函数。在工程文件编译时，系统对每个 .c 的文件分别编译生成 .obj 文件，最后链接生成可执行文件。

使用文件包含命令时要注意以下几点：

1）"文件包含"命令中的文件名可以用双引号括起来，也可以用尖括号括起来。例如：#include "stdio.h" 和 #include <math.h> 这两种写法都是允许的，但它们是有区别的。使用尖括号表示只在系统指定的标准库目录中查找被包含的文件，而不在源文件目录中查找；使用双引号则表示首先在当前的源文件目录中查找被包含的文件，若没有找到才到系统指定的标准库目录中查找。用户编程时可根据自己文件所在的目录来选择某一种命令形式。

2）一个 #include 命令只能指定一个被包含文件，若要包含多个文件，则需用多个 #include 命令。

3）文件包含允许嵌套，即在一个被包含的文件中又可以包含另一个文件。

4）头文件重复包含，文件 f1.c 包含文件 f2.h：#include "f2.h"，另一个文件 f3.c 也包含文件 f2.h：#include "f2.h"，当文件 f1.c 和 f3.c 被同时包含在一个工程文件中时，就会出现文件 f2.h 重复包含。可以采用条件编译解决头文件重复包含的问题。

10.3　条件编译

一般情况下，源程序中所有的行都参加编译。但是有时希望对其中一部分内容只在满足一定条件时才进行编译，这就是"条件编译"。预处理程序提供的条件编译功能可以按不同的条件去编译程序的不同部分，因而产生不同的目标代码文件。这对于程序的移植和调试是很有用的。条件编译有三种形式，下面分别介绍：

（1）形式一

```
#if 表达式
    程序段1
#else
    程序段2
#endif
```

它的作用是，当指定的表达式值为真时就编译程序段 1，否则，编译程序段 2。可以事先给定一定条件，使程序在不同的条件下执行不同的功能。

例 10.3　输入一行字母字符，根据需要设置条件编译，使之能将字母全改为大写字母输出，或全改为小写字母输出。

```
1          #include <stdio.h>
2          #define LETTER 1
3          void main( )
4          {
5              char  c, str[20] = "C Language";
6              int i = 0;
7              while((c = str[i] ) != '\0')
8              {
9                  i ++ ;
11                 #if LETTER
12                 if(c >= 'a' && c <= 'z')
13                 c = c - 32;        //宏LETTER定义表示"真"时运行
14                 #else
15                 if(c >= 'A' && c <= 'Z')
16                 c = c + 32;        //宏LETTER定义表示"假"时运行
17                 #endif
18                 printf("%c\n", c);
19             }
20         }
```

运行结果为：

```
C LANGUAGE
```

如果将程序第一行改为：#define LETTER 0，则在预处理时，对第二个 if 语句进行编译处理，使大写字母变成小写字母。此时运行结果为：

```
c language
```

（2）形式二

```
#ifdef 宏名
    程序段1
#else
    程序段2
#endif
```

它的作用是：如果 #ifdef 后的宏名在此之前已经用 #define 语句定义过，就对程序段 1 进行编译，否则编译程序段 2。其中 #else 部分可以没有，即

```
#ifdef 宏名
```

```
      程序段1
#endif
```

例 10.4　分析以下程序中宏语句的功能。

```
1          #include <stdio.h>
2          void main( )
3          {
4            float r, s;
5            printf("please input radius: " );
6            scanf("%f",&r);
7            #ifdef PI
8            s = PI * r * r;                  //宏PI在该语句之前定义时执行
9            #else
10           #define PI 3.14159265            //宏PI在该语句之前未定义时执行
11           s = PI * r * r;
12           #endif
13           printf(" s = %f \n",s);
14         }
```

运行结果：

```
please input radius:1.0
s = 3.1415927
```

（3）形式三

```
#ifndef 宏名
    程序段1
#else
    程序段2
#endif
```

它将第一种形式中的"ifdef"改为"ifndef"。它的作用是：若宏名未被定义则编译程序段 1，否则编译程序段 2。这种形式与第一种形式的作用相反。同样，#else 部分也可以没有。

10.4　其他编译预处理

10.4.1　#error

语法格式如下：

```
#error token-sequence
```

其主要作用是在编译的时候输出编译错误信息：token-sequence，从而方便程序员检查程序中出现的错误。例如下面的程序：

```
1          #include "stdio.h"
2          int main(int argc, char* argv[])
3          {
4            #define CONST_NAME1 "CONST_NAME1"
5            printf("%s\n",CONST_NAME1);
6            #undef CONST_NAME1
7            #ifndef CONST_NAME1
8            #error No defined Constant Symbol CONST_NAME1
```

```
9          #endif
10         {
11           #define CONST_NAME2 "CONST_NAME2"
12           printf("%s\n",CONST_NAME2);
13         }
14         printf("%s\n",CONST_NAME2);
15         return 0;
16       }
```

在编译时输出如下编译信息：

```
fatal error C1189: #error : No defined Constant Symbol CONST_NAME1
```

10.4.2　# pragma

在编写程序的时候，我们经常要用到 #pragma 指令来设定编译器的状态或是指示编译器完成一些特定的动作。下面介绍了该指令的一些常用参数，希望对大家有所帮助！

一般格式：#pragma message 参数

它能够在编译信息输出窗口中输出相应的信息，这对于源代码信息的控制是非常重要的。其使用方法为：

```
#pragma message(" 消息文本 ")
```

当编译器遇到这条指令时就在编译输出窗口中将消息文本打印出来。当我们在程序中定义了许多宏来控制源代码版本的时候，我们自己有可能都会忘记有没有正确的设置这些宏，此时我们可以用这条指令在编译的时候就进行检查。假设我们希望判断自己有没有在源代码的什么地方定义了 _X86 这个宏可以用下面的方法：

```
#ifdef _X86
#pragma message(" _X86 macro activated!")
#endif
```

当我们定义了 _X86 这个宏以后，应用程序在编译时就会在编译输出窗口里显示 "_X86 macro activated!"。另一个使用得比较多的 #pragma 参数是 code_seg。格式如下：

```
#pragma code_seg( [ [ { push | pop}, ] [ identifier, ] ] [ "segment-name" [,
    "segment-class" ] ])
```

该指令用来指定函数在 .obj 文件中存放的节，观察 .obj 文件可以使用 VC 自带的 dumpbin 命令行程序，函数在 .obj 文件中默认的存放节为 .text 节，如果 code_seg 没有带参数的话，则函数存放在 .text 节中。push（可选参数）将一个记录放到内部编译器的堆栈中，可选参数可以为一个标识符或节名，pop（可选参数）将一个记录从堆栈顶端弹出，该记录可以为一个标识符或节名。

identifier（可选参数）当使用 push 指令时，为压入堆栈的记录指派的一个标识符，当该标识符被删除的时候，和其相关的堆栈中的记录将被弹出堆栈。"segment-name"（可选参数）表示函数存放的节名。

10.4.3　#line

此命令主要是为强制编译器按指定的行号，开始对源程序的代码重新编号，在调试的时候，可以按此规定输出错误代码的准确位置。

形式 1，语法格式如下：

```
# line constant "filename"
```

其作用是使得其后的源代码从指定的行号 constant 重新开始编号，并将当前文件名命为 filename。

例如下面的程序：

```
1           #include "stdio.h"
2           void Test();
3           #line 10 "Hello.c"  // 将该行认为是第十行，重新编号
4           int main(int argc, char* argv[])
5           {
6             #define CONST_NAME1 "CONST_NAME1"
7             printf("%s\n",CONST_NAME1);
8             #undef CONST_NAME1
9             printf("%s\n",CONST_NAME1);
10            {
11              #define CONST_NAME2 "CONST_NAME2"
12              printf("%s\n",CONST_NAME2);
13            }
14            printf("%s\n",CONST_NAME2);
15            return 0;
16          }
17          void Test()
18          {
19            printf("%s\n",CONST_NAME2);
20          }
```

提示如下的编译信息：Hello.c(15): error C2065: 'CONST_NAME1' : undeclared identifier，表示当前文件的名称被认为是 Hello.c，#line 10 "Hello.c" 所在的行被认为是第 10 行，因此提示第 15 行出错。

形式 2，语法格式如下：

```
# line constant
```

其作用在于编译的时候，准确输出出错代码所在的位置（行号），而在源程序中并不出现行号，从而方便程序员准确定位。

本章小结

预处理功能是 C 语言特有的功能，它是在对源程序正式编译前由预处理程序完成的，可以在程序中用预处理命令来调用这些功能；宏定义是用一个标识符来表示一个字符串，这个字符串可以是常量、变量或表达式，在宏调用中将用该字符串替换宏名；宏定义可以带有参数，宏调用时是以实参替换形参，而不是"值传送"；为了避免宏替换时发生错误，宏定义中的字符串应加括号，字符串中出现的形式参数两边也应加括号；文件包含是预处理的一个重要功能，它可用来将多个源文件连接成一个源文件进行编译，结果将生成一个目标文件；条件编译允许只编译源程序中满足条件的程序段，使生成的目标程序较短，从而减少了内存的开销并提高了程序的效率；使用预处理功能便于程序的修改、阅读、移植和调试，也便于实现模块化程序设计。

习题 10

一、写出程序结果

1. 以下程序的输出结果为_____

```c
#include <stdio.h>
#define POWER(x) ((x)*(x))
void main( )
{
    int i = 2;
    while(i <= 5)
    printf("%d    ",POWER(i++));
}
```

2. 以下程序的输出结果为_____

```c
#include <stdio.h>
void main( )
{
    int b = 5;
    int y = 3;

    #define b 2
    #define f(x) b*(x)
    printf("%d, ",f(y+3));
    #undef b
    printf("%d, ",f(y+3));
    #define b 3
    printf("%d, ",f(y+3));
}
```

3. 以下程序的输出结果为_____

```c
#define DEBUG
#include <stdio.h>
void main( )
{
    int a = 14, b = 15, c;

    #ifdef DEBUG
    a = 10 ;
    b = 4 * a;
    printf("a = %d, b = %d, ",a , b);
    #endif

    c = b/a;
    printf("c = %d ", c);
}
```

4. 以下程序的输出结果为_____

```c
#define DEBUG
#include <stdio.h>
void main( )
{
    int a = 14, b = 15, c;
```

```
#ifndef DEBUG
    a = 10 ;
    b = 4 * a;
    printf("a = %d, b = %d, ",a , b);
#endif

    c = b/a;
    printf("c = %d ", c);
}
```

二、编程题

1. 编写一个宏定义 MYLETTER(c)，用以判定 c 是否是字母字符，若是，得 1；否则得 0。
2. 编写一个宏定义 LEAPYEAR(x)，用以判断年份 x 是否是闰年。判断标准是：若 x 是 4 的倍数且不是 100 的倍数或 x 是 400 的倍数，则 x 为闰年。
3. 给定两个整数，求它们相除的结果，一种结果为"商…余数"的形式，一种结果为实数的形式，用条件编译实现该功能。
4. 用带参数的宏编程实现 1+2+3+…+n 之和。
5. 定义一个带参数的宏 SWAP(x, y)，以实现两整数之间的交换，并利用它将一维数组 arraya 和 arrayb 的值交换。

第11章 从 C 到 C++

11.1 对象的思想

11.1.1 从面向过程到面向对象

"面向过程"（Procedure Oriented）是一种以过程为中心的编程思想，把系统看成一个过程的集合体，分析出解决问题所需要的步骤，然后用函数把这些步骤一步一步实现，使用的时候依次调用就可以了。通过前面 C 语言的学习，我们知道面向过程的编程方式把系统划分为数据（Data）和功能（Function），数据和加工数据的功能是分离（分开存储）的。在求解问题的过程中，函数（即功能）与数据交互，接收输入而产生输出。如图 11-1 所示。

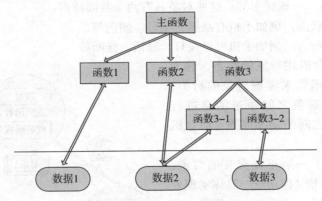

图 11-1　面向过程的编程方式

可以看出，面向过程的结构化编程是从顶往下步步求精的，总体结构为层次树状，基本构成单元是函数。面向过程的程序设计可以定义为：

$$程序 =（算法）+（数据结构）$$

C 语言作为面向过程的结构化编程语言，模块化是其最重要的特点。当程序规模不是很大时，这种面向过程的方法还会体现出一种优势，C 语言程序的流程很清楚，按着模块与函数的方法可以很好地组织。

因此，面向过程的程序设计方法可以很好地解决诸如工业过程控制、设备控制、计算机底层硬件驱动等问题，这类程序往往有很清晰的流程逻辑。但随着程序规模的不断扩大，以及可视化应用程序的普及，面向过程的结构化编程方式缺点愈加显现出来，如：函数能够不受限制地访问全局数据，函数与数据之间的分离和缺乏联系，项目难理解和维护、代码重用性差。

例如，在一个可视化应用程序中（以游戏程序为例），人机交互界面中存在多个实体对象，用户根据自己的需要，操作某个实体对象，或选择界面中不同的菜单和按钮，来执行对应的功能和动作。如果采用面向过程的 C 语言编程会使问题求解结构十分复杂，项目进度经常延期，程序员数量不断增加，可靠性很难得到保证。这种情况下，面向对象的编程方式（Object Oriented Programming，OOP）逐渐发展起来。自 20 世纪 90 年代以来，OOP 迅速在全世界流行，一跃成为主流的程序设计技术，如 C++ 语言和 Java 语言等。

C++ 作为一种面向对象的编程语言是由美国 AT&T 贝尔实验室的 Bjarne Stroustrup 设计的，最初的版本被称作"带类的 C"（C With Class）。1998 年国际标准化组织 ISO 正式发布了 C++ 语言的国际标准 C++98，最新的 C++ 语言的国际标准是 C++14。

"面向对象"（Object Oriented）是一种以对象为中心的编程思想，把系统看成一个相互作用的对象集，而这些对象是有行为（方法）的，对象之间通过发送和响应消息进行交互。面向对象的编程方式包含了面向过程的特征，但摒弃了其数据和功能独立的特点，是一种更高级的解决问题的思路。它从现实世界中客观存在的事物（即对象）出发来构造软件系统。在软件系统构造中尽可能运用人类的自然思维方式（如抽象和分类），强调以问题域（现实世界）中的事物为中心来思考问题、认识问题，并根据这些事物的本质特点，把它们抽象地表示为系统中的对象，作为系统的基本构成单位。

"对象"的概念并不神秘，在现实生活中，我们每时每刻都在与对象打交道。例如，一部手机、一台计算机、一辆轿车等。这些对象具有两个共同特点：

1）都有自己的状态。例如手机有品牌、型号、颜色等。

2）都有自己的行为。例如手机可以拨打、通话、挂断等。

我们用数据集合描述对象的状态，称为对象的属性，而用函数来实现对象的行为，称为对象的方法。对象之间通过消息进行通信，来实现对象之间的动态联系（消息机制）。如图 11-2 所示。

面向对象定义了一组正在交互的对象，对象可以完成一些事情（即功能，具体实现表现为类方法），也知道一些事情（即数据，具体实现表现为属性）。在这种思考方式下，将对象抽象，从而得到类的概念。将这些数据集合和函数封装在一个实体里面得到类。类具有封闭性，即把类内部的属性和服务隐藏起来，只有公共的服务对外是可见的。面向对象的程序设计可以定义为：

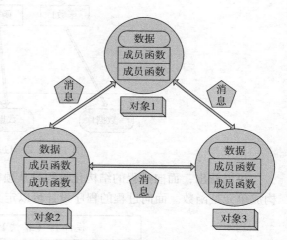

图 11-2　面向对象的编程方式

$$程序＝（对象 1）＋（对象 2）＋\cdots$$

通过上面的对比，可以看出：在面向过程的程序设计中，过程为一独立实体，显式地被它的使用者所见，而且，对于相同的输入参数，每次过程调用，输出结果是相同的；在面向对象的程序设计中，方法（过程或操作）是隶属于对象的，它不是独立存在的实体，而是对象的功能体现。

11.1.2　类的说明

类的实质是一种数据类型，类似于 int、char 等基本类型，不同的是它是一种复杂的数据类型。因为它的本质是类型，而不是数据，所以不存在于内存中，不能被直接操作，只有被实例化为对象时，才会变得可操作。

类是对现实生活中一类具有共同特征的事物的抽象。如果一个程序里提供的类型与应用中的概念有直接的对应，这个程序就会更容易理解，也更容易修改。一组经过很好选择的用户定义的类会使程序更简洁。

类的内部封装了方法（行为），用于操作自身的成员，描述一个对象能够做什么以及做的方法，它们是可以对这个对象进行操作的程序和过程。类的构成包括数据成员和成员函数，数据成员对应类的属性，成员函数则用于操作类的各项属性，是一个类具有的特有的操作。例如"学生"可以"上课"，而"水果"则不能。类的定义格式：

```
class 类名
{
    数据成员
    ...
    成员函数
    ...
};
```

现实生活中的对象有无数种，如果每个对象都抽象出一个类则太繁琐。因此我们可以对事物进行分层，找出不同对象的共性，将类按照"父类"（也称"基类"）和"子类"（也称"派生类"）的关系，构成一个层次结构的系统，称为"类层次结构"。这种结构体现了继承的思想，父类所具有的属性和方法会被子类自动继承，并且子类可以对这些功能进行扩展。继承的过程，就是从一般到特殊的过程，越在上层的类越具有普遍性和共性，越在下层的类越细化、越具体和专门化。

11.1.3 C 程序与 C++ 程序对比

例 11.1 以学生每学期在学校的学习任务为例，采用面向过程思想，可以将任务分为：注册、选课、考试、查询加权分数。这几步按顺序完成，逐个依次实现。

```
struct student
{
…//具体属性
};
void registerStudent (struct student *pa)
{
…//注册
}
void selectCourse(struct student *pa)
{
…//选课
}
void exam(struct student *pa)
{
…//考试
}
void weightedScore(struct student *pa)
{
```

```
…//加权分数
}
int main(void)
{
    struct student Tom;
    …//初始化Tom
    registerStudent(&Tom);
    selectCourse(&Tom);
    exam(&Tom);
    weightedScore(&Tom);
    return 0;
}
```

而如果采用面向对象思想，可以抽象出一个学生的类，它包括这四个方法。

```
1       class student
2       {
3         private:
4             …//具体属性
5         public:
6               void registerStudent()
7               {
8                   …//注册
9               }
10              void selectCourse()
11              {
12                  …//选课
13              }
14              void exam()
15              {
16                  …//考试
17              }
18              void weightedScore()
19              {
20                  …//加权成绩
21              }
22      };
23
24      int main(void)
25      {
26          class student Tom;
27          …//初始化Tom
28          Tom.registerStudent();
29          Tom.selectCourse();
30          Tom.exam();
31          Tom.weightedScore();
32          return 0;
33      }
```

11.2　从 C 到 C++ 的过渡

C++ 标准对 C 语言的一些已有内容进行了扩充与改进，本节介绍 C++ 除面向对象这一特点之外的其他特性。这一部分内容是我们了解 C++ 语法的必经之路。

11.2.1 C++ 的 I/O

例 11.2 C 语言的输入输出由库函数实现，主要包括：scanf()、printf()、getc()、gets()、putc()、puts() 等，它们包含在文件 stdio.h 中。C++ 语言的输入输出利用运算符 >> 和 <<，以及 cin 和 cout，它们包含在文件 iostream.h 中。

```
1        # include <iostream.h>
2        int main(void)
3        {
4            double a, b, c;
5            cout<< "Input two float numbers:";        // 插入符
6            cin >> a >> b;                            // 提取符，用空格或回车间隔
7            c=a+b;
8            cout<<"a+b="<<c<<endl;       // endl表示输出一个换行符，等同于转义字符'\n'
9            return 0;
10       }
```

对于以上的例子有如下几点说明：

1）C++ 中没有专门的输入输出语句，但可以利用输入流和输出流来进行数据的输入和输出。使用输入流和输出流时，程序开头要包含头文件 iostream.h。

2）运算符 ">>" 称为提取运算符，表示将暂停程序的执行，等待用户从键盘上输入相应的数据。一个提取运算符只能跟一个变量名。

3）cin 输入流的一般语法格式：cin>>< 变量名 1>[>>< 变量名 2> >> … >>< 变量名 *n*>]。

4）运算符 "<<" 称为插入运算符，它将紧跟其后的表达式的值输出到显示器当前光标的位置，也可以输出转义字符。

5）cout 输出流的一般语法格式：cout<<< 表达式 1>[<<< 表达式 2> <<…<<< 表达式 *n*>]。

6）使用函数 setw() 来控制两个数据间的间隔，用一个整数表示其输出项的宽度，一次使用函数 setw() 只能控制一个输出项。使用函数 setw() 时，程序开头要包含头文件 iomanip.h。

7）用 hex / dec / oct 使数据以非十进制格式显示：

```
cout<<hex<<2004;
```

或

```
cout.setf(ios::hex);
cout<<2004;
```

8）如果实数要以科学表示法输出，使用

```
cout.setf(ios::scientific);
```

11.2.2 const 和 volatile 访问修饰符

const 和 volatile 是 C++ 的访问修饰符，用于控制对变量的访问或修改的方法。

1. const 的基本概念

例 11.3 const 用于冻结一个变量，使其值在程序中不能被进一步修改。

```
1        # include <iostream.h>
2        int main(void)
```

```
3           {
4               const int MAX=10;                        // 定义const变量MAX, 它的值将始终为10
5               int array[2]={1,2},*p=array;
6               cout<<"Address of MAX:"<<&MAX<<endl;
7               cout<<"Address of array:"<<array<<endl;
8               cout<<"p of value:"<<p<<endl;
9
10              // 使p指向MAX的地址。备注: 不同编译器p移动的偏移量不同。
11              p=p+2;
12              cout<<"p of value:"<<p<<endl;
13              *p=12;
14              cout<< "Value of p:" <<*p<<endl;    // 用单步调试看内存
15              cout<<"MAX="<<MAX<<endl;             // 用单步调试看内存
16              cout<<"Address of MAX:"<<&MAX<<endl;
17              return 0;
18          }
```

运行情况如下：

```
Address of MAX:0016F730
Address of array:0016F728
p of value:0016F728
p of value: 0016F730
Value of p:12
MAX=10
Address of MAX:0016F730
```

对于以上的例子有如下几点说明：

1）使用 const 修饰变量时，必须对该变量进行初始化，不允许先用 const 修饰变量然后再给它赋值。使用 const 修饰变量后，程序不能以任何方式修改它的值。

2）使用 const 修饰的变量存放在编译器的符号表中，计算时编译器直接从表中取值。

3）在 C++ 中用 const 替代 C 中 define 定义的宏，因为 const 定义的常量有数据类型信息，是真正的数据，它被登记在 namespace 中，具有名字、类型和值，便于类型检查和 debug 调试。C 语言中：" #define 变量名 变量值" 定义一个值替代，存在致命的缺点：缺乏类型检测机制。

4）使用 const 修饰函数的参数时，编译器将阻止该函数代码修改参数值。例如代码：

```
1           int func( const int num)
2           {
3               …// 函数体只能使用num, 而不能修改
4           }
```

声明一个参数为常量是为了告诉用户这个参数的应用目的，可以使编译器很自然地保护那些不希望被改变的参数，防止其被无意的代码修改。

5）关于 const 修饰类的成员函数将在第 12 章详细介绍。

2. const 与指针

例 11.4   下面的声明都是什么意思？

```
1           int a;
2           const int ca=10;        // 等同int const ca=10; 定义时必须对该变量进行初始化
3           const int *pca;         // 等同int const * pca ;
```

```
4          int * const cpa=&a;       // 常指针需要定义时初始化
5          int const * const cpca=&a;
6
7          pca=&a;                    // 正确
8          pca=&ca;                   // 正确
9          *pca=20;                   // 错误
```

第一个表示 a 是一个整型数变量。

第二个表示 ca 是一个整型数常量。

第三个意味着 pca 是一个指向常整型数的指针，整型数是不可修改的，但指针 pca 是可变的。

第四个意味着 cpa 是一个指向整型数的常指针（常量指针），指针 cpa 指向的整型数是可以修改的，但指针 cpa 是常量指针，是不可修改的。常量指针 cpa 可以指向读写型变量 a，但不能指向 const 型量（只读型）ca。

最后一个意味着 cpca 是一个指向常整型数的常指针，指针指向的整型数是不可修改的，同时指针也是不可修改的。

如果 const 修饰函数的某个指针参数，编译器将阻止函数代码修改该指针参数的指向，从而提高了程序的健壮性。

3. volatile 的作用

与 const 相对应的是 volatile 访问修饰符，它的意思是"易失的、易变的"，告诉编译器，即使程序中没有明显地改变这个变量的值，该变量的值也会由于程序外部的原因（中断、事件）而被潜在改变。准确地说就是，编译器优化时，在用到这个变量时必须每次都重新读取这个变量的值，即每次读写都必须访问实际地址存储器的内容，而不是使用保存在寄存器、或 cache 中的副本。这往往是基于程序运行效率的考虑，因为从寄存器或 cache 里取数据要更快些；而从实际的存储器地址访问会慢些。

volatile 访问修饰符在单片机嵌入式系统开发中经常使用，volatile 大量地用来描述一个对应于内存映射的输入／输出端口或硬件寄存器（如：状态寄存器）。

对于以上陈述有如下几点说明：

1）const 修饰变量时，该变量不能被修改。volatile 修饰变量时，即使用户进程不修改该变量，仍要求编译器按照该变量值会因为外部进程的操作而改变来进行编译。嵌入式工程师经常同硬件、中断、RTOS(Real-Time Operating System) 等打交道，所有这些都要求用到 volatile 变量。如果不懂 volatile 的含义就将会给嵌入式系统软件带来缺陷，发生不可预料甚至灾难性的后果。

2）中断服务例程中使用的非自动变量或多线程应用程序中多个任务共享的变量必须使用 volatile 进行限定。例如代码：

```
1          int flag=0;
2          void fun()
3          {
4              while(1){ if(flag) some_action(); }
5          }
6          void isr_fun()  // 中断函数
7          {
8              flag=1;
9          }
```

如果没有使用 volatile 限定 flag 变量，编译器看到在 fun() 函数中并没有修改 flag，可能只执行一次 flag 读操作并将 flag 的值缓存在寄存器中，以后每次访问 flag（读操作）都使用寄存器中的缓存值而不进行存储器绝对地址访问，导致 some_action 函数永远无法执行，即使中断函数 isr_fun() 执行了将 flag 置 1。

11.2.3 引用

"引用"的英文单词是"reference"，reference 除了翻译成"引用"外，它更直接的意思是"地址"。

1. 引用的基本概念

运算符 & 可以用来声明一个引用，在声明一个引用时必须进行初始化，表示对某个变量的引用，即给某个变量加了个别名。引用并没有在内存中创建新的存储空间，引用和被引用的目标变量共用同一个存储空间。

例 11.5

```
1        #include <iostream.h>
2        void main( )
3        {
4             int num =50;
5             int &ref =num;   // ref 的类型为int &，被初始化为对int变量num的引用
6             ref =ref + 10 ;
7             cout<< "num=" <<num<< "  " << "ref =" <<ref<<endl ;
8             num=num+20 ;
9             cout<< "num=" <<num<< "  " << "ref =" <<ref<<endl ;
10       }
```

运行情况如下：

```
num= 60    ref = 60
num= 80    ref = 80
```

对于以上例子有如下几点说明：

1）引用 ref 不是变量，它是目标变量 num 的别名。引用声明语句和变量定义语句不同，声明语句不会分配存储空间，引用 ref 和被引用的目标变量 num 共用同一个存储空间，即目标变量 num 的存储空间。

2）不是所有类型的变量都可以作为引用 ref 的目标变量。ref 的声明语句中指明了 ref 的类型为 int & ；该声明语句同样明确了引用 ref 的目标类型为 int。也就是说，如果某引用名的类型被声明为 type &，则该引用名只能作为 type 类型变量的别名。这一点与指针类型 type * 中同样蕴含了指向的目标变量类型为 type 相一致。

3）指针和引用的区别：指针变量存储空间中保存了目标变量存储空间的地址值，而引用不分配空间，声明引用的时候必须同时指明它是哪个变量的别名。一旦加以指明，我们就说该引用和那个目标对象已经绑定。和指针变量在第一次建立指向后还可以修改为新的指向不同，如果引用和对象绑定，它将无法再被重新绑定到其他对象，此所谓"从一而终"。引用本身不是一个对象，当试图获得引用的地址（&ref）时，将得到它所绑定的对象的地址。

例 11.6

```
1        #include <iostream.h>
2        int main(void)
3        {
4            int num1, num2=50, &ref =num1;              //ref引用num1
5            int *ptr ;                                  //指针
6            cout<<" num1的地址=" <<&num1<< "    " <<" num2的地址=" <<&num2<<endl ;
7            cout<<" ref的地址=" <<&ref<<endl ;
8            ptr = &num1;                                // ptr指向num1
9            *ptr =20 ;
10           cout<<"执行ref=num2前: "<<"num1 ="<<num1<<"  "<<"num2 ="<<num2 <<endl ;
11           ref =num2;                                  //用num2来为num1赋值
12           cout<<"执行ref=num2后: "<<"num1 ="<<num1<<" num2 ="<<num2 <<endl ;
13           cout<<"执行ref=num2后: "<<"ref的地址="<<&ref<<endl ;
14           ptr =&num2;
15           ref =*ptr;
16           cout<< "ref ="<<ref<< "  num1=" <<num1<< "   num2=" <<num2<<endl ;
17           cout<< "ref的地址= "<<&ref<<endl ;
18           return 0;
19       }
```

运行结果：

```
num1的地址=0x0018FF44     num2的地址=0x0018FF40
ref的地址=0x0018FF44
执行ref=num2前:  num1 =20  num2 =50
执行ref=num2后:  num1 =50  num2 =50
执行ref=num2后:   ref的地址=0x0018FF44
ref =50   num1=50   num2=50
ref的地址=0x0018FF44
```

从输出结果中可以看出，ref＝num2 语句并没有将 ref 绑定到变量 num2 上，ref 的内存地址仍然是 num1 变量的内存地址，也就是说，ref 仍然是 num1 的别名。ref＝num2 在语法上被理解成将 num2 变量存储空间的值写入 ref 绑定的对象 num1 中。

既然，引用名 ref 和引用目标是同一个实体，有必要用两个名字吗？设计引用的真正目的就是在不同的作用域中分别使用引用名和被引用的目标变量名，比如：调用函数和被调用函数。下面我们来介绍函数调用时传值和传指针之外的第三种参数传递机制——传引用。

2. 引用参数

引用的一个重要用途是允许用户通过引用把参数传递给函数。先来看看下面的例子。

例 11.7 SwapInt( ) 函数利用指针参数来实现互换它的两个参数。

```
#include <iostream.h>
void SwapInt( int *a ,int *b)
{
    int  temp;
    temp = *a;
    *a = *b ;
    *b =temp ;
}
void main( )
{
```

```
int   num1 , num2 ;
num1 =5 ,num2 =10 ;
SwapInt( &num1 ,&num2 );
cout<< "num1=" <<num1<< ",num2=" <<num2<<endl ;
return 0;
}
```

运行结果：

```
num1= 10, num2 = 5
```

由于指针本身的灵活性，允许指针重新建立新的指向，对指针变量不小心修改了其值，可能导致程序异常。于是，在 C++ 中出现了引用参数，利用引用和被引用的目标变量共用同一个存储空间，一旦建立绑定关系，引用形参就自始至终绑定在固定的目标变量上。

例 11.8   通过引用来传递参数。

```
1        #include <iostream.h>
2        void SwapInt( int &a ,int &b)
3        {
4              int  temp;
5              temp = a;
6              a = b ;
7              b =temp ;
8        }
9        int main(void)
10       {
11             int   num1=5, num2=10;
12             SwapInt( num1, num2 );
13             cout<< "num1=" <<num1<< ",num2=" <<num2<<endl ;
14             return 0;
15       }
```

运行结果：

```
num1= 10, num2 = 5
```

对于以上例子有如下几点说明：

1）利用引用形参 a 和 b 接收实参变量 num1 和 num2 作为它们的绑定对象。调用时建立了绑定关系，在整个 SwapInt 函数执行期间，a 就是 num1 的别名，a 的空间实际就是 num1 的空间，在 SwapInt 函数内对 a 的读写实际上是通过对 main 函数的 num1 变量的读写来完成的。

2）可见 C++ 的传引用机制，和传指针一样，都能实现通过执行被调用函数的代码修改调用者函数的变量值的功能。传引用与传指针相比，SwapInt 函数变得简洁易读，调用形式也简单多了。而且最重要的是，在 SwapInt 函数内，无法修改 a 和 b 的绑定目标，而这一点在指针传递机制中往往需要程序员严格把关。由于引用和目标的固定绑定关系，引用常被看作是安全的指针。

3）有时，既为了使形参共享实参的存储空间，又不希望通过形参改变实参的值，则应当把该形参说明为常量引用，例如：void fun(const int &cra);

在该函数执行时，因为 cra 是对应实参的别名，只允许该函数使用 cra 对应的实参值，不允许进行修改，从而杜绝了对实参进行的有意或无意的破坏。

3. 返回引用

在 C 中，函数调用表达式不能放在赋值运算符"="的左边作为左值。但在 C++ 中，若函数返回类型为引用类型，则函数调用可以作为左值，实际上返回的是某个存储单元。例如：

```
int & GetIndex( ) ;    // 返回一整型变量的引用
```

例 11.9

```
1          #include <iostream.h>
2          int Index =0 ;                         // 此处定义为全局变量
3          int &GetIndex( )
4          {
5              return Index ;
6          }
7          int main(void)
8          {
9              int n ;
10             n =GetIndex( ) ;                    // 把Index的值拷贝给n
11             GetIndex ( ) = 5 ;                  // 给Index赋值5
12             cout<< ++GetIndex ( ) <<endl;       // Index自增1
13             return 0;
14         }
```

对于以上例子有如下几点说明：

1）当 GetIndex 函数出现在赋值运算符左边时，由于函数返回的是对 Index 变量的引用，所以该返回值本身相当于 Index 的别名。

2）由于函数调用返回的引用是在函数运行结束后产生的，函数结束瞬间函数栈中的自动变量（含形参变量）的空间将被回收释放。换句话说，不再驻留在内存中，从而也就无法被访问到。因此，函数所引用的变量在函数调用返回后必须是存在的，不能返回自动变量和形参，可安全返回全局变量和静态变量。

3）由于常量不分配空间，所以也不能返回常量，但用 const 声明返回引用时，返回常量是合法的。下面的例子中，编译器会创建临时的 const int 变量，去初始化 fun( )。

```
const int & fun( )
{
   return 1;
}
```

4）下面的程序传引用参数的同时返回对函数内部静态变量的引用。main 函数中每调用一次 func(a)，将绑定引用参数 x 为实参变量 a 的别名，在 func 函数体中 x++ 的操作实际是对 main 函数中变量 a 的自增操作。同时，t 为 func 函数静态内部变量，永久驻留在静态内存区，即使在 func 函数调用结束并退出的一瞬间，也可以返回一个临时引用与变量 t 建立引用绑定关系。在调用者函数作用域中使用该引用来接收对目标变量的修改，如：func(a)=20；实际上完成了对静态局部变量 t 赋值了数据 20。

例 11.10

```
1          #include <iostream.h>
2          int  &func(int  &x)
3          {
```

```
4          static   int   t=2;
5          t=x++;
6          return   t ;
7          }
8          int main(void)
9          {
10            int  a=3;
11            cout<<func(a)<<endl;
12            func(a)=20;
13            a=a+5;
14            cout<<func(a)<<endl;
15            a=func(a);
16            cout<<func(a)<<endl;
17            return 0;
18         }
```

11.2.4   作用域分辨符

在函数内部作用域中定义一个变量，如果它的名字和外部作用域定义的某个变量同名，那么，在程序执行到函数内部作用域时对应同名变量是内部的同名变量，因为内部作用域变量覆盖了外部作用域变量。这时如果要访问外部作用域同名变量，则要通过作用域分辨符"::"来访问。

例 11.11

```
1          #include <iostream.h>
2          double a;
3          int main(void)
4          {
5              int  a;
6              a=1;
7              ::a=40.5;
8              cout<< "局部变量int a= "<<a<<endl ;
9              cout<< "全局变量 double a= "<<::a<<endl ;
10            return 0;
11         }
```

在第 12 章，我们将学习到作用域分辨符 :: 在 C++ 里最常见的用法：

类名::成员名

其中，类名表示作用域范围，表明是访问该类中的某个成员。

11.2.5   重载

重载分为函数重载和运算符重载。运算符重载将在第 12 章介绍。

1. 函数重载

C 中规定，每个函数都必须有唯一的名字，不允许有重名的函数。这样就带来很多不便。如 C 运行库中的求绝对值函数 abs()、labs()、fabs()。尽管它们处理的几乎是完全相同的工作，但在 C 中却要用三个不同的函数名来区分。

在 C++ 中，函数可以共享同一个名字，只是这些同名函数的参数表有所区别，这就是函数重载的概念。

例 11.12 重载 abs 函数。

```
1        #include <iostream.h>
2        //abs( )函数按三种形式重载
3        int abs ( int i);
4        long abs(long l);
5        double abs(double d);
6        int main(void)
7        {
8            cout<<abs(-10)<<endl ;
9            cout<<abs(-9L)<<endl;
10           cout<<abs(-11.5)<<endl;
11           return 0;
12       }
13       int abs(int i)
14       { return i<0?-i :i ; }
15
16       long abs (long l)
17       { return l<0?-l:l ; }
18
19       double abs(double d)
20       { return d<0 ? -d :d ; }
```

程序输出:

```
10
9
11.5
```

对于以上例子有如下几点说明:

1）两个或两个以上函数共享同一个名字，但这些函数的参数说明能互相区别，这样，编译器能根据函数调用时实际参数的类型或个数来正确调用对应的函数。我们把同一作用域内名字相同，但参数不同的函数称为重载函数。尽管可以对重载的函数执行互不相干的功能，但是最好不要这样做。我们应该保证重载函数具有类似的功能。

2）对于重载函数，参数说明必须能互相区别，所谓参数能互相区别，包括参数的个数不同，参数的类型不同。

3）编译器不能依据函数返回类型区分同名函数。

4）编译器在选择使用哪一个重载函数时，有时不得不处理一些模糊问题。处理这些模糊问题的原则是：就近匹配，即就近调用最便于进行类型转换的那个重载函数。比如："abs('a');"就被处理成就近调用 "int abs(int i);"。

这种数据类型转换包括：char->int、int->long、float->double。如果类型无法转换，编译器将给出错误信息。

5）对于函数重载，若函数调用（界面）与哪一个函数体（函数实现）相匹配，是在编译时确定的，称为早期匹配（early binding）；如果函数调用与哪一个函数体的匹配是在运行时动态进行的，称之为晚期匹配（lately binding）。一般来说，早期匹配执行速度比较快，晚期匹配提供灵活性和高度的问题抽象。C++ 语言的函数重载属于早期匹配，后面章节介绍的多态特性属于晚期匹配。

2. 函数的缺省参数

C++ 中，函数的参数可以定义一个缺省值，当调用时没给出参数值，就自动使用这个缺省参数值。因此，参数带缺省值的函数也是一种重载函数。例如下面的代码：

```
1          void delay(int loops = 500);
2          …
3          void delay(int loops)
4          {
5          …     // delay的函数体
6          }
```

对于以上例子有如下几点说明：

1）可以明确给出实参值，调用 delay 函数；也可以不给出实参值，调用 delay 函数。对于后一种情况，delay 会自动认为参数 loops 的值为 500。

2）如果在函数原型中指定了缺省参数，那么在实际的函数定义中就不必再给出参数的缺省值了。如果程序中没有给出函数原型，就只能在函数定义时给出参数的缺省值了。

3）一个函数可以有多个缺省参数，所有的缺省参数必须集中列在参数表的最后。调用时对提供了缺省值的参数可以不给出实际数据，但是从那个参数开始后面所有参数都要有缺省值，否则出错。

```
1          double distance(double x1,double y1,double x2=0,double y2=0);
2          …
3          以下是正确调用方式：
4          distance(1,2);
5          distance(1,2,3);
6          distance(1,2,3,4);
7
8          以下是错误调用方式：
9          distance(1,2, ,4); // 出错，调用函数时，参数应该连续给出，不能间断。
```

4）在重载函数中使用缺省参数时，有时会产生具有歧义的重载函数调用。例如：

```
1          void display(char *str);
2          void display(char *str, int length =12);
3          …
4          display("Hello,C++"); //编译错误，因为该调用和两个重载形式都匹配，所以出错
```

11.2.6　内联函数

C 语言中，可以用 #define 来进行常量宏定义，也可以定义带参数表达式的宏。预处理器会在编译之前把宏名展开成相应的字符串或表达式。

例 11.13

```
1          #include <iostream.h>
2          #define max(x,y)   ((x)>(y) ? (x) :(y))     // 定义宏max(x,y)为x和y中的较大者
3          int   main( )
4          {
5             int a ,b ,c ,t ;
6             a=1 ,b=2 ,c =3 ;
7             t = max( a+b , c ) ;          //编译预处理器对表达式进行宏展开：
8                                           // t =(( a+b )>( c ) ?( a+b ): (c) );
```

```
9            return   0;
10           }
```

在 C++ 中，可以利用内联函数达到类似的效果。内联函数用关键字 inline。和带参数的宏定义相比，内联函数的形式更像普通函数，可读性强，因此，建议在 C++ 中使用内联函数代替带参数的宏定义。

例 11.14

```
1            #include <iostream.h>
2            inline   int   max(int a ,int b)
3            {
4              return   a>b?a:b ;
5            }
6            int   main( )
7            {
8              int t ;
9              t = max(10, 20);      // 被max相应的函数体所替换（代码扩展）: t =10>20?10:20;
10             cout<<t<<endl ;
11             return   0;
12           }
```

对于以上例子有如下几点说明：

1）当在函数定义的前面使用关键字 inline 时，原则上，该函数不被编译为单独的一段可调用的代码，而是将函数体内容插入在对该函数的每一个调用处。这样做的好处是既减少了调用函数时入栈和出栈所需要的开销，又允许程序以模块化的方式组织代码。由于内联函数要出现在每一调用该函数的源文件中，所以内联函数一般定义在头文件中。

2）当调用一个函数时，参数要进栈，CPU 寄存器状态值需要保存，当函数返回时，还要还原 CPU 的状态。所以，函数调用需要一定的时间和空间开销。使用内联函数时，该函数的每一处调用都将进行代码扩展，而不是函数调用，所以提高了运行效率。

3）最好在内联函数的所有调用处之前定义该内联函数，这样才能保证编译器能找到内联函数，扩展所需代码。由于编译器对内联函数的每一处调用进行内联扩展，所以使用内联函数会增加了目标程序的代码量，增加了空间开销，但比使用函数节约了时间开销。因此，内联函数是以增加目标代码的尺寸来节省时间的，即"以空间换时间"。因此，最好只内联那些体积非常小，明显影响程序性能的函数。

4）如同 register 存储类型说明符一样，inline 对编译器来说也只是一个请求，而不是命令。编译器可以忽略内联请求，而把它当作真正的函数处理。也就是说，对于那些不能转换成内联函数的函数，即使加上 inline 关键字说明，都不会成为内联函数。例如，一个函数包含递归调用，那么，即使在定义该函数时使用了 inline 关键字，编译器也会忽略内联请求，把它作为真正的函数对待。

5）不同的编译器对内联请求的态度不同。有的编译器不允许内联函数中包含循环语句；有的规定了内联函数的大小不能超过一个阈值。

6）在 C++ 中常用 const 变量和内联函数来代替宏和带参宏。带参数的宏定义和函数的实现的区别：宏定义为替代和展开，没有增加系统的调用开销，仅能实现较简单的功能；函数则增加了系统的空间和时间的调用开销，而内联函数则结合了两者的优点。

11.3   OOP 设计思路

本节着重介绍面向对象的程序设计思想。与 C 中面向过程的结构化设计思路的最大区别在于强调抽象和封装的概念。面向过程的语言编写的程序可重用性差，维护难。有时为了在程序上多加一个新功能而重写该程序。

面向对象的设计思想将自然界所有事物都看成对象，每个对象有自己独特的状态和行为。对象之间彼此关联和作用构成了千变万化的现实世界。面向对象的设计思想体系里，对象是共性和个性的对立统一体。一方面，它们因其存在的共性使得各自都属于特定的某个类别，比如：发动机、电视机、学生；另一方面，它们又是同一个类别中特有的一个个体，比如：汽车发动机、彩色电视机、大学生。在面向对象体系中，共性的内容由类类型来声明。用该类类型定义变量的方式，来创建的不同的对象，表示同一个类别下的不同个体。

11.3.1   面向对象程序设计的特征

用 4 个特征来描述面向对象程序的设计思想，它们是：抽象、封装、继承和多态。

（1）抽象

抽象就是从同一个类别的多个个体中抽取出它们共性的东西，包括：状态和行为。状态就是数据，行为就是对这些数据进行的操作。例如，张三是一个人，我们把他看作一个对象，李四也是一个人，当然也看作一个对象，还有赵钱、孙李等对象。通过抽象，发现他们都具有共性——有五官、有着人类相同的生理结构、能够直立行走等，由此可以设计出人类类型。

（2）封装

把客观事物封装成抽象的类。类包含数据和方法，封装即只让可信的类或对象操作，对不可信的类进行信息隐藏。通过封装，类隐藏了其中的属性和方法的具体实现。面向对象的设计思想最大的特点就是封装——将所有的状态数据及对这些数据进行处理的函数（又叫作方法）封装在同一个类类型中，然后设置访问权限，有些私密的状态数据不能直接访问，只能通过事先设计好的方法来提供访问，该方法指定访问方式（比如只读），保证私密数据的安全性，避免非法操作和出错的可能性。

（3）继承

继承的过程，就是从一般到特殊的过程。例如：已经设计有一个黑白电视机类，还想设计一个彩色电视机类，利用继承的概念，可以优化设计。将电视机的基本功能抽象出来形成一个基类——电视机类，在此基础上分别添加适合黑白电视机和彩色电视机特征的数据和方法，各自形成黑白电视机类和彩色电视机类。继承产生的新类型中保留了基类的数据和方法，而不用在新类型中重新设计。可以看出，继承是一种按层分类的概念。继承实现了父类和子类：子类可以使用父类的所有功能，并且对这些功能进行扩展。

（4）多态

同一类型的不同个体在做相同的行为动作时可能产生不同的结果。多态是与继承有关的概念。同种事物，多种状态，即同一个接口名称，但是体现为不同的功能。

结合上面介绍的内容，面向对象的设计体系中，强调对象为整体，也就是说，对象具备的所有数据及对这些数据进行的操作都要封装在一起形成一个整体。而在 C 语言中，数据和对数据的处理是分开的，多个数据的封装可以用结构体来实现，但它只是相关联的数据项的集合。C++ 中则是用类 class 来封装相关联的数据项及这些数据项上的操作的集合，达到真正统一为一个整体。

下面，我们来看看 C 语言中通过定义一个结构体 Student，来描述学生。

```
1        struct Student
2        {
3          char name[20];
4          char id[15];
5          int age;
6        };
7        void show(struct Student *s)      // 定义显示学生基本信息的函数
8        {
9          ...                              // 具体实现
10       }
```

观察代码发现：Student 结构中的数据项和 show 函数之间有密切关系，每一次显示学生信息时都需要从 show 方法外面提供数据项作为函数参数。能否把这些数据项以及定义在它们之上的操作放在一起呢？这就引出了类的概念。下面的代码定义一个 Student 类。

```
1        class Student
2        {
3          private:
4            char name[20];
5            char id[15];
6            int age;
7          public:
8            void show()
9            {
10             ... // 具体实现
11           }
12       };
```

对于以上例子有如下几点说明：

1）将数据和对数据的处理（也叫方法）封装在一个 class 类中就形成了一个特定的作用域，作用域有很多种，包括：全局作用域、文件作用域、函数作用域、复合语句作用域和这里提到的 class 类作用域。

2）show 方法访问时不需要传递数据项了，原因是数据项和 show 方法都是同一个 class 类的成员，在同一个 class 类作用域里的代码可以直接不加作用域分辨符就可以访问自身的其他成员，包括成员数据和成员方法。

3）在 class 类作用域中访问同一个 class 类的方法，比如 show，只需直接写 show 就行，在 class 类作用域外的要想调用 show 方法必须加上类名和作用域分辨符——Student::show()。

4）空类没有任何成员，包括数据和函数。例如 class empty{ }；但空类对象大小不为零。

11.3.2 类设计示例

针对上一节介绍的 Student 类，我们来给出该类的初步设计原型。

例 11.15

```
1        class Student
2        {
3          private:                    // 可以省略此行。如果不写访问权限，class默认是private
```

```
4                char name[20];
5                char id[15];
6                int age;
7            public:
8                void registerStudent(const char *n, const char *i, int a)
9                {
10                   strcpy(name, n);
11                   strcpy(id, i);
12                   age = a;
13               }
14               void show()
15               {
16                   cout<<"name: "<< name<<endl;
17                   cout<<"id: "<< id<<endl;
18                   cout<<"age: "<< age<<endl;
19               }
20       };
21       int main(void)
22       {
23           Student Tom;
24           Tom. registerStudent( "tom" ," 123456" ,20);
25           Tom. show();
26           return  0;
27       }
```

对于以上例子有如下几点说明：

1）关键字 class 表明一个类的声明由此开始，Student 是一个类名，它应该是一个有效的标识符。

2）name、id、age 及 registerStudent()、show() 都是类 Student 的成员。其中，name、id、age 是数据成员，又叫成员变量。registerStudent()、show( ) 是成员函数。

3）关键字 private 和 public 是访问权限说明符，用来定义成员的访问权限。在类的声明中，关键字 private 之后的成员是类的私有成员，它们只能被该类自身的成员函数访问。而 public 之后的成员是类的公有成员，它们可以被程序的其他部分访问。另外，还有一个访问说明关键字 protected，用它说明的成员叫作类的保护成员，只有在涉及继承性时才使用。

4）访问说明符出现的顺序可以任意。类成员的访问权限缺省为 private。

5）在类的说明中，不能对成员变量初始化。成员变量可以具有任何数据类型，包括可以是某个已定义的类类型，但不能用 extern、auto、register 关键字修饰。

6）建议用下面的格式来声明一个类。

```
1        class 类名
2        {
3          private:
4          私有的数据和函数
5          protected:
6          保护的数据和函数
7          public:
8          公有的数据和函数
9        }
```

7）类的设计通常分为：类的声明和类的实现。其中类的声明部分常常放在头文件 *.h 中，而类的实现则放在源文件 *.cpp 中。类的实现是指对所有的成员函数给出其定义体。在类的声明之外定义成员函数的一般形式如下。其中，:: 是作用域分辨符，用来表明其后的成员函数名是属于这个类名的。

```
返回类型 类名 :: 成员函数名（参数定义列表）
{
    函数体
}
```

8）如果在类的说明中就直接定义了成员函数，那么，该成员函数将被自动转换成内联函数，此时，没必要使用关键字 inline。例如上面例 11.15 的代码。

可以通过关键字 inline 将类的成员函数定义成内联函数，这样，编译器对该函数的每一次调用处进行代码扩展，提高了运行效率。注意：对于那些不能转换成内联函数的成员函数，即使直接在类的说明中定义，也不会成为内联函数。

例如：用关键字 inline 将类 Student 的所有成员函数均定义成内联成员函数如下例 11.16 所示。

例 11.16

```
1       class Student
2       {
3           private:                 // 可以省略此行。如果不写访问权限，class默认是private
4               char name[20];
5               char id[15];
6               int age;
7           public:
8               void registerStudent(const char *n, const char *i, int a);
9               void show();
10      };
11      inline void Student:: registerStudent(const char *n, const char *i, int a)
12      {   …                        // 函数体具体代码同前，省略
13      }
14      inline void Student:: show()
15      {   …                        // 函数体具体代码同前，省略
16      }
```

11.3.3　类与结构体的区别

结构体成员的缺省访问权限为 public，这使得它们可以被程序的其他部分访问；而类成员的缺省访问权限为 private，外部函数只能通过公有的成员函数访问类的私有成员数据，从而体现了类的封装性和安全性。如图 11-3 所示。

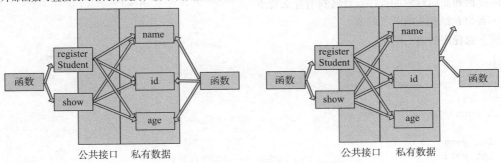

图 11-3　结构体和类的默认访问控制区别

注意将下面的例程与上面的例程对比分析一下。

例 11.17

```
1        struct Student
2        {                              // 如果不写访问权限，结构体默认是public
3          char name[20];
4          char id[15];
5          int age;
6        public:
7          void registerStudent(const char *n, const char *i, int a)
8          {
9            strcpy(name, n);
10           strcpy(id, i);
11           age = a;
12         }
13         void show()
14         {
15           cout<<"name: "<< name<<endl;
16           cout<<"id: "<< id<<endl;
17           cout<<"age: "<< age<<endl;
18         }
19       };
20       int main(void)
21       {
22         Student Tom;
23         Tom. age=20;            // 不安全，可以直接访问数据成员
24         return  0;
25       }
```

本章小结

C++ 是在 C 语言的基础上发展而来的。对 C 语言是完全兼容的。在 C 语言的基础上，增加了新的语言成分和抽象数据类型的概念，就得到了 C++。

并不需要在知道 C++ 的所有细节之后才能写出好的 C++ 程序，请特别关注程序设计技术，而不是各种语言特征。

学习 C++，必须要有 C 语言的基础。记住：C++ 没有高手，C 语言才有高手。

面向对象程序设计的重点是类的设计，而不是对象的设计。

习题 11

1. 面向过程和面向对象的程序设计各自有什么特点？
2. C++ 程序在结构上有什么特点？
3. 分析下面程序的输出结果。

（1）

```
#include <iostream.h>
int x=11;
void main( )
{
   int y=x;
   int x=1;
   cout<<y<<" "<<x<<endl;
```

```
        ::x=2;
        y=x;
        cout<<y<<" "<<x<<endl;
        cout<<::x<<endl;
    }
```

（2）

```
#include <iostream.h>
inline int add(int x, int y, int z)
{
    return x+y+z;
}

void main( )
{
    int x=2,y=3,z=4,sum;
    for(int i=1;i<=10; i++)
    {
        sum=add(x,y,z);
        cout<< " sum = " <<sum<<endl;
        x++, y++, z++;
    }
}
```

（3）

```
#include <iostream.h>
void swap ( int &x, int &y )
{
    int temp;
    temp=x;
    x=y;
    y=temp;
}

void main ( )
{
    int x=10, y=20;
    swap( x, y );
    cout<<" x: " <<x<<" y: " <<y<<endl;
}
```

第12章 类与对象

面向对象程序设计的基本单元是对象。对象可以表示成数据以及对数据的操作（又称方法）组成的实体。在面向对象程序设计中，通过对诸多同类型的对象进行抽象得到 class 类的声明，再使用该 class 类类型创建多个不同的对象。类是对象的模板，提供了一组对象共享的操作实现，对象继承了类中的数据存储定义和操作方法，不同对象具有的初始化数据不同，所表示的状态也不同。

12.1　类的实例化——对象

当声明了一个 class 类，并且给出了所有成员函数的实现，就可以开始定义该 class 类型的变量了。具有 class 类型的变量被称作该类的对象，又叫该类的实例。定义类实例的过程叫作类的实例化。

```
Student myStudent ;
```

定义类 Student 的对象 myStudent，编译器给该对象分配内存空间，由于类是将数据和对数据的处理函数封装在一起，所以对象的空间也包括数据空间和函数代码空间两块。myStudent 对象空间映象如图 12-1 所示。

图 12-1 左半部分的内存空间为该类对象的数据空间，右半部分的内存空间为该类对象的代码空间。使用运算符"."来访问对象的成员。如果数据成员是公有的，访问对象 myStudent 的成员 name，可以使用表达式 myStudent.name。

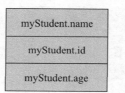

图 12-1　myStudent 对象的内存映像

下面分析一段程序代码的执行过程。

```
1        Student a ,b ;
2        a. registerStudent("Tom" ,"123456",20);
3        b. registerStudent("Jerry" ,"123457",20);
4        a. show( );
5        b. show( );
```

首先，程序为对象 a 和 b 分配对应的内存空间，不同的对象拥有不同的数据空间。接着，程序执行代码：

```
a. registerStudent("Tom" ,"123456",20);
b. registerStudent("Jerry" ,"123457",20);
```

两行代码分别为对象 a 和 b 的数据成员进行初始化。这时，对象 a 和 b 的内存空间映射如图 12-2。

最后的两个 show 函数调用则根据各对象的实际数据空间的三个数据成员取值来显示信息。由于对象 a 和 b 属于同一个 class 类型，因此，系统给它们分配各自独立的数据空间，

"Tom"	a.name		b.name	"Jerry"
"123456"	a.id		b.id	"123457"
20	a.age		b.age	20

对象a的数据空间   对象b的数据空间

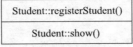

Student::registerStudent()
Student::show()

共享代码空间

图 12-2　不同对象各自独立的内存映像

互不干扰。根据上面的代码描述，两个对象都有可能调用 registerStudent 和 show 两个函数代码，没有必要为两个对象分别保存一套相同的代码空间，所有的同类对象共享一个代码空间。也就是说，类中定义的代码被放在内存的一个公共区，供该类的所有对象共享。

这里先提出一个问题：既然所有对象共享同一个代码空间，而前面已经看到，在调用对象的成员函数时并没有额外传递更多的参数，系统是如何区分某个成员函数（比如 show）代码到底在处理哪个对象的数据呢？

12.2　类的构造函数和析构函数

类的对象包含了数据成员和对数据成员进行处理的成员函数，成员函数就是用来对数据成员进行处理的方法，因此，在处理之前一般要求数据成员中都有明确的值。也就是说，对象的某些部分在使用之前需要初始化。上一节中 Student 类中定义了一个成员函数 registerStudent() 来实现对数据成员进行初始化。但这样一来，每次都要显式调用 registerStudent() 函数，而且调用的时机控制也是一个至关重要的问题。于是 C++ 提出一个实现机制，在类的实例化时，也就是创建对象时自动地进行初始化，这种自动初始化是通过编译器自动调用构造函数来实现的，整个自动化机制还包括与构造函数对应的析构函数，即当类对象退出它的作用域时，编译器会自动调用析构函数来处理善后工作。C++ 类的这种自动化机制某种程度上解决了过去由于 C 语言程序员人为失误造成的设计漏洞。C 语言中，每一次堆内存的分配都需要调用 malloc 函数，然后在合适的代码处配对一个 free 函数调用来释放不再使用的堆内存。由于需要显式调用函数，如果程序员忘记调用 free 函数来回收释放堆内存，最终会造成"内存泄漏"。

12.2.1　构造函数

例 12.1　用 Student 类定义一个构造函数 Student( )，并初始化数据成员。

```
1    class Student
2    {
3    private:
4      char name[20];
5      char id[15];
6      int age;
7    public:
8      Student(const char *n, const char *i, int a);
9      void show() ;
```

```
10      };
11      Student::Student(const char *n, const char *i, int a)
12      {
13        strcpy(name, n);
14        strcpy(id, i);
15        age = a;
16      }
17      int main()
18      {
19        Student myStudent("Tom", "123456", 20);  // 创建Student类的对象myStudent
20        return 0;
21      }
```

对于以上例子有如下几点说明：

1）构造函数名和类同名。不能为构造函数指定任何返回类型，即使 void 也不行。一般把构造函数放在公有成员区。

2）当对象被创建时，构造函数被自动调用。对于上面的 myStudent 对象创建，将自动调用 Student 构造函数，并把 myStudent 之后括号中的三个值作为实际参数传递给构造函数 Student(const char *n, const char *i, int a)。

12.2.2　重载构造函数和缺省构造函数

在上面的例子里，我们专门为 Student 类定义了一个特定的构造函数：

```
Student::Student(const char *n, const char *i, int a);
```

这样的话，在定义 Student 类的对象变量时，就必须提供两个字符串和一个整数来作为自动初始化时传递给构造函数的参数：

```
Student myStudent("Tom", "123456", 20);
```

如果不这样做，就会出错：

```
Student myStudent ; //编译错误
```

但有时我们希望上面这两种说明方法都可以，这可以通过重载构造函数来实现。下面的例子就是对类 myClass 重载其构造函数 myClass( )，使它能接受两种形式的对象定义。

例 12.2

```
1      class myClass
2      {
3        private:
4          int a ,b;
5        public:
6          myClass( ) ;
7          myClass(int i ,int j);
8          void show( ) ;
9      };
10     myClass: : myClass( )
11     {
12       cout<< "执行myClass( )" <<endl ;
13       a =0 , b =0 ;
14     }
15     myClass: : myClass( int i ,int j)
```

```
16      {
17        cout<< "执行myClass( int ,int )" <<endl ;
18        a =i ,b =j;
19      }
20      void myClass: : show( )
21      {
22        cout<< "a =" <<a<< "" ;
23        cout<< "b =" <<b<<endl;
24      }
25      int  main( )
26      {
27        myClass ob1;
28        ob1.show( ) ;
29        myClass ob2(10 ,5);
30        ob2.show( ) ;
31        return 0;
32      }
```

运行结果：

```
执行myClass( )
a =0 b=0
执行myClass(int ,int)
a =10 b =5
```

例子中采用了两种重载构造函数：myClass( ) 和 myClass(int, int)，因此，当执行语句 myClass ob1 时，调用第一种不带参数的构造函数，而当执行语句 myClass ob2(10, 5) 时，调用第二种带 2 个整型参数的构造函数，并将这两个参数传递给 i 和 j，构造函数利用它们来创建对象 ob2 并对其初始化。

对于以上例子有如下几点说明：

1）定义对象 ob1 时语句为"myClass ob1;"，不能写成"myClass ob1( );"。

2）上一章的 Student 类只定义了两个成员函数 registerStudent( ) 和 show( )，并没有定义任何构造函数，那么，是如何在程序中定义该类的对象呢？只有一种方式可以使用，就是：

```
Student myStudent;
```

系统是如何创建对象，并给对象分配内存空间的呢？当我们没有为 Student 类定义任何构造函数时，编译器会自动为该类创建一个不带参数的构造函数，即缺省构造函数。需要特别注意的是，编译器创建的缺省构造函数的函数体为空，即除了按照数据成员的说明来分配对应的数据空间外不做任何动作。而通常的构造函数中是有代码的，比如为新创建对象的数据成员进行的初始化语句，包括为指针类型的数据成员建立初始化的堆内存空间等。

3）缺省构造函数是一种特殊的构造函数：它不带任何参数。如果类中没有定义任何构造函数，编译器会自动加上一个缺省构造函数，但其函数体为空。

4）如果类中已经定义了构造函数，编译器将不会再自动生成缺省构造函数，因此，为了方便在程序中用不带参数的方式定义类对象，比如：

```
Student myStudent;
```

必须在类中重载一个不带参数的构造函数：

```
Student::Student()
{
    //一些代码，比如，最常见的是给新对象数据成员初始化
}
```

强烈建议：让每个类都拥有一个不带参数的构造函数，即使这个构造函数什么工作也不做。之所以这样做，是为了保证在使用对象数组和创建派生类对象时不会发生不必要的麻烦。

5）如果一个构造函数的所有参数均带有缺省值，那么这个构造函数本质上和缺省构造函数有等同的作用，原因在于调用它时可以不必传递任何参数。此时当然还可以再定义不带参数的构造函数，但是如果在创建对象时采用了不传递任何参数的方式，会产生歧义，编译器将无法确定是调用定义了缺省值的构造函数，还是调用不带任何参数的构造函数，此时编译器将提示出错。

```
1     class myClass
2     {
3         private:
4             int a,b;
5         public:
6             myClass(int ii=0,int j=0);
7             myClass( int ii );
8             myClass( );
9             void show( );
10    };
11
12    ...
13    void main()
14    {
15        myClass ob1;              //此处编译将提示有歧义，错误
16        ob1.show( ) ;
17        myClass ob2 ( 8 ) ;      //此处编译将提示有歧义，错误
18        myClass ob3(10,5);
19        ob2.show( );
20    }
```

12.2.3 析构函数

与构造函数互补的是析构函数。每当撤销一个对象时，析构函数就会被自动调用。撤销对象分为两种场景：静态对象在离开其作用域时，以及用 new 运算符创建的动态对象在使用 delete 运算符操作时。这两种场景都会触发析构函数的自动调用。下面先介绍第一种场景。

例 12.3 类 myClass 的成员函数 ~myClass ( ) 就是析构函数。

```
1     #include <iostream.h>
2     class myClass
3     {
4         private:
5             int a, b ;
6         public:
7             myClass( ) ;
8             ~myClass( ) ;
9             ...
10    };
```

```
11      myClass: : myClass( )
12      {
13          cout<< "执行构造函数" <<endl ;
14      }
15      myClass: : ~myClass( )
16      {
17          cout<< "执行析构函数" <<endl ;
18      }
19      void main( )
20      {
21          myClass ob ;
22          cout<<" main( )函数运行结束! " <<endl ;
23      }
```

运行结果:

```
执行构造函数
main( )函数运行结束!
执行析构函数
```

例中，对象 ob 是 main 函数的局部变量，当执行对象定义语句 myClass ob 时；将调用构造函数来创建对象。当 main 函数运行结束时（执行最后那个右花括号 "}"），程序将回收释放所有的局部对象所占用的内存空间（又叫作撤销对象），此时都会在完成对象空间的回收释放之前调用析构函数。

对于以上例子有如下几点说明：

1）析构函数必须和类同名，并且在函数名前面加上一个 "～" 字符，区别于构造函数。

2）析构函数不能带任何参数，因此，不能对析构函数进行重载；也不能为析构函数指定任何返回类型，即使 void 也不行。

3）每当对象撤销时，总要先自动执行析构函数。如果没有显式地定义类的析构函数，系统也会自动加上缺省析构函数，但函数体为空。

4）上例中析构函数并没有做什么实际工作，但在很多情况下需要析构函数来做具体工作，最典型的例子是利用它回收以前分配的堆内存。

例 12.4 类 Chunk 的构造函数 Chunk( ) 动态分配一块大小为 size 的堆内存，析构函数负责释放这块堆内存。

```
1       class Chunk
2       {
3           private:
4               void *p;
5           public:
6               Chunk(unsigned int size =0);
7               ~Chunk( );
8       };
9       Chunk: : Chunk(unsigned int size)
10      {
11          p =new char[size];        // 分配一个char型的数组空间，该数组有size个元素
12      }
13      Chunk: : ~Chunk( )
14      {
15          delete[ ] p ;             // 释放分配的size个char型元素空间
16      }
```

对于以上例子有如下几点说明：

1）析构函数只负责回收以前在创建对象时在构造函数中分配的动态堆内存，以及在对象生存期间通过对象的其他成员函数分配的动态堆内存，而不是指类对象本身所占的内存空间。这是因为，析构函数本身就是对象的一部分，其占据对象一部分内存空间，本身代码的执行不能回收自身所占的内存空间。

对象的内存分配和撤销完全由操作系统控制，析构函数负责回收的内存资源主要是在对象从创建到生存过程中额外需要的内存空间，比如：用 new 运算符创建的动态堆内存资源。这样在操作系统回收对象本身内存空间之前，必须先回收这一部分内存，否则，在对象撤销以后，本身内存空间被释放，包括对象的指针成员所使用的内存空间，即不再存在该对象指针，自然不能用该指针数据成员来 delete 运算，也就无法回收 new 出来的内存资源，从而造成"内存泄漏"。

2）调用构造函数和析构函数的时机。

局部对象在程序执行到它的定义语句时创建，调用构造函数；在退出它的作用域时撤销该对象，调用析构函数。

全局对象在程序执行主函数 main 之前创建，在整个程序执行结束时撤销。

对于用 new 运算符动态创建的对象，当创建时调用构造函数，使用 delete 运算符释放该对象时调用析构函数。若不通过 delete 显式地释放动态对象，那么程序将不会自动释放该对象。

12.3　new 和 delete

在 C 中，所有的堆区内存分配和回收释放都是通过 malloc()、alloc()、calloc() 和 free() 等库函数来进行的。例如：malloc() 函数分配内存空间，free() 函数释放已分配的内存空间。而在 C++ 中，用 new 和 delete 运算符取代它们。其中：new 运算符分配内存空间，delete 运算符释放已分配的内存空间。

```
1       void myfun( )
2       {
3           int *pi=NULL ;          //通常指针未明确建立指向前，赋值NULL，处于"休息"状态
4           pi = new int ;          //注意对比: pi = (int *)malloc(sizeof(int));
5           if(pi==NULL)            //如果内存中没有足够的动态内存，则返回NULL指针
6           {
7               cout<< "内存不足" <<endl;
8               exit(1);
9           }
10          *pi = 10 ;
11          cout<< *pi<<endl ;
12          delete pi;             //注意对比: free(pi);
13          pi =NULL;              //一旦释放空间，使用权交回系统，但pi的指向不变，成为
14                                 //危险的"野指针"。为了安全，将赋值NULL，处于"休息"态
15      }
```

对于以上例子有如下几点说明：

1）new 运算符可以动态分配一个数据空间，也可以动态分配数组空间。delete 运算符与 new 运算符配合使用，用来释放已分配的内存空间。如果用 new 分配的是一个数组，那么最好用 delete[ ] 来释放。

```
int *ii =new  int ;                 // 分配一个int型的数据空间
int *iArr =new int[10];             // 分配一个int型的数组空间，该数组有10个元素
delete[ ] iArr;                     // 释放分配的10个int型元素空间
delete ii;                          // 释放单个int空间
ii=iArr =NULL;                      // 指针不指向任何对象，处于"休息"态
```

更一般的是，可以用 new 为用户自定义类型的对象分配内存：

```
Student *p=NULL;
p=new Student ;
delete p;
Student *pArr =new Student [10];
delete[ ] pArr;
```

2）编写 C++ 程序，要么用 malloc 和 free 等一套函数来管理内存，要么用 new 和 delete 运算符来管理内存。两套方案不要混用。虽然它们都可用于申请动态内存和释放内存，但有如下区别：

① malloc 与 free 是 C 语言的标准库函数，new/delete 是 C++ 的运算符，不是库函数。

②对于用户自定义数据类型的对象而言，只用 malloc/free 无法满足动态创建对象的要求。对象在创建的同时会自动执行构造函数，对象在撤销之前会自动执行析构函数。由于 malloc/free 是库函数而不是运算符，不在编译器控制权限之内，不能够把执行构造函数和析构函数的任务强加给 malloc/free。因此，C++ 语言需要一个能完成动态内存分配和初始化工作的运算符 new，以及一个能完成清理与释放内存工作的运算符 delete。不要企图用 malloc/free 来完成动态对象的内存管理，应该用 new/delete。

③对于内部数据类型（比如：int）的"对象"没有构造与析构的过程，对它们而言 malloc/free 和 new/delete 是等价的。

④既然 new/delete 的功能完全覆盖了 malloc/free，为什么 C++ 不把 malloc/free 淘汰出局呢？这是因为 C++ 程序经常要调用 C 函数，而 C 程序只能用 malloc/free 管理动态内存。另外，malloc/free 功能还有一好处，就是可以和 realloc 组合使用，在需要扩大内存块时不一定会导致内存移动；而用 new/delete 实现时只能用 new[]–copy–delete[] 操作序列完成，每次都会导致内存移动。

3）new/delete 也可以用于创建和销毁对象。当使用 new 运算符创建动态对象后，使用 delete 运算符操作时会销毁对象，此时析构函数会自动调用。这是析构函数自动调用的第二种场景，见下面的例程。

例 12.5

```
1      # include < iostream.h >   //创建和删除堆对象
2      class  Location
3      { public :
4        Location ( int  xx ,   int  yy )
5        { X=xx;  Y=yy; cout << "Constructor called:" << X << "," << Y << endl ; } ;
6        Location ( )     { cout << "Constructor called." << endl ; } ;
7        ~Location ( )    { cout << "Destructor called." << endl ; } ;
8      private :
9        int   X,  Y ;
10     } ;
11
12     void  main ( )
```

```
13        {
14            cout << "Step One:" << endl ;
15            Location *ptr1=NULL;
16            ptr1=new Location;                // 声明对象指针，并用创建的堆对象地址初始化
17            delete ptr1 ;
18
19            cout << "Step Two:" << endl ;
20            ptr1 = new  Location ( 1, 2 ) ;          // 对象指针指向一个新创建的堆对象
21            delete ptr1 ;
22            ptr1 =NULL;
23        }
```

12.4   this 指针

在本章第一节最后，提出了一个问题，这个问题涉及 this 指针。当成员函数被调用时，会有一个隐含的参数自动传递给该函数，这个隐含的参数是一个指向调用该成员函数对象的指针，叫作 this 指针。

例 12.6   类 Complex 描述的是复数类，它有两个数据成员：复数的实部 real 和虚部 imag。成员函数 set 设置 real 和 imag 的值，show 显示复数的值，add 执行两个复数的加法。

```
1        #include <iostream.h>
2        class Complex
3        {
4           private:
5              double real ,imag ;
6           public:
7              void set(double r ,double i);
8              void show( );
9              Complex add(Complex &c);
10       };
11       void Complex: : set(double r ,double i)
12       {
13          real=r , imag=i;
14       }
15       void Complex: : show( )
16       {
17         cout<< "real=" <<real<< ',' << "imag=" <<imag<<endl ;
18       }
19       Complex Complex: : add(Complex &c)
20       {
21         Complex  temp ;
22         temp.real = real +c.real;
23         temp.imag=imag+c.imag;
24         return temp ;
25       }
26       int  main( )
27       {
28         Complex ob1 ,ob2 ,sum;
29         ob1.set(1 ,3.5);
30         ob2.set(10.5 , 4);
31         sum =ob1.add(ob2);
32         sum.show( );
33         return 0;
34       }
```

　　运行结果：

```
real=11.5, imag=7.5
```

　　这里我们着重分析成员函数 add。它只有一个参数 c，c 是对 Complex 类型对象的引用（采用引用类型的目的是为了提高参数传递效率），该函数返回类型为 Complex，即返回一个复数。复数的加法是指两个复数的实部相加、虚部相加。可见，加法运算是在两个 Complex 对象之间进行的，运算结果是第三个 Complex 对象。但是成员函数 add 却只有一个参数 c，这是为什么呢？

　　原来，成员函数 add 还有一个隐含的参数 this，它是被自动传递给 add 函数的。this 指针指向当前调用 add 函数的对象。

　　编译器把成员函数 add 看成是下面的定义：

```
1       Complex Complex: : add(Complex  *const this, Complex &c )
2       {
3         Complex  temp ;
4         temp.real   =this->real + c.real ;
5         temp.imag   =this->imag+c.imag;
6         return temp ;
7       }
```

　　因此，当执行语句 sum=ob1.add(ob2) 时，this 指针指向对象 ob1，并作为隐含参数被自动传递给 ob1 对象的成员函数 add，同时，对象 ob2 也作为显式参数传给了 add 函数。

　　现在，可以回答本章第一节最后提出的那个问题了，虽然所有对象共享一个代码空间，在调用对象的成员函数时并没有显式传递什么参数，但是，编译器给成员函数传递了指向调用对象的 this 指针，该 this 指针作用于成员函数代码中的所有类中数据，这样，成员函数就是在处理调用该成员函数的对象的数据了。

　　对于以上陈述有如下几点说明：

　　1）this 指针是指向调用成员函数的对象指针，它的类型是：

　　类名　* const this ；

　　由此可见，this 指针是常量指针，在程序里不能直接给 this 赋值，但是可以给 this 指向的对象赋值：

```
*this = … ;
```

　　2）this 指针作为一个隐含参数自动传递给被调用的成员函数，并应用到成员函数中的类成员上。换句话说，经过 this 指针的作用，成员函数中直接引用的类成员（包括数据成员和成员函数）就是当前对象的成员；

　　3）在成员函数中可以显式引用 this 指针。例如：

```
void myClass: : modify( )
{
   myClass  StatusBackup ;
   StatusBackup =* this ;
   …//在这里使用this指针修改相关成员数据的值
   return  StatusBackup;
}
```

　　这段代码实现了对象内容的修改，并将修改前的对象状态进行备份。

4）当成员函数的形参标识符与类的数据成员同名时，需要使用 this 指针"显式"地指明数据成员以示区分。但这种情况应尽量避免，以提高程序的可读性。

```
1    #include <iostream.h >
2    class myClass
3    {
4      private:
5        int a ,b;
6      public :
7        myClass(int a, int b)
8        { this->a = a ;   this->b = b; }
9        void  print( )
10       { cout << a << "," << b << endl ; }
11   } ;
12   void  main ( )
13   { myClass t1(10,20);
14     t1.print();
15   }
```

12.5 拷贝构造函数

C 语言中经常用已经定义的变量给新定义的变量赋值（如：int a=b；），在 C++ 中也可以用已经创建的对象来构造正在实例化的对象。实例化的过程必然会自动调用构造函数来初始化构造新的对象，正如前面所讲，构造函数可以缺省参数，如果是用户自定义带缺省参数的构造函数，将会按照用户指定的默认值来初始化构造新对象，但更多的时候都是调用带参数的构造函数。

前面介绍的构造函数没有提到用同类型的对象来初始化构造新对象，这一节主要讨论同类型的对象之间相互赋值和初始化构造问题。用户自定义的结构体类型，系统允许该结构体变量相互之间整体赋值，同样，对于同一个 class 类型的两个对象，也允许相互直接赋值。

例 12.7

```
1      #include <iostream.h>
2      class myClass
3      {
4       private:
5         int a,b;
6       public:
7         myClass (int aa=0,int bb=0)
8         {
9.          a =aa, b=bb ;
10        }
11        void Show( )
12        {
13          cout<< "a=" <<a<< ' ' << "b=" <<b<<endl ;
14        }
15     };
16     int  main( )
17     {
18      myClass ob1 (1,2 ) ;
19      myClass ob2=ob1 ;
20      ob2.Show( ) ;
21      return 0;
22     }
```

运行结果:

```
a=1  b=2
```

程序中执行语句：myClass ob2 =ob1; 的作用是创建新对象 ob2，并把对象 ob1 的数据空间拷贝到 ob2 中。这样，ob2 对象就具有了与 ob1 对象一模一样的对象空间。

12.5.1 缺省拷贝构造函数

类对象在创建时我们需要调用构造函数来为对象进行初始化，前面所讲构造函数的参数都是与类数据成员相对应的，比如：myClass (int aa=0, int bb=0) 中 aa 与类成员 a 对应，bb 与 b 对应；另外还有一种构造函数，叫拷贝构造函数，这种构造函数具有一个与当前类同类型的参数，负责用已创建的一个该类型的对象来构造新的对象，其初始化的过程就是把已作初始化的对象"逐域"地拷贝到正在创建的对象中。

利用已有对象拷贝创建新对象的构造函数称为拷贝构造函数。与类中没有定义一般构造函数，编译器会自动在类中定义一个缺省构造函数一样，若类中没有定义拷贝构造函数，则编译器同样也会自动在类中定义一个缺省拷贝构造函数。

例 12.8

```
1      class Complex
2      {
3       private:
4         double real, imag;
5       public:
6         Complex ( const double r=0, const double ii=0 ) ;
7         Complex  Add(const Complex &c);
8         Complex  Sub(const Complex &c);
9         void Show( );
10     };
11     Complex: : Complex(const double r,const double ii)
12     {
13        real =r, imag =ii;
14     }
15     …//此处省略Add和Sub成员的定义
16     void Complex: : Show( )
17     {
18        cout<< "实部="<<real<< ' ' << "虚部="<<imag<<endl ;
19     }
20     int  main( )
21     {
22        Complex ob1(5.8,10.5);
23        Complex ob2(ob1);              // 调用缺省拷贝构造函数
24        ob2.Show( );
25        return 0;
26     }
```

运行结果:

```
实部=5.8  虚部=10.5
```

上面的程序没有定义拷贝构造函数，其参数为该类类型的一个对象，因此编译器给类加上了一个缺省的拷贝构造函数。当语句 Complex ob2(ob1); 执行时，首先为 ob2 分配内存空间，然后自动调用缺省拷贝构造函数，并把 ob1 作为实际参数传递给缺省拷贝构造函数。缺省拷贝构造函数把对象 ob1 的数据成员"逐域"地拷贝到对象 ob2 中，完成对 ob2 对象的创建和初始化过程。也就是说，缺省拷贝构造函数把用作初始值的对象"逐域"地拷贝到正在创建的对象中。

对于以上陈述有如下几点说明：

1）缺省拷贝构造函数是在类中没有拷贝构造函数时编译器自动加进类中的，但此时类中可能定义了一般构造函数；而缺省构造函数是在类中没有定义一般构造函数时编译器自动加上的。缺省构造函数的函数体为空，什么也不做，即并不能在创建对象时通过调用缺省构造函数来为对象初始化，而缺省拷贝构造函数是有执行任务的，它负责实现"逐域"地拷贝对象的数据。

2）尽管拷贝构造函数和赋值运算符 (=) 都是把一个对象的数据拷贝到另一个同类型对象，但二者是有区别的：拷贝构造函数用来创建新对象并完成对该对象数据成员的初始化；而赋值运算符则是用来改变一个已有对象的值。

12.5.2　自定义拷贝构造函数

拷贝构造函数用一个已有的同类型对象来初始化被创建的新对象，一般形式为：

类名（const 类名 & 参数名）；

例 12.9

```
1     class  Location
2     {
3      public :
4       Location ( int  xx = 0 ,  int  yy = 0 )
5       { X=xx ; Y=yy;  cout << "Object constructed." << endl ; }
6       Location ( Location & p ) ;
7       ~Location ( ) { cout << X << "," << Y << "Object destroyed." << endl ; }
8       int  GetX ( ) { return  X ; }
9       int  GetY ( ) { return  Y ; }
10     private :  int  X , Y ;
11    };
12
13    Location :: Location ( Location & p)
14    { X=p.X;  Y=p.Y;  cout << "Copy_constructor called." << endl ; }
15
16    main ( ) {
17      Location  A ( 1 , 2 ) ;
18      Location  B ( A ) ;        // 自定义的拷贝构造函数被调用
19      cout << "B:" << B.GetX ( ) << "," << B.GetY ( ) << endl ;
20    }
```

分析下面两段程序的运行结果。

```
1     // class Location 定义同上
2     void  f ( Location  p )
3     {
4       cout << "Funtion:" << p.GetX() << "," << p.GetY() << endl ;
5     }
6     main ( )
7     {
8       Location  A ( 1 , 2 ) ;
9        f ( A ) ;
10    }
```

```
1        // class Location 定义同上
2     Location  g ( )
3     {
4        Location  A ( 1 , 2 ) ;
5        return  A ;
6     }
7     main ( )
8     {
9        Location  B;
10       B = g ( ) ;
11    }
```

如果类不含指针类型的数据成员，那么缺省拷贝构造函数 "逐域" 地拷贝已存在的对象来初始化被创建的新对象是不会出错的。但如果类中包含指针类型的数据成员，则会产生运行错误。

例 12.10

```
1        #include <iostream.h>
2        #include <string.h>
3        class Message                 // 类Message用来保存一个消息串
4        {
5         private:
6            char *buffer ;             // 数据成员buffer指向被保存的消息串
7         public:
8            Message(const char *str);
9            ~Message( );
10           void show( );
11        };
12        Message: : Message(const char *str)
13        {
14           buffer =new char[strlen(str)+1];        // 堆区内存的分配
15           if ( buffer != 0 )  strcpy(buffer , str);
16        }
17        Message: : ~Message( )
18        {
19           delete[ ] buffer ;                       // 堆区内存的回收
20        }
21        void Message: : show( )
22        {
23           cout<<buffer<<endl ;
24        }
25
26        int  main( )
27        {
28           Message ob1( "Hello" );
29           Message ob2(ob1);                        // 产生运行错误
30           return 0;
31        }
```

Message 类的对象在创建时拥有编译器分配给它的栈内存，用来存放包括 buffer 指针成员自身的值，在构造函数中还用到了额外的堆区内存空间。main() 函数在执行语句 Message ob2(ob1); 时调用了编译器自动加上的缺省拷贝构造函数。由于这个缺省拷贝构造函数仅仅完成简单的 "逐域" 拷贝工作，这就是常说的 "浅拷贝"。于是 ob1.buffer 和 ob2.buffer 的值相同，意味着它们指向同一块内存空间，该空间保存了字符串"Hello"，如图 12-3 所示。

现在问题出现了：当撤销对象 ob2
时，执行析构函数，将释放 ob2.buffer
所指向的堆内存空间。接着系统又要
撤销 ob1，同样要执行一次析构函数，
也要释放 ob1.buffer 所指向的堆内存
空间。同一块内存空间被释放两次，
导致运行错误。

因此，如果类中有指针类型的数
据成员，且为该指针数据成员分配了

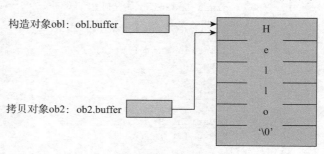

图 12-3   对象 ob2 创建后的内存图

堆区内存空间，一般在析构函数中会回收该分配的内存空间。当使用编译器自动提供的缺省
拷贝构造函数会导致多个对象的指针成员指向同一块堆内存空间，造成同一块堆内存空间被
回收多次的错误。

针对上述情况，应该定义自己的拷贝构造函数来实现"深拷贝"。

```
1       class Message
2       {
3           …    // 略
4           Message(const Message &mess);
5           …    // 略
6       };
7       …    // 略
8       Message: : Message(const Message &mess)
9       {
10          buffer =new char[strlen(mess.buffer)+1];
11          if ( buffer !=0 )   strcpy(buffer,mess.buffer);
12      }
13          …    // 略
```

当程序执行 Message ob2(ob1) 时，会调用用户自定义的拷贝构造函数。于是拷贝构造
函数为对象 ob2 的 buffer 指针成员重新分配内存空间，同时把 ob1 中 buffer 成员指向的消息
串拷贝到 ob2 中。这样，ob1 和 ob2 既含有相同的串，又不共用相同的空间。当每个对象被
撤销时，析构函数都会根据各自对象的 buffer 指针成员来回收释放自身的堆内存空间，互不
干扰。

12.6   运算符重载

C++ 中预定义的运算符操作对象只能是基本数据类型。但实际上，对于许多用户自定
义类型（如类），也需要类似的运算操作。这时就必须在 C++ 中重新定义这些运算符，赋予
已有运算符新的功能，使它能够用于特定类型执行特定的操作。运算符重载的实质是函数重
载，它提供了 C++ 的可扩展性，也是 C++ 最吸引人的特性之一。

运算符重载是通过创建运算符函数实现的，运算符函数定义了重载的运算符将要进行的
操作。运算符函数的定义与其他函数的定义类似，唯一的区别是运算符函数的函数名是由关
键字 operator 和其后要重载的运算符符号构成的。运算符函数定义的一般格式如下：

```
<返回类型说明符> operator <运算符符号>(<参数表>)
{    <函数体>    }
```

先来看一个对象定义并初始化的语句：

```
myClass ob1;
myClass ob4 = ob1 ; //语句1
```

该语句用来创建 ob4，并用对象 ob1 初始化 ob4。在语句 1 中，符号 (=) 不是赋值运算符。换句话说，语句 1 没有执行赋值操作，而是进行对象的创建和初始化工作。编译器在分析语句 1 时，首先为对象 ob4 分配内存，然后通过一个同类型对象 ob1 来创建 ob4，于是，它去寻找参数为 myClass 类型的构造函数，即拷贝构造函数 myClass(const myClass &me)，并把 ob1 作为实际参数传递给拷贝构造函数，创建对象 ob4。

再来看对象赋值语句：

```
myClass ob1;
myClass ob5
ob5 = ob1;    //语句2
```

该语句中符号 (=) 是赋值运算符，实现了对象 ob1 的值赋给 ob5 的功能。在类中，运算符被当作成员函数来处理，如赋值运算符就是成员函数 operator =。如果类 myClass 没有重载赋值运算符成员函数 (operator =)，语句 2 将调用缺省赋值运算符函数实现把对象 ob1 简单地"逐域"拷贝到对象 ob5 中。

总结一下创建对象常见的几种方式如下：

```
myClass ob1;              // 调用不带参数的构造函数
myClass ob2(ob1);         // 调用缺省拷贝构造函数或用户自定义拷贝构造函数
myClass ob3(3);           // 调用带整数类参数的构造函数
myClass ob4 =ob1;
myClass ob5 ;
ob5=ob1;
myClass ob6 =3 ;
```

其中，编译器在分析 myClass ob6 =3; 时，发现要通过整数 3 来创建对象 ob6。于是，编译器去寻找一个带整型参数的构造函数，即 myClass(int)，并把整数 3 传递给该构造函数，这样就创建了对象 ob6。

事实上，对象 ob4 和 ob6 创建时，都会产生临时对象，即先创建一个临时对象，为该临时对象调用对应的构造函数或拷贝构造函数。然后，编译器再把这个临时对象的数据成员的值拷贝给真正的对象。编译器会在合适时机自动撤销临时对象。

如果类没有自定义的重载赋值运算符函数，缺省赋值运算符函数就会和缺省拷贝构造函数一样，"逐域"拷贝对象中的每个数据成员，这样就会存在同样的弊端。当类中存在指针数据成员时，会出现多个对象的指针数据成员指向同一个堆内存空间，从而在撤销第二个对象时产生运行错误。

例 12.11　对象的内存变化如图 12-4 所示。

```
1       class Message
2       {   …   // 略
3       };
4       void main()
5       {
6           Message ob1( "Hello C++" ) ;
7           Message ob2( "C++ class" );
```

```
8          ob1 =ob2 ;
9       }
```

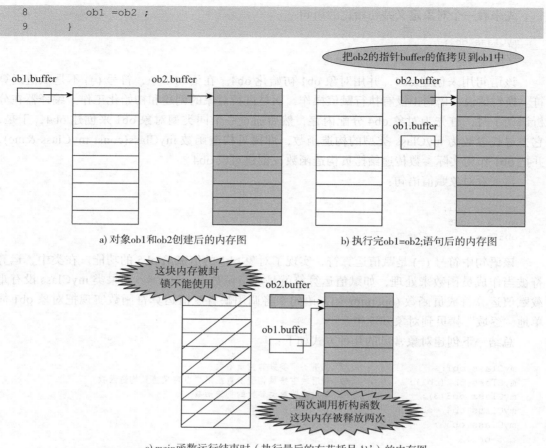

把ob2的指针buffer的值拷贝到ob1中

ob1.buffer　　ob2.buffer　　　　　　　　　　　　　ob2.buffer

ob1.buffer

a) 对象ob1和ob2创建后的内存图　　　　　　　b) 执行完ob1=ob2;语句后的内存图

这块内存被封锁不能使用

ob2.buffer

ob1.buffer

两次调用析构函数这块内存被释放两次

c) main函数运行结束时（执行最后的右花括号 '}' ）的内存图

图 12-4　对象 ob1 和 ob2 的内存变化图

　　前面的缺省拷贝构造函数就是因为简单"逐域"拷贝而导致类似的运行错误，解决的办法是在类中定义自己的拷贝构造函数。同样，这里也可以重新定义赋值 (=) 运算符的功能，不让它只是简单的"逐域"拷贝，这种方法就要用到运算符重载，下面给出针对本例的重载赋值运算符方法。

```
1    class Message
2    {
3       public:
4       …  // 略
5       void operator = ( Message &me) ;
6       …  // 略
7    }
8    …  // 略
9    void Message::operator =(Message &me)
10   {
11      if(this==&me)  return ;      // 判断是否为同一个对象
12      delete[ ] buffer ;
13      buffer =new char[strlen(me.buffer)+1];
14      strcpy(buffer , me.buffer);
15   }
16   void main()
```

```
17          {
18              Message ob1( "Hello") ;
19              Message ob2( "World");
20              ob1 =ob2 ;
21          }
```

此后，ob1=ob2，就相当于执行 ob1. operator = (ob2)，也就是说，把等号 (=) 看成是类的成员函数名，右值即成员函数的参数，返回调用成员函数 (=) 的对象 (*this)，在成员函数 (operator =) 中完成对 *this 对象（也就是这里的 ob1）的修改。而且重要的是，不再是简单的 "逐域" 拷贝，而是为 *this 对象重新分配 buffer 指针的目标空间，从而保证 ob1 和 ob2 不会互相干扰。因此，上面的运算符重载函数也可以这样写：

```
1           class Message
2           {
3             public:
4                …   // 略
5                Message & operator = ( Message &me) ;
6                …   // 略
7           }
8           …   // 略
9           Message & Message::operator =(Message &me)
10          {
11              if(this==&me)  return *this;        // 判断是否为同一个对象
12              delete[ ] buffer ;
13              buffer =new char[strlen(me.buffer)+1];
14              strcpy(buffer , me.buffer);
15              return *this;
16          }
17          void main()
18          {
19              …   // 略
20          }
```

对于以上例子有如下几点说明：

1）赋值操作是在对象被创建完毕以后的时间段完成的，针对一个已有的旧对象，完成对象状态的修改；而初始化是针对一个新对象，在对象创建的阶段，完成对其最初状态的设置。

2）运算符重载后，可以按它的表达方式使用，但不能改变它们的优先级，也不能改变运算符要求的操作数数目。一个运算符被重载后，原有意义没有失去，只是定义了相对一特定类的一个新运算符。运算符函数用成员函数重载时，必须是公有的（public）。

12.7　类的特殊成员

12.7.1　const 成员

const 可以修饰类的数据成员和成员函数，分别称作 const 数据成员、const 成员函数。

1. const 数据成员

const 修饰的变量称为一个常量，即保持初始值永远不变。定义 const 变量时必须给出初始值。在定义带有 const 数据成员的类时，会出现下面的类似情况，但遗憾的是，下面的代码是错的。

```
Class myClass
{
    private :
        const int ci =50;  //编译出错
    ...
};
```

C++ 规定：不允许在类的声明中为类的常量和引用数据成员提供初始值。那么，如何初始化常量和引用成员呢？需要在构造函数中采用成员初始化列表，格式为：

```
类名::类名(参数表)：  数据成员名(值)，数据成员名(值)，…数据成员名(值)
{
    函数体
}
```

例 12.12

```
1      #include <iostream.h>
2      class myClass
3      {
4         private:
5           const  int ci ;         // 常量数据成员
6           int  & ref ;            // 引用数据成员
7         public:
8          myClass(int &i) : ci(10),ref(i) //冒号(:)后面的ci(10)、ref(i)就是成员初始化列表
9           {      }
10          void Show( )
11          {
12              cout<<ci<<"," <<ref<<endl;
13          }
14      };
15      void main( )
16      {
17          int a=10;
18          myClass ob(a);
19          ob.Show( );
20      }
```

运行结果：

```
10,10
```

对于以上例子有如下几点说明：

1）成员初始化列表用于在创建对象的同时给对象数据成员赋初始值，因此，成员初始化列表只能用在构造函数中。成员初始化列表必须写在构造函数的参数表和构造函数的函数体之间，且与参数表之间用冒号（:）隔开。

2）如果构造函数定义在类的说明之外，则在类的构造函数原型说明后不能加入成员初始化列表，而必须写在构造函数定义处的参数表与构造函数函数体之间。

3）成员初始化列表可以同时给多个数据成员赋初值，成员初始化列表的各项应用逗号隔开。成员初始化列表不仅可以给常量和引用数据成员初始化，而且可以给普通数据成员初始化。

```
1      class myClass
2      {
3         private:
4            const int ci;
5            int   value;
6            float   flo;
7         public:
8            myClass( ):ci(10)
9            { }
10           myClass(int ii, int vv, float ff) : ci(ii), value(vv)
11           {
12               flo =ff ;          // 普通数据成员可以通过成员初始化列表来初始化，
13                                  // 也可以直接在构造函数的函数体内初始化
14       };
```

2. const 成员函数

类的一个特点是将数据封装成私有的，即不对外公开；而将对数据的处理函数封装成公有的或保护的，这些函数就成了外界访问类中数据的接口。但有时我们不希望函数修改类的数据成员的值，这时，可以把该成员函数指定为 const 成员函数。

```
1      class myClass
2      {
3         private:
4            int value;
5            int *ptr;
6         public:
7            myClass( )
8            {
9                ptr =new int ;
10           }
11           ~myClass( )
12           {
13               delete  ptr;
14           }
15           void Set(int v)
16           {
17               value =v;
18           }
19           void Setptr(int *p)
20           {
21               ptr =p;
22           }
23           int Get( ) const                //Get函数不能修改任何数据成员
24           {
25               return value;
26           }
27           void Good(int i)  const         //Good函数也不能修改任何数据成员
28           {
29               *ptr =i;        // 修改的是ptr指向的数据空间，该空间不是类的数据成员
30           }
31       };
```

对于以上例子有如下几点说明：

1）关键字 const 应该放在成员函数参数表和函数体之间。如果成员函数是在类的说明

体外面定义的，那么，在类的说明中该成员函数原型说明后也应加上 const。

```
class myClass
{ …
    int Get( ) const ;    //原型说明
};
int myClass::Get( )  const
{
    return value ;
}
```

2）普通对象可以访问类的 const 成员函数，也可以访问非 const 成员函数；而 const 对象只能访问类的 const 成员函数，不能访问非 const 成员函数。这是因为，如果允许 const 对象访问非 const 成员函数就可能造成对该 const 对象数据成员的修改，这当然是不允许的。对于 const 对象，程序不能修改它的任何数据成员。例如：

```
1      class myClass
2      {
3         private:
4           int value;
5         public:
6           myClass(int vv=0)
7           {    value =vv;    }
8           void Set(int v)
9           {    value =v;    }
10          int Get( )  const
11          {    return value ;    }
12      };
13      int  main( )
14      {
15        myClass   ob;
16        const myClass cob(4);              // 常量对象
17        ob.Set(10);
18        cob.Set(10);                       // 常量对象访问非const成员函数，编译出错
19        return 0;
20      }
```

3）一旦指定某个成员函数为 const 成员函数，编译器将自动检查该成员函数，看它有没有修改该类的数据成员，若修改了，则给出编译错误信息。与 const 对称的是 mutable，mutable 的含义是如果某个变量被其修饰，那么这个变量将永远处于可变的状态，即使在一个 const 成员函数中。例如：

```
1      class X
2      {
3          mutable int m;
4        public:
5         int readme( ) const
6         {
7            m++;          // 在const成员函数中也可修改mutable修饰的变量
8            return m;
9         }
10        void writeme(int i)
11        {
12           m=i;
```

```
13              cout<<m<<endl;
14          }
15  };
16  void main()
17  {
18      X a;
19      a.writeme(10);
20      a.readme();
21  }
```

12.7.2　静态成员

在 C 中用 static 修饰的变量被称作静态存储类型的变量，该变量的内存空间分配在静态全局数据区内，随着程序被装载到内存，它就开始拥有内存空间，直到程序运行完毕退出系统，它的内存空间也跟着程序空间一起被系统回收。

在 C++ 中，我们也可以通过在数据成员或成员函数的前面加上 static 修饰符，从而产生静态数据成员和静态成员函数。静态成员是属于整个类的而不是某个对象，不会随对象的消失而消失。静态成员变量只存储一份，为所有对象共用、共享。

1. 静态数据成员

静态数据成员同 C 中的静态变量一样，拥有"永久的"生存期。在类中，静态数据成员也有某种"共享性"，只是规定它被该类的所有对象共享访问。下面的例子是要实现记录当前系统中存在多少个 myClass 类的对象，在没有静态数据成员之前，我们通过一个全局变量在多个对象之间共享，达到记录驻留在系统中对象的个数的目的。

```
1   int count =0;
2   class myClass
3   {
4       private:
5           int value ;
6       public:
7           myClass( )
8           {
9               value =0;
10              count++ ;
11          }
12          ~myClass( )
13          {
14              count--;
15          }
16  };
```

每当程序中创建一个 myClass 类的对象时，构造函数将会被自动调用，从而使 count 变量自增一次。而当程序中撤销一个 myClass 类的对象时，析构函数会被自动调用，从而 count 变量自减一次。count 变量的值记录了当前存在系统中 myClass 类的对象。但上面这个例子存在最大的缺陷就是 myClass 不再是一个独立的类，而是一个依赖于全局变量 count 的类。

在几乎所有的编程思想里都强调少用全局变量，因为全局变量不利于程序的维护和模块的独立性。因此，使用静态成员变量既可以实现多个对象之间的数据共享，又不会破坏隐藏的原则，在保证了安全性的同时还可以节省内存。

静态成员的定义或声明要加个关键字 static。静态成员可以通过双冒号来使用，即：

< 类名 >::< 静态成员名 >

下面的程序在类 myClass 中使用静态数据成员 count 来改写，以避免全局变量对程序代码结构的影响。

```
1      #include <iostream.h>
2      class myClass
3      {
4        private:
5          int value ;
6        public:
7          static int count;      // 静态数据成员
8          myClass( )
9          {
10           value =0;
11           count++;
12         }
13         ~myClass( )
14         {    count--;    }
15     };
16     int myClass::count =0;              // 定义静态数据成员myClass::count
17     int  main()
18     {
19       cout<<myClass::count<<endl;
20       myClass ob1;
21       cout<< myClass::count<<endl;
22       myClass ob2;
23       myClass::count<<endl;
24       return 0;
25     }
```

运行结果：

```
0
1
2
```

对于以上例子有如下几点说明：

1）静态数据成员一般在类的 public 区说明。静态数据成员遵从类成员的访问规则：对于私有的静态数据成员，只能在类的成员函数和友元函数中访问，这涉及单态设计模式（每个类有且只能有一个实例对象），可参考其他书籍；对于公有静态数据成员，还能在程序的其他地方被访问。

2）静态数据成员必须在全局区定义，注意在定义时不要加上 static。定义格式为：

修饰符　数据类型　类名 :: 静态数据成员名 = 初始值;

其中，修饰符指 const、volatile 等。

同全局变量一样，类的静态数据成员生存期也是"永久的"，当程序装载到内存中它"诞生"，当程序运行结束退出系统，系统将程序代码空间以及所有分配给该应用程序的数据空间一起回收，自然也就撤销了静态数据成员的内存空间。但与全局变量不同，静态数据成员是类的成员，遵从一般类的成员访问规则。

3）当没有创建该类的任何对象时，静态数据成员仍然存在。从上一条说明可以理解，在程序刚运行时，并没有创建该类的任何对象，但类的静态数据成员已经在全局静态数据区被分配了空间。因此，我们常说静态数据成员是"类"的成员，却不说成是某个"对象"的成员，即静态数据成员的存在不依赖于类对象是否存在，没有 this 指针。在创建对象之前，我们通过类名 myClass::count 来访问静态数据成员。

4）在创建了对象以后，我们可以通过对象名来访问静态数据成员。但提倡使用"类名::静态数据成员名"的方式来访问静态数据成员，这样更好地反映了静态数据成员的本质。

5）静态数据成员被该类的所有对象共享，对于非静态数据成员 ob1.value 与 ob2.value 是不同地两个变量，对应内存中的两个不同空间。而静态数据成员 myClass::count，ob1.count 与 ob2.count 却是同一个变量，在全局内存区是同一个空间。

6）由于静态数据成员不属于特定的对象，因而不能使用构造函数和析构函数进行初始化和撤销。

2. 静态成员函数

为了能在类的外面，比如 main 函数中访问 myClass::count，我们将静态数据成员 count 设计成公有成员。这不符合面向对象程序设计风格，应该设计成把 count 说明为静态私有数据成员，然后提供一个静态成员函数 GetCount( ) 来访问 count。

为什么不能将 GetCount 函数设计成普通成员函数呢？因为，如果 GetCount 函数是普通成员函数，只有在创建了具体的对象以后，才能通过该对象来访问成员函数 GetCount，进而访问私有静态数据成员 count。因此，这不符合静态数据成员不依赖于特定对象的存在而存在的本质。为了能够在没有创建任何对象的前提下，也能通过成员函数 GetCount 来访问静态数据成员 count，我们把 GetCount 函数设计成静态成员函数。例：

```
1       #include <iostream.h>
2       calss Point
3       {
4          private:
5             int x,y;
6             static int count;
7          public:
8             Point(int xx=0,int yy=0)
9             {
10                x=xx, y=yy;
11                count++;
12             }
13             ~Point( )  {     count--;    }
14
15             static int GetCount( )
16             {
17                return count;
18             }
19       };
20       int  Point::count =0;        // 仍然需要在全局区定义
21       int  main( )
22       {
23          cout<<Point::GetCount( )<<endl;
24          return 0;
25       }
```

对于以上例子有如下几点说明：

1）在类的说明中，对静态成员函数的原型，必须要有 static，以表示为静态成员函数。静态成员函数也可以在类外定义，在定义时省略 static 关键字。静态成员函数不依赖于具体的对象，没有任何对象存在时，也可以访问静态成员函数。访问格式为：

类名 :: 静态成员函数名 (实际参数)；

2）当对象被创建后，也可以通过对象名来访问静态成员函数，但要"显式"地传递对象指针，才能访问对象的成员（不推荐这种用法）。例如：

```
1      #include <iostream.h>
2      class  X
3      {   int    member ;
4       public :
5          static  void func ( int  i ,  X * ptr ) ;
6      } ;
7      void X::func ( int  i ,  X * ptr )
8      {  // member = i ;              // error, 不知 member 引自哪一个对象?
9         ptr -> member = i ;          // 正确
10        cout<<ptr->member<<endl;
11     }
12     int  main ( )
13     {
14        X  obj ;
15        X :: func (1, &obj ) ;        // 正确, 仅对静态成员函数正确
16        obj. func (1, & obj ) ;        // 正确, 由&obj为func ( )传递对象指针
17     }
```

3）静态成员函数只能直接访问类的静态数据成员，不能直接访问类的非静态数据成员。原因在于，静态成员函数可以不依赖于任何该类的对象而存在，若在没有任何对象存在的情况下，如果静态成员函数中有对非静态数据成员的访问，则无法实现。

这可以通过 this 指针来解释，我们知道，在成员函数的调用过程中都要传递指向正在调用该成员函数的对象指针 this，而静态成员函数在调用时编译器不会传递 this 指针。这样，若静态成员函数中包含了对类的非静态数据成员的访问，由于没有 this 指针，则无法判断是对哪个对象的非静态数据成员的访问。因此，要"显式"地传递对象指针，才能访问对象的成员。

4）由于不传递 this 指针，从本质上看，静态成员函数不能算是严格的类成员函数。静态成员函数可以在没有声明类的任何实例（对象）之前就被执行。

12.8 对象成员

在类中可以说明具有类类型的数据成员，即对象成员。通过下面的例子了解一下对象成员的使用。

例 12.13

```
1      #include <iostream.h>
2      #include <string.h>
3      class   studentID
4      {
5          int   value;
6       public:
```

```
7          studentID ( int  d =0)
8          { value = d ;    cout<< "Assigning student id "<< value<< endl ; } ;
9          ~studentID( )      { cout<< "Destructing id " << value << endl ; } ;
10     } ;
11     class student
12     {
13         char   name[20] ;
14         studentID  id ;
15      public:
16         student ( char *pname =" no name ", int  ssID = 0 ) : id ( ssID )
17         { cout << "Constructing student " <<pname << endl ;
18           strncpy ( name , pname , sizeof ( name ) ) ;
19         } ;
20         ~student { cout<< "Destructing student " << pname << endl ; };
21     };
22     void  main( )
23     {
24         student  s ( "Tom",9818) ;
25     }
```

运行结果：

```
Assigning student id 9818
Constructing student Tom
Destructing student Tom
Destructing id 9818
```

对于以上例子有如下几点说明：

1）类的构造函数应在其初始化列表里调用对象成员类的构造函数。也就是说，要想初始化对象成员 id，必须在类 Student 构造函数的成员初始化列表中进行。

2）如果有多个对象成员需要初始化，则用逗号隔开各项。对象成员的初始化顺序可以随意安排，但编译器对对象成员的构造函数的调用顺序取决于对象成员在类中说明的顺序，与它们在成员初始化列表中给出的顺序无关。关于这点可以从这个角度来理解，因为类的声明是唯一的，而类的构造函数可以有多个，因此会有多个不同次序的初始化列表。如果成员对象按照初始化列表的次序进行构造，这将导致析构函数无法得到唯一的逆序。

3）析构函数的调用顺序恰好和构造函数的调用顺序相反，具有唯一性。

4）创建对象 s 时，编译器先执行对象成员的构造函数体为对象进行初始化，创建完所有的对象成员之后，才执行这个拥有对象成员的对象的构造函数体，以初始化该对象的其他成员。程序的执行流程如下：

①通过定义，为 s 对象分配内存空间，调用类 Student 的构造函数，传递实际参数给 ssID，否则类 StudentID 的构造函数得不到初始化数据 ssID。

②为成员初始化列表中的对象成员 id 调用类 StudentID 的构造函数，将 ssID 传递给类 StudentID 的构造函数，为对象 id 初始化。

③执行完类 Student 的成员初始化列表中所有对象的构造函数后，开始执行类 Student 的构造函数体，为 s 对象的其他成员进行初始化。

④在 s 对象撤销（destroy）之前，调用类 Student 的析构函数，执行完该析构函数后，开始撤销 s 对象，由于 s 对象所占内存空间中含有类 StudentID 的对象 id，故而调用类 StudentID 的析构函数，撤销 id 对象的内存空间后，撤销整个 s 对象的内存空间。

12.9 对象数组与对象指针

12.9.1 对象与数组

我们可以像定义 C 中的整型数组、结构体类型的数组一样定义类类型的对象数组。

（1）对象数组的一般概念

定义一个对象数组就是在定义中指明数组的元素类型为类类型，如：

```
myClass  arr[10];
```

该语句定义了一个 arr 数组，总共 10 个元素，且每个元素都是 myClass 类类型的对象。下面通过例子来看看对象数组同基本类型的数组相比一些额外需要关注的地方。

例 12.14

```
1        #include <iostream.h>
2        class myClass
3        {
4          private:
5             int  value ;
6          public:
7             myClass( )          {    value =0 ;  }
8             myClass( int v )     {    value =v ;  }
9             void Set(int v)      {    value = v ;  }
10            void Show( )          {    cout<< value <<endl ;   }
11       };
12       int  main( )
13       {
14          myClass arr[3];
15          int ii;
16          for(ii=0;ii<3;ii++)      arr[ii].Show( );
17          cout<<endl ;
18          for(ii=0;ii<3;ii++)
19          {
20             arr[ii].Set(ii);
21             arr[ii].Show( );
22          }
23          return 0;
24       }
```

运行结果：

```
0
0
0
0
1
2
```

本例中通过数组的定义，实际上定义了 3 个同类型的对象。在这个例子里，程序将自动调用不带参数的构造函数 myClass() 来创建三个数组元素。因此，这三个对象的 value 数据成员初始值都是 0。针对 class 类型的对象数组，编译器对未提供初值的元素在创建时统统按调用不带参数的构造函数来完成初始化设置。这是对象数组和普通预定义类型数组的主要区别。

由于对象数组是将数组与类对象的结合，所以对于对象数组元素的引用与数组元素的引用有关，也和对象的引用有关。首先，通过下标来引用特定的元素，其次，由于该元素是一个类对象，通过成员访问运算符（.）来访问元素对象的对应成员，如：arr[0].Show( )。

main 函数执行结束后，局部数组 arr 的 3 个对象元素都会被系统自动撤销，在撤销之前，系统会为每一个对象元素自动调用一次 myClass 类的析构函数。

（2）对象数组的初始化

同预定义类型的数组一样，对象数组在定义的同时也可以提供初始值。

例 12.15 沿用上面的类 myClass 的定义。

```
1    … //类myClass的定义
2    myClass arr[3]={0,1,2};   //外部数组
3    int  main( )
4    {
5        for(int ii=0;ii<3;ii++)      arr[ii].Show( ) ;
6        return 0;
7    }
```

运行结果：

```
0
1
2
```

本例中，在数组定义的同时为对应对象元素提供了初始值。这样，编译器在创建对象时调用带一个整型参数的构造函数 myClass(int)，并把对应元素的初始值作为实际参数传递给构造函数。

另一种初始化的方式是：

```
myClass  arr[3]={myClass(0),myClass(1),myClass(2)};
```

该初始化语句明确地通知编译器，创建对象元素就是调用构造函数 myClass(int)。

对于以上例子有如下几点说明：

1）与基本类型的外部数组不提供初值，系统会给所有元素清 0 不同的是：外部对象数组如果不给初值，对象元素的数据成员不一定清 0。系统会调用不带参数的构造函数（可能是缺省的，也可能是用户自定义的）来创建对象元素，故而，对象元素的数据初值的多少由该构造函数决定。

2）建议自定义不带参数的构造函数。针对上面的例子，如果对象数组定义时没有给出初始值，或者没有为所有对象元素都给出了初值，在这种情况下，对于没有提供初值的对象元素，编译器将调用不带参数的构造函数来创建它们。而如果我们没有自定义不带参数的构造函数的话，由于类中定义了带 int 参数的构造函数，系统不再自动定义缺省构造函数，这样的话，编译器就会给出编译错误信息。

12.9.2 对象与指针

（1）对象和指针

我们可以把 C 语言中所有具有内存空间的变量看成对象，这样的话，就可以统一到对象的高度来了。如果我们定义了一个类类型的对象，其内存空间的入口地址同样被称作指向该类类型对象的指针。例如：

myClass   a, * ptr = &a ;

&a 是对象 a 的入口地址，ptr 是一个 myClass 类类型的指针变量，通过赋值，让它指向了 myClass 的对象 a。当需要访问对象指针所指向的对象成员时，应该使用成员访问运算符"->"。

例 12.16

```
1     #include <iostream.h>
2     class myClass
3     {
4        private:
5           int  value;
6        public:
7           myClass(int v)    {   value =v;    }
8           void Show( )      {    cout<<value<<endl;    }
9     };
10    int  main( )
11    {
12       myClass  ob(10);
13       myClass  *ptr = &ob ;   // ptr指向对象ob
14       ptr->Show( );                // 利用成员访问运算符 '->' 访问所指对象的成员函数
15       myClass arr[3] ={0,1,2};
16       ptr =arr ;
17       for(int ii=0;ii<3;ii++)
18       {
19        ptr->Show( );
20        ptr++;
21       }
22       return 0;
23    }
```

运行结果：

```
10
0
1
2
```

对于以上例子有如下几点说明：

1）定义了数组 arr 后，数组名 arr 表示数组的入口地址，即数组第一个元素所占内存空间的地址值。因此，数组名是指向数组的指针，而且是常量指针。

2）指向对象数组的指针 ptr，如果通过 ptr++ 或 ptr-- 来改变指向关系，并不是指针值简单的增减 1，而是增减一个对象所占的字节数。因此，ptr++ 表示指向下一个对象元素，ptr-- 表示指向上一个对象元素。

（2）动态对象数组

前面我们通过直接定义对象数组来为数组对象分配空间，还可以通过运算符 new 来动态分配一个对象数组，然后，再通过运算符 delete 来释放这个对象数组所占的内存空间。

例 12.17   用 new 和 delete 来动态分配和回收对象数组。

```
1     #include <iostream.h>
2     class myClass
3     {
```

```
4          private:
5              int value ;
6          public:
7              myClass( int v )    {    value =v;    }
8              myClass( )          {    value =0;    }
9          };
10     void main( )
11     {
12         myClass * ptr=NULL ;
13         ptr =new  myClass(1) ;          // 调用构造函数myClass(int)创建动态对象
14         if(ptr==NULL)
15         {  cout<<" 内存不足！" <<endl;
16             exit(1);
17         }
18         myClass   *arr=NULL ;
19         arr =new  myClass[5];
20         if(arr==NULL)
21         {  cout<< "内存不足！" <<endl;
22             exit(1);
23         }
24         delete[ ]  arr;
25         delete  ptr ;
26     }
```

本例中，语句 arr=new myClass[5] 是动态分配 5 个 myClass 类的对象所需的内存，并为 5 个对象分别调用一次不带参数的构造函数。这样，就创建了一个大小为 5 的动态对象数组。

对于以上例子有如下几点说明：

1）动态对象数组与前面通过数组定义得到的对象数组的主要区别是：分配的内存空间不在同一个内存区，通过定义的对象数组是分配在栈空间或全局数据区，而动态对象数组是在堆空间里分配内存。

2）定义的对象数组可以通过数组名及下标来引用对象元素，而动态对象数组没有数组名，引用对象元素必须通过一个指针来完成，该指针指向堆空间中对象数组的第一个对象元素，借助指针的移动来逐个引用所有对象元素。因此，不能丢失该指针，否则，将无法引用动态对象数组，更严重的是，将造成所谓的"内存泄漏"，因为对于用 new 动态分配的内存空间，必须用 delete 来动态回收，delete 运算符的运算分量就是指向动态对象的指针，所以，一旦丢失指向动态数组第一个元素的指针，将无法回收动态数组空间。

3）用 new 分配单个动态对象时，我们可以为其指定一个初始值。但是用 new 分配动态对象数组时，不能指定任何初始值。因此，下面的语句存在语法错误：

```
arr =new myClass[5](1);
```

针对动态对象数组，由于不能指定任何初始值，编译器将只能调用不带参数的构造函数来创建每一个动态对象元素。如果类没有定义不带参数的构造函数，则编译出错。因此，强烈建议在类的设计时一定要提供自定义的不带参数的构造函数。

12.10 友元

类具备封装和信息隐藏的特性，只有类的成员函数才能访问类的私有成员，其他外部函数无法访问私有成员。在某些情况下，特别是在对成员函数多次调用时，由于参数传递，类型检查和安全性检查等都需要时间开销，进而影响程序的运行效率。为了解决上述问题，C++ 中提出一种使用友元的方案，通过关键字 friend 可以实现，friend 能够扩大私有成员的访问范围到全局函数或其他类的某成员函数，甚至扩大到其他类的整个域。友元给予别的类或非成员函数访问私有成员的权利，使用友元的目的是提高程序的运行效率。

类的友元分为友元函数和友元类。友元是函数时，该函数被称为友元函数；友元是类时，该类被称为友元类。友元函数的特点是能够访问类中的私有成员。友元函数从语法上看和普通函数相同，即在定义上和调用上和普通函数相同。友元类，即一个类能够作另一个类的友元。当一个类作为另一个类的友元时，这就意味着这个类的任何成员函数都是另一个类的友元函数。

12.10.1　友元函数

友元函数是一种定义在类外部的普通函数，但它需要在类体内进行说明，为了和该类的成员函数加以区别，在说明时前面加以关键字 friend。友元函数不是成员函数，但是它能够访问类中的私有成员。友元的作用在于提高程序的运行效率，但是，它破坏了类的封装性和隐藏性，使得非成员函数能够访问类的私有成员。

在类的说明中对友元函数原型说明，格式如下：

```
friend 返回类型 函数名(参数类型表);
```

例 12.18　友元函数示例。

```
1    class myClass
2    {
3      private:
4        int value;
5      public:
6        void Set(int v);
7        friend void FriendSet(myClass &ob,int v);
8    };
9    void myClass::Set(int v)
10   {
11       value=v;
12   }
13   void FriendSet(myClass &ob,int v)      // 友元函数的定义中不能加friend关键字
14   {
15       ob.value =v;
16   }
17   void main( )
18   {
19       myClass fri;
20       FriendSet(fri,10);
21   }
```

在 myClass 类的说明中定义了一个友元函数 FriendSet。关键字 friend 表示函数 FriendSet 是 myClass 类的友元，它可以访问类 myClass 对象的私有成员 value。

对于以上例子有如下几点说明：

1）判断是否为类的成员函数的依据是：编译器调用该函数时，是否传递了 this 指针。在调用友元函数时，编译器不传递 this 指针。所以友元函数不是类的成员函数。因此，友元

函数不能直接访问类的成员，只能访问对象的成员。虽然友元函数不是类的成员函数，但和普通函数不同，它可以访问某类的私有成员。

2）友元函数与成员函数的区别：Set( ) 是类的成员函数，编译器调用 Set 函数时，会把 this 指针作为隐含参数传递给它。因此，在成员函数 Set 中，不用在 value 前面指明对象，在成员函数参数类型表中不需要提供对象参数 myClass &ob。而 FriendSet 是类的友元函数，不属于 myClass 类的成员函数。编译器在调用它时，没有 this 指针传递给它。因此，在友元函数的参数中都必须明确、"显式"地指明要访问的对象，以表明它究竟访问的是哪个对象的成员。

3）如果在类中说明友元函数时，给出了该函数的函数体代码，则该友元函数也是内联的。

4）类的成员函数可以用作其他类的友元。

5）友元函数可以同时用作多个类的友元。

友元函数的另外一个作用是运算符重载。

下面是一个在 Complex 类中利用友元函数实现运算符重载的例子。

例 12.19

```
1       #include<iostream.h>
2       class Complex
3       {
4         private :
5           double    real ,  imag ;
6         public :
7           Complex ( double  r =0 ,  double  i = 0 ) ;
8           void  print ( )  const ;
9           friend  Complex  operator + ( const Complex & c1 , const Complex & c2 ) ;
10          friend  Complex  operator -  ( const Complex & c1 , const Complex & c2 ) ;
11          friend  Complex  operator -  ( const Complex & c ) ;
12      };

13      Complex :: Complex ( double  r ,  double  i ) { real = r ;  imag = i ; }
14      Complex  operator + ( const  Complex & c1 ,  const  Complex & c2 )
15      {
16        double   r = c1 . real + c2 . real ;
17        double   i = c1 . imag + c2 . imag ;
18        return  Complex ( r , i ) ;
19      }
20      Complex  operator - ( const  Complex & c1 ,  const  Complex & c2 )
21      {
22        double    r = c1 . real - c2 . real ;
23        double    i = c1 . imag - c2 . imag ;
24        return   Complex ( r , i ) ;
25      }
26      Complex  operator - ( const  Complex & c )
27      {
28        return  Complex ( - c . real ,  - c . imag ) ;
29      }
30      void  Complex :: print ( ) const
31      {
32        cout << '(' << real << " , " << imag << ')' << endl ;
33      }
```

```
34     int main ( )
35     {
36       Complex c1 ( 2.5 , 3.7 ) , c2 ( 4.2 , 6.5 ) ;
37       Complex  c ;
38       c = c1 - c2 ;              // c = operator - ( c1, c2 )
39       c . print ( ) ;
40       c = c1 + c2 ;              // c = operator + ( c1, c2 )
41       c . print ( ) ;
42       c = - c1 ;                 // c = operator - (c1)
43       c . print ( ) ;
44     }
```

利用运算符重载函数实现复数加法，以代替前面章节中 Complex 类中的 add() 函数功能。对于复数加法，需要实部和虚部分别相加得到和，即需要访问类的私有数据成员 real 和 imag。在原 Complex 类中，add() 是成员函数，可以直接访问私有数据，而加法运算符重载函数不是 Complex 类的成员函数，所以为了提供对私有数据的访问权限，在 Complex 中应将加法运算符重载函数声明为友元。类似地，可以实现复数的减法和取负的运算符重载函数。

那么，可不可以用成员函数来实现复数的加法或减法运算符重载函数呢？

```
1      class    Complex
2      {
3        private :
4          double   real ,  imag ;
5        public :
6          Complex ( int a )
7          {   Real = a ;   Imag = 0 ;    }
8          Complex ( double  r =0 ,  double  i = 0 ) ;
9          Complex  operator + (const Complex &c1) ;
10         …        // 略
11     } ;
12     …            // 略
13     }
14     void main( )
15     {
16       Complex  z (2, 3);
17       z = z + 27 ;   // 正确
18       z = 27 + z ;   // 错误
19     }
```

表达式 z + 27 可被解释为 z.operator + (27)，z 是复数对象，使用 "+" 的重载版本。由于重载运算符函数要求的右操作数也为复数，系统通过构造函数 Complex (int a) 将整数 27 转换为 Complex 类常量 Complex (27)，进而实现复数的加法。

但是，表达式 27 + z 可被解释为 27.operator + (z)，该式毫无意义。27 不是 Complex 类对象，不能调用运算符重载函数与对象 z 相加！此时，成员函数重载的运算符 "+" 不支持交换律。

更多关于运算符重载函数的内容请参考其他书籍。

12.10.2 友元类

友元也可以是一个类，即一个类是另一个类的友元，可以这样理解，类中的所有成员函数都是另一个类的友元。

例 12.20

```
1       #include <iostream.h>
2       class Two
3       {
4           private:
5               int value;
6           public:
7               void Show( ) {   cout<<value<<endl;   }
8               friend class One;
9       };
10      class One
11      {
12          private:
13              int value;
14          public:
15              one(int v) { value =v; }
16              void SetTwo(Two &ob) { ob.value =value; }
17      };
18      int  main( )
19      {
20          One ob1(8);
21          Two ob2;
22          ob1.SetTwo(ob2);
23          ob2.Show( );
24          return 0;
25      }
```

这个例子中，将类 One 说明成类 Two 的友元，因此，在类 One 的成员函数 SetTwo 中可以访问类 Two 的对象的私有成员。

友元关系不具备传递性和交换性。如果类 A 是类 B 的友元，类 B 是类 C 的友元，但类 A 不一定是类 C 的友元。如果类 A 是类 B 的友元，类 B 也不一定是类 A 的友元。

本章小结

类的实现是面向对象程序设计的基础，类定义体现了数据与操作的封装。一个类包含数据成员和成员函数。类是一种类型，类类型的变量称为对象。

类成员根据访问特性可以分为公有、私有和保护成员。

程序可以使用点（.）操作符和对象指针的箭头（->）操作符访问对象的公有成员。

C++ 把类中定义的成员函数默认为内联函数。

在类外定义的成员函数必须使用作用域区分符（::）指定函数的属性。

当创建对象时，C++ 自动定义一个指向对象的隐含的 this 指针。this 指针是局部于对象的常指针。

在 C++ 中，结构也是一种类，与类的区别是默认访问权限为 public(为了与 C 兼容)；在 C++ 中，联合也是一种类，联合也可以包含构造函数和析构函数、成员函数与友元函数。联合的所有成员只能为公有成员，关键字 private 不能用于联合（protected 也不能用）。

习题 12

1. 编程题。有一个学生类 Student，包括学生姓名（char name[20]）、性别（char sex）、成绩（int score）3 个字段，统计男女学生的人数，并设计一个友元函数，输出成绩对应的等级：大于等于 90 分为优；80～90 分为良；70～79 分为中；60～69 分为及格；小于 60 分为不及格。编程实现 Student 类，以及 main 函数。

2. 编程题。实现一个动态数组 Array 类：在构造函数中用 new 初始化数组的大小；在析构函数中用 delete 释放数组空间；当数组空间不够时，append 函数可以扩充数组的空间。类声明已给出，如下。要求完成类成员函数的实现。（无需写出主函数。）

```cpp
class Array
{
  private:
    int * p;
    int size;
  public:
    Array(int n );
    ~Array();
    void append(int extend_size);    // extend_size为扩充后的数组大小，大于size
};
```

第 13 章　继承与多态

13.1　继承的实现方式

面向对象程序设计与现实生活有极大的类似，在继承性上表现也很突出。如自然界中，猴子是灵长目的一大类，金丝猴具有了猴子的共有特征，同时又有不同于其他猴子的漂亮的金色猴毛。类似的，我们通过称为"继承"（Inheritance）的机制来模仿这种自然规律。继承机制允许类自动从一个或更多的类中继承其特性、行为和数据结构，允许根据需要进行更具体的定义来建立新类，即派生类。派生类对于基类的继承提供了代码的重用性，而派生类的增加部分提供了对原有代码扩充和改进的能力。若类 B 继承类 A，则称 B 是 A 的派生类，称 A 是 B 的基类。

继承帮助我们从层次上清晰地把握关系，是发现事物本质、解决新问题的常用办法，这种功能的实现有其重要的应用价值。类是面向对象程序设计中用来提供封装和抽象的逻辑单位。类的每个对象都包含了用于描述自身状态的数据集，并能通过接受特定的消息集来处理这个数据集。消息是由类接口提供的成员函数定义的，如果使用类集的程序员能通过增加、修改或替换给定类中的成员函数来扩充或裁剪这个类，以适合于更广泛的应用，就会极大地增加数据封装的价值，更方便地实现数据交流，从而避免人力资源的重复和浪费。在不断地探索中集思广益，于是继承出现了，并有了如今这极为重要的地位。

下面先介绍单继承。在单继承中，每个类可以有多个派生类，但最多只能有一个基类，从而形成一种树状结构。单继承定义的格式为：

```
class <派生类名>：<继承方式><基类名>
{
    <派生新类定义成员>
};
```

其中，class 是关键字，<派生类名>是新定义的一个类的名字，它是从<基类名>中派生的，并且是按指定的<继承方式>派生的。冒号"："将派生类与基类的名字分开，用于建立派生类和基类之间的层次关系。<继承方式>有如下三种。

13.1.1　公有继承

公有继承的关键字是 public。即：

```
class <派生类名>：public <基类名>
{
    <派生新类定义成员>
};
```

当类的继承方式为公有继承时，基类的公有成员和保护成员的访问属性在派生类中不变，而基类的私有成员不可被直接访问。也就是说基类的公有成员和保护成员被继承到派生类中访问属性不变，仍作为派生类的公有成员和保护成员，派生类的其他成员可以直接访问它们。在类族之外只能通过派生类的对象访问从基类继承的公有成员。

基类	public	protected	private
子类	public	protected	不可见

例 13.1   公有继承示例。

```
1     class Student  // 声明基类
2     {
3        private:
4           int num;
5           string name;
6           char sex;
7        public:
8           void get_value()
9           {
10             cin >> num >> name >> sex;
11          }
12          void display()
13          {
14             cout << "num: " << num << endl;
15             cout << "name: " << name << endl;
16             cout << "sex: " << sex << endl;
17          }
18    };
19
20    class Student1: public Student
21    {
22      private:
23         int age;
24         string addr;
25      public:
26         void get_value_1()
27         {
28            cin >> age >> addr;
29         }
30         void display_1()
31         {
32         //cout<<"num: "<<num<<endl;            //  错误
33         //cout<<"name: "<<name<<endl;          //  错误
34         //cout<<"sex: "<<sex<<endl;            //  错误
35           cout << "age: " << age << endl;      //  正确
36           cout << "address: " << addr << endl; //  正确
37         }
38    };
```

由于基类的私有成员对派生类来说是不能访问的，所以派生类的成员函数 display_1 不能直接访问基类的私有成员。只能通过基类的公有成员函数访问基类的私有成员。

13.1.2 私有继承

私有继承的关键字是 private。即：

```
class <派生类名>: private <基类名>
{
        <派生新类定义成员>
};
```

　　当类的继承方式为私有继承时，基类中的公有成员和保护成员都以私有成员的身份出现在派生类中，而基类的私有成员在派生类中不可直接访问。也就是说基类的公有成员和保护成员被继承后作为派生类的私有成员，派生类的其他成员可以直接访问它们，但是在类族外通过派生类的对象无法直接访问它们。无论是派生类的成员还是通过派生类的对象，都无法直接访问从基类继承的私有成员。

基类	public	protected	private
子类	private	private	不可见

例 13.2　私有继承示例。

```
1     class Student1: private Student
2     {
3       private:
4          int age;
5          string addr;
6       public:
7          void display_1()
8          {
9             display();
10            cout << "age: " << age << endl; //正确
11            cout << "address: " << addr << endl; //正确
12         }
13    };
14    int main()
15    {
16        Student1 stud1;
17        stud1.display_1();
18        return 0;
19    }
```

例子中采用的方法是：

1）在 main 函数中调用派生类的公有成员函数 stud1.display_1。

2）通过该函数调用基类的公有成员函数 diplay。

3）通过基类的公有成员函数 display 访问基类的私有数据成员。

13.1.3　保护继承

　　保护继承的关键字为 protected，即：

```
class <派生类名>: protected< 基类名>
{
        <派生新类定义成员>
};
```

　　保护继承中，基类的公有成员和保护成员都以保护成员的身份出现在派生类中，而基类的私有成员变量不可直接访问。这样，派生类的其他成员就可以直接访问从基类继承来的公有和保护成员，但在类的外部通过派生类的对象无法直接访问它们，无论是派生类的成员还是派生类的对象都无法直接访问基类的私有成员。

基类	public	protected	private
子类	protected	protected	不可见

例 13.3 保护继承示例。

```
1    class Student              //  声明基类
2    {
3       protected:              //  基类保护成员
4         int num;
5         string name;
6         char sex;
7       public:                 //  基类公有成员
8         void display();
9    };
10   class Student1: protected Student
11   {
12      private:
13        int age;
14        string addr;
15      public:
16        void display1();
17   };
18   void Student1::display1()
19   {
20      cout << "num: " << num << endl; //引用基类的保护成员
21      cout << "name: " << name << endl;
22      cout << "sex: " << sex << endl;
23      cout << "age: " << age << endl;
24      cout << "address: " << addr << endl;
25   }
```

13.1.4 访问控制相关分析

分析图 13-1 中不同模块对 x、y、z 的访问特性。

在 A 类中可以对 x、y、z 直接进行访问。

在 B 类中可以对 x、y 直接进行访问，不能对 z 直接进行访问。

在 C 类中可以对 x、y 直接进行访问，不能对 z 直接进行访问。

平行模块中可以对 x 直接进行访问，不能对 y、z 直接进行访问。

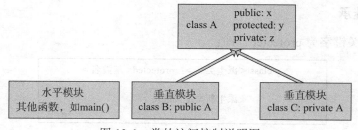

图 13-1 类的访问控制说明图

程序设计时，通常把类中的成员变量设为私有，因为如果把成员变量设置成公有便不利于类的封装，会让类的外部直接访问成员变量，这与 C++ 的封装思想相悖。因此对不允许用户直接操作的成员变量应设置为私有，并提供接口，即公有成员函数来访问该变量。同样，在子类中除了继承的成员，自己添加的新成员也应该遵循这种设计思想。如图 13-2 所示。

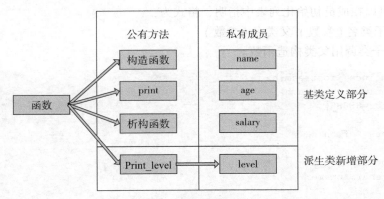

图 13-2　基类和派生类

13.2　子类的构造函数顺序

例 13.4　子类构造函数顺序示例。

```
1      #include <iostream.h>
2      class animal
3      {
4        public:
5          animal(int height, int weight)
6          {    cout << "animal construct" << endl;      }
7          ~animal()
8          {    cout << "animal destruct" << endl;      }
9          void eat()
10         {    cout << "animal eat" << endl;      }
11         void sleep()
12         {    cout << "animal sleep" << endl;      }
13         void breathe()
14         {    cout << "animal breathe" << endl;      }
15     };
16     class fish: public animal
17     {
18       public:
19          fish()
20          {    cout << "fish construct" << endl;      }
21          ~fish()
22          {    cout << "fish destruct" << endl;      }
23     };
24     void main()
25     {
26        fish fh;
27     }
```

对于以上例子有如下几点说明：

1）当构造 fish 子类的对象 fh 时，它需要先构造 animal 父类的对象，调用 animal 父类的默认构造函数（即不带参数的构造函数），而在程序中，animal 类只有一个带参数的构造函数，在编译时，编译器会自动产生一个不带参数的 animal 父类构造函数作为默认的构造函数。

2）在子类构造函数中想要调用父类有参数的构造函数（或子类要向父类的构造函数传递参数）时，可以在成员初始化列表中指明，格式为：

子类名 :: 子类名 (参数): 父类名 (参数)

例 13.5 子类调用父类构造函数。

```
1      #include <iostream.h>
2      #include <string.h>
3      int t=88888;
4
5      class Person
6      {
7      protected:
8          char *pname;
9      public:
10         Person(char *p)
11         { pname=new char[strlen(p)+1];
12            strcpy(pname,p);
13         }
14     void print(){cout<<pname<<endl;}
15     ~Person(){delete pname;}
16     };
17
18     class Student:public Person
19     {
20     protected:
21         int score;
22         const int ID;
23         int &QQ;
24     public:
25         Student(char *p,int i);
26         void output()
27         { Person::print();
28            cout<<score<<endl;
29         }
30         ~Student(){}
31     };
32
33     Student::Student(char *p,int i) :Person(p),ID(1),QQ(t)
34     {
35         score=i;
36     }
37
38     void main()
39     {
40         Student s("tom",98);
41         s.output();
42     }
```

此外还可以使用 this 指针来调用父类有参数的构造函数，具体做法如下代码。

例 13.6 利用 this 指针调用父类构造函数。

```
1      #include <iostream.h>
2      class animal
3      {
4        public:
5          animal(int height, int weight)
6            {        cout << "animal construct" << endl;        }
7      };
8      class fish: public animal
9      {
10       public:
11         fish()  {            this->animal::animal(400, 300);         }
12     };
13      void main()
14      {
15        fish fh;
16      }
```

当子类的新增成员中有父类的对象成员时，构造函数的顺序如何？

例 13.7 子类成员有父类的对象示例。

```
1      #include <stdio.h>
2      #include <string.h>
3      #include <iostream>
4      using namespace std;
5      class Person
6      {
7            char *name;
8            int age;
9            char sex;
10       public:
11         Person()
12         {
13             name = NULL;
14         }
15         Person(const char *n, int a, char s): age(a), sex(s)
16         {
17             name = new char[strlen(n) + 1];
18             strcpy(name, n);
19             cout << "Person construct" << endl;
20         }
21         ~Person()
22         {
23             delete name;
24         }
25     };
26      class Student: public Person
27      {
28          Person contacts;
29          int score;
30        public:
31          Student(const char *n, int a, char s, Person &p, int i): contacts(n, a,
           s), score(i)
32          {
33              cout << "Student construct" << endl;
34          }
35     };
36      int main()
```

```
37     {
38         Person dad("Tom", 40, 'M');
39         Student son("Jerry", 15, 'M', dad, 100);
40     }
```

这种情况下的构造函数与其他情况并无不同，也是遵循先执行父类构造函数，再执行子类构造函数，运行结果如下：

```
Person construct
Person construct
Student construct
```

13.3　多继承

13.3.1　多继承的概念

多继承是单继承的扩展，所谓的多继承指的是一个派生类可以有多个基类，派生类与每个基类之间的关系仍然可以看成单继承。

多继承下派生类的定义格式如下：

```
class < 派生类名 >: < 继承方式 1>< 基类名 1>,< 继承方式 2>< 基类名 2>,< 继承方式 3>< 基类名 3>…
{
    < 派生类类体 >
};
```

其中，继承方式可以为 public、private 或 protected。
例如：

```
class A
{
    ...
};
class B
{
    ...
};
class C : public A, public B
{
    ...
};
```

其中，派生类 C 具有两个基类（类 A 和类 B），因此，类 C 是多继承的。按照继承的规定，派生类 C 的成员包含了基类 A、B 中成员及该类本身的成员。

13.3.2　多继承的构造函数

在多继承的情况下，派生类的构造函数格式如下：

```
< 派生类名 >(< 总参数表 >): < 基类名 1>(< 参数表 1>),< 基类名 2>(< 参数表 2>),…
    < 子对象名 >(< 参数表 n+1>),…
{
    < 派生类构造函数体 >
}
```

其中，<总参数表>中各个参数包含了其后的各个分参数表。

多继承下派生类的构造函数与单继承下派生类构造函数相似，它必须同时负责该派生类所有基类构造函数的调用。同时，派生类的参数个数必须包含完成所有基类初始化所需要的参数个数。

派生类构造函数的执行顺序是先执行所属基类的构造函数，再执行派生类本身的构造函数，处于同一层次的各基类构造函数的执行顺序取决于定义派生类时所指定的各基类顺序，与派生类构造函数中所定义的成员初始化列表的各项顺序无关。也就是说，执行基类构造函数的顺序取决于定义派生类时基类的顺序。可见，派生类构造函数的成员初始化列表中各项顺序可以任意地排列。

例 13.8　多继承的构造函数示例。

```
1      #include <iostream.h>
2      class B1
3      {
4        public:
5          B1(int i)
6          {
7              b1 = i;
8              cout << "构造函数 B1." << i << endl;
9          }
10         void print()
11         {
12             cout << "B1.print()" << b1 << endl;
13         }
14       private:
15           int b1;
16     };
17
18     class B2
19     {
20       public:
21         B2(int i)
22         {
23             b2 = i;
24             cout << "构造函数 B2." << i << endl;
25         }
26         void print()
27         {
28             cout << "B2.print()" << b2 << endl;
29         }
30       private:
31         int b2;
32     };
33     class B3
34     {
35       public:
36         B3(int i)
37         {
38             b3 = i;
39             cout << "构造函数 B3." << i << endl;
40         }
41         int getb3()
42         {
```

```
43              return b3;
44          }
45      private:
46          int b3;
47  };
48  class A: public B2, public B1
49  {
50      public:
51          A(int i, int j, int k, int l): B1(i), B2(j), bb(k)
52          {
53              a = 1;
54              cout << "构造函数 A." << a << endl;
55          }
56          void print()
57          {
58              B1::print();
59              B2::print();
60              cout << "A.print()" << a << "," << bb.getb3() << endl;
61          }
62      private:
63          int a;
64          B3 bb;
65  };
66  void main()
67  {
68      A aa(1, 2, 3, 4);
69      aa.print();
70  }
```

运行结果：

```
构造函数 B2.2
构造函数 B1.1
构造函数 B3.3
构造函数 A.4
B1.print().1
B2.print()2
A.print()4, 3
```

13.3.3 多继承的二义性问题

一般说来，在派生类中对基类成员的访问应该是唯一的，但是，由于多继承情况下，可能造成对基类中某成员的访问出现了不唯一的情况，则称为对基类成员访问的二义性问题。

实际上，在上例中已经出现过这一问题了，回忆一下上例，派生类 A 的两基类 B1 和 B2 中都有一个成员函数 print()。如果在派生类中访问 print() 函数，到底是哪一个基类的呢？于是出现了二义性。但是在上例中已经解决了这个问题，其办法是通过作用域运算符 :: 进行了限定。如果不加以限定，则会出现二义性问题。

下面再列举一个简单的例子，对二义性问题进行深入讨论。

例 13.9 二义性示例。

```
1   class A
2   {
3       public:
```

```
4            void f();
5       };
6       class B
7       {
8         public:
9            void f();
10           void g();
11      };
12      class C: public A, public B
13      {
14        public:
15           void g();
16           void h();
17      };
```

对于以上例子有如下几点说明:

1)如果定义一个类 C 的对象 c1,则对函数 f()的访问 c1.f();便具有二义性:是访问类 A 中的 f(),还是访问类 B 中的 f()呢?

解决的方法可用前面用过的成员名限定法来消除二义性,例如:c1.A::f()或 c1.B::f()。

但是,最好的解决办法是在类 C 中定义一个同名成员函数 f(),类 C 中的 f()再根据需要来决定是调用 A::f()还是 B::f(),还是两者皆有,这样,c1.f()将调用 C::f()。

2)在前例中,类 B 中有一个成员函数 g(),类 C 中也有一个成员函数 g()。这时,c1.g();不存在二义性,它是指 C::g(),而不是指 B::g()。因为这两个 g()函数,一个出现在基类 B 中,一个出现在派生类 C 中,规定派生类的成员将隐藏基类中的同名成员。因此,上例中类 C 中的 g()支配类 B 中的 g(),不存在二义性。

3)当一个派生类从多个基类派生而来,而这些基类又有一个共同的基类,则对该基类中声明的成员进行访问时,也可能会出现二义性。

例 13.10 二义性示例。

```
1       class A
2       {
3         public:
4            int a;
5       };
6       class B1: public A
7       {
8         private:
9            int b1;
10      };
11       class B2: public A
12       {
13          private:
14             int b2;
15       };
16       class C: public B1, public B2
17       {
18          public:
19             int f();
20          private:
21             int c;
22       };
```

已知：C c1;

下面的两个访问都有二义性：

```
c1.a;
c1.A::a;
```

而下面的两个访问是正确的：

```
c1.B1::a;
c1.B2::a;
```

类 C 的成员函数 f() 用如下定义可以消除二义性：

```
int C::f()
{
    retrun B1::a + B2::a;
}
```

由于二义性的原因，一个类只能从同一个类中直接继承一次，例如：

class A : public B, public B

这是错误的。

对于以上例子有如下几点说明：

1）派生类对基类成员可以有不同的访问方式：

①派生类可以覆盖基类成员。

②派生类不能访问基类私有成员。

③公有继承基类的公有段和保护段成员访问权对派生类保持不变。

④私有继承基类的公有段和保护段成员成为派生类的私有成员。

2）派生类构造函数声明为：

派生类构造函数（参数表）：基类（参数表），对象成员（参数表）

执行顺序：

①先长辈：基类

②再客人：对象成员

③后自己：派生类

13.4　多态的实现方式

多态性是面向对象程序设计中的一个重要特性。多态性可以简单地概括为"一个接口，多种方法"，程序在运行时才决定调用的函数，它是面向对象编程领域的核心概念。多态（polymorphism），字面意思是多种形状。在对现实世界的抽象中，有时在派生类中的同一个成员函数需要与基类有不同的实现，这时就需要引入一个全新的概念：虚函数。将基类中的一个成员函数定义为虚函数后，在其派生类中，该成员函数可有新的实现，这正是多态性这一重要特征的体现。

C++ 多态性是通过虚函数来实现的，虚函数允许子类重新定义成员函数，而子类重新定义父类的做法称为覆盖（override）。而重载（overload）则是在一个类的内部允许有多个同名的函数，而这些函数的参数列表不同，允许参数个数不同、参数类型不同，或两者都不同。编译器会根据这些函数的不同列表，将同名的函数的名称做修饰，从而生成一些不同名称的预处理函数，来实现同名函数调用时的重载问题。但这并没有体现多态性。

多态与非多态的实质区别就是函数地址是早绑定还是晚绑定。如果对于函数的调用，在编译器编译期间就可以确定函数的调用地址，并生产代码，是静态的，就说地址是早绑定的。而如果函数调用的地址不能在编译器期间确定，需要在运行时才确定，这就属于晚绑定。

那么多态的作用是什么呢？封装可以使得代码模块化，继承可以扩展已存在的代码，它们的目的都是为了代码重用。而多态的目的则是为了接口重用。也就是说，不论传递过来的究竟是哪个类的对象，函数都能够通过同一个接口调用到适应各自对象的实现方法。

多态实现的途径是声明基类的指针，利用该指针指向任意一个子类对象，调用相应的虚函数，可以根据指向的子类的不同而实现不同的方法。即 C++ 多态性是通过虚函数来实现的。

如果没有使用虚函数的话，即没有利用 C++ 多态性，则利用基类指针调用相应函数时，将总被限制在基类函数本身，而无法调用到子类中被重写过的函数。因为没有多态性，函数调用的地址将是一定的，而固定的地址将始终调用到同一个函数，这就无法实现"一个接口，多种方法"的目的了。

13.4.1 虚函数的声明

虚函数是基类的公有部分或保护部分的某成员函数，在函数头前加上关键字"virtual"，其格式为：

```
class A
{
public：( 或 protected：)
virtual < 返回类型 > 成员函数名 ( 参数表 );
};
```

13.4.2 虚函数在派生类中的重新定义

虚函数在派生类中重新定义时，可以不再添加关键字 virtual，定义格式与普通成员函数一样。

例 13.11 虚继承示例。

```
1    class A
2    {
3      public:
4        virtual void print()
5        {
6          cout << "This is A" << endl;
7        }
8    };
9
10   class B: public A
11   {
12     public:
13       void print()
14       {
15         cout << "This is B" << endl;
16       }
17   };
```

```
18       int main()
19       {
20           A a;
21           B b;
22           A *p1 = &a;
23           A *p2 = &b;
24           p1->print();
25           p2->print();
26           return 0;
27       }
```

输出结果：

```
This is A
This is B
```

如果把基类中 virtual 关键字去掉，输出结果便成了：

```
This is A
This is A
```

再看下面超市购物的例子。

例 13.12　超市购物示例。

```
1        #include <iostream>
2        #include <string.h>
3        using namespace std;
4        class Goods
5        {
6          protected:
7            char *ventor;
8          public:
9            Goods(char *p)
10           {
11               ventor = new char[strlen(p) + 1];
12               strcpy(ventor, p);
13           }
14           virtual float output() = 0;  //{return 0.0;}
15           void print()
16           {
17               cout << "Ventor Brand: " << ventor << endl;
18           }
19           virtual ~Goods()
20           {
21               cout << "~Goods" << endl;
22               delete ventor;
23           }
24       };
25
26       class TV: public Goods
27       {
28         protected:
29           double price;
30           const int ID;
31         public:
32           TV(char *p, int i, float value);
33           float output()
34           {
35               Goods::print();
```

```
36          cout << "ID=" << ID << endl;
37          cout << "TV price=" << price << endl;
38          cout << "=====================" << endl;
39          return price;
40       }
41       ~TV()
42       {   cout << "~TV" << endl;        }
43   };
44   TV::TV(char *p, int i, float value): Goods(p), ID(i)
45   {
46     price = value;
47   }
48
49   class Refrigetor: public Goods
50   {
51     protected:
52       float price;
53       const int ID;
54     public:
55       Refrigetor(char *p, int i, float value): Goods(p), ID(i)
56       {
57          price = value;
58       }
59       float output()
60       {
61          Goods::print();
62          cout << "ID=" << ID << endl;
63          cout << "Refrigetor price=" << price << endl;
64          cout << "=====================" << endl;
65          return price;
66       }
67       ~Refrigetor()
68       {
69          cout << "~Refrigetor" << endl;
70       }
71   };
72
73   class AirConditionor: public Goods
74   {
75     protected:
76       float price;
77       const int ID;
78     public:
79       AirConditionor(char *p, int i, float value): Goods(p), ID(i)
80       {
81          price = value;
82       }
83
84       float output()
85       {
86          Goods::print();
87          cout << "ID=" << ID << endl;
88          cout << "AirConditionor price=" << price << endl;
89          cout << "=====================" << endl;
90          return price;
91       }
```

```
92              ~AirConditionor()
93              {
94                  cout << "~AirConditionor" << endl;
95              }
96          };
97
98      int main()
99      {
100         float total_price = 0.0;
101         int i;
102         Goods *g[3];
103         g[0] = new TV("Haier", 91801, 2000);
104         g[1] = new Refrigetor("Haier", 91801, 2500);
105         g[2] = new AirConditionor("Haier", 91801, 3000);
106         for (i = 0; i < 3; i++)
107         {
108             total_price += g[i]->output();
109             cout << "sizeof: " << sizeof(*g[i]) << endl;
110         }
111         cout << "total_price: " << total_price << endl;
112         for (i = 0; i < 3; i++)
113         {
114             delete g[i];
115         }
116         return 0;
117     }
```

输出结果：

```
Ventor Brand: Haier
ID=91801
TV price=2000
======================
sizeof: 8
Ventor Brand: Haier
ID=91801
Refrigetor price=2500
======================
sizeof: 8
Ventor Brand: Haier
ID=91801
AirConditionor price=3000
======================
sizeof: 8
total_price: 7500
~TV
~Goods
~Refrigetor
~Goods
~AirConditionor
~Goods
```

对于以上例子有如下几点说明：

1）既然虚函数使用的目的是为了在多态的实现过程中，派生类可以重新实现基类函数的定义，那么虚函数可以在基类中没有定义，要求任何派生类都定义自己的版本。这种虚函数称为纯虚函数，其说明形式为：

virtual　类型　函数名（参数表）＝ 0；

2）纯虚函数是一个在基类中说明的虚函数，它为各派生类提供一个公共界面，定义好了一组操作接口。

3）如果一个类中至少有一个纯虚函数，则该类称为抽象类。抽象类只能用作其他类的基类，抽象类不能建立对象，也不能用作参数类型、函数返回类型或显式转换的类型。但可以声明抽象类的指针和引用。

4）由于纯虚函数是没有定义函数语句的基类虚函数，派生类必须为每一个基类纯虚函数提供相应的函数定义。因此，如果从基类继承来的纯虚函数，在派生类中没有定义，该虚函数仍为纯虚函数，派生类仍为抽象类。

13.4.3　基类的析构函数是虚的

虚析构函数是为了解决基类的指针指向派生类对象，并用基类的指针删除派生类对象的问题。

如果某个类不包含虚函数，那一般是表示它将不作为一个基类来使用。当一个类不准备作为基类使用时，使析构函数为虚一般是个坏主意。因为它会为类增加一个虚函数表，使得对象的体积翻倍，还有可能降低其可移植性。

因此基本的一条是：无故的声明虚析构函数和永远不去声明一样是错误的。实际上，很多人这样总结：当且仅当类里包含至少一个虚函数的时候才去声明虚析构函数。

抽象类是准备被用作基类的，基类必须要有一个虚析构函数，纯虚函数会产生抽象类。所以方法很简单：在想要成为抽象类的类里声明一个纯虚析构函数。

有下面的两个类的示例。

例 13.13　虚析构函数示例。

```
1    class ClxBase
2    {
3      public:
4        ClxBase(){};
5        virtual ~ClxBase(){};
6        virtual void DoSomething()
7        {
8            cout << "Do something in class ClxBase!" << endl;
9        }
10   };
11   class ClxDerived: public ClxBase
12   {
13     public:
14       ClxDerived(){};
15       ~ClxDerived()
16       {
17           cout << "Output from the destructor of class ClxDerived!" << endl;
18       }
19       void DoSomething()
20       {
21           cout << "Do something in class ClxDerived!" << endl;
22       }
```

```
23        };
24        void main()
25        {
26        ClxBase *pTest = new ClxDerived;
27        pTest->DoSomething();
28        delete pTest;
29        }
```

输出结果：

```
Do something in class ClxDerived!
Output from the destructor of class ClxDerived!
```

但是，如果把类 ClxBase 析构函数前的 virtual 去掉，那输出结果就是下面的样子了：

```
Do something in class ClxDerived!
```

也就是说，类 ClxDerived 的析构函数根本没有被调用！一般情况下类的析构函数都是用来释放内存资源的，而析构函数不被调用的话就会造成内存泄漏。所以，虚析构函数是为了当用一个基类的指针删除一个派生类对象时，派生类的析构函数会被调用。

当然，并不是要把所有类的析构函数都写成虚函数。因为当类里面有虚函数的时候，编译器会给类添加一个虚函数表，用来存放虚函数指针，这样就会增加类的存储空间。所以，只有当一个类被用来作基类的时候，才把析构函数写成虚函数。

13.5　虚函数表

虚函数（Virtual Function）是通过一张虚函数表（Virtual Table）来实现的。简称为 V-Table。在这个表中，主要是一个类的虚函数的地址表，这张表解决了继承、覆盖的问题，保证其内容真实的反映实际函数。这样，在有虚函数的类的实例中这个表被分配在了这个实例的内存中，所以，当用父类的指针来操作一个子类的时候，这张虚函数表就显得尤为重要了，它就像一个地图一样，指明了实际应该调用的函数。

下面着重分析一下虚函数表。C++ 的编译器应该保证虚函数表的指针存在于对象实例中最前面的位置（这是为了保证取到的虚函数表有最高的性能——如果有多层继承或在多重继承的情况下）。这意味着通过对象实例的地址得到虚函数表，然后就可以遍历其中的函数指针，并调用相应的函数。

假设有这样的一个类：

```
class Base
{ public:
    virtual void f() { cout << "Base::f" << endl; }
    virtual void g() { cout << "Base::g" << endl; }
    virtual void h() { cout << "Base::h" << endl; }
};
```

可以通过 Base 的实例来得到虚函数表。下面是实际例程：

```
1        typedef void(*Fun)(void);
2        Base b;
3        Fun pFun = NULL;
4        cout << "虚函数表地址: " << (int*)(&b) << endl;
5        cout << "虚函数表——第一个函数地址: " << (int*)*(int*)(&b) << endl;
```

```
6        // Invoke the first virtual function
7. pFun = (Fun)*((int*)*(int*)(&b));
8. pFun();
```

实际运行结果如下：

```
虚函数表地址: 0012FED4
虚函数表——第一个函数地址: 0044F148
Base::f
```

这个示例通过强行把 &b 转成 int *，取得虚函数表的地址，然后，再次取址就可以得到第一个虚函数的地址了，也就是 Base::f()，这在上面的程序中得到了验证（把 int* 强制转换成了函数指针）。通过这个示例，就可以知道如何调用 Base::g() 和 Base::h()，其代码如下：

```
1        (Fun)*((int*)*(int*)(&b)+0); // Base::f()
2        (Fun)*((int*)*(int*)(&b)+1); // Base::g()
3        (Fun)*((int*)*(int*)(&b)+2); // Base::h()
```

画个图解释一下。如图 13-3 所示。

注意：虚函数表最后有一个节点，这是虚函数表的结束节点，就像字符串的结束符"/0"一样，其标志了虚函数表的结束。这个结束标志的值在不同的编译器下是不同的。

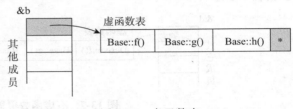

图 13-3　虚函数表

下面，分别说明"无覆盖"和"有覆盖"时的虚函数表的样子。没有覆盖父类的虚函数是毫无意义的。之所以要讲述没有覆盖的情况，主要目的是为了给一个对比。通过比较，可以更加清楚地知道其内部的具体实现。

- 一般继承：无虚函数覆盖

先来看看继承时的虚函数表是什么样的。假设有如图 13-4 所示的一个继承关系。

请注意，在这个继承关系中，子类没有覆盖父类的任何函数。那么，在派生类的实例中，对于实例 Derive d 的虚函数表，如图 13-5 所示。

可以看到下面几点：

1）虚函数按照其声明顺序放于表中。

2）父类的虚函数在子类的虚函数前面。

- 一般继承：有虚函数覆盖

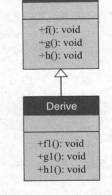

图 13-4　派生类的继承：
无虚函数覆盖

覆盖父类的虚函数是很显然的事情，不然，虚函数就变得毫无意义。下面来看一下，如果

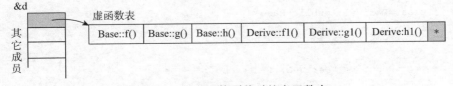

图 13-5　无虚函数覆盖时的虚函数表

子类中有虚函数重载了父类的虚函数，会是什么样子？假设有如图 13-6 所示的一个继承关系。

为了让大家看到被继承过后的效果，在这个类的设计中，只覆盖了父类的一个函数：f()。那么，对于派生类的实例，其虚函数表如图 13-7 所示。

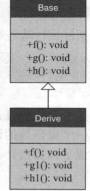

从表中可以看到下面几点：

1）覆盖的 f() 函数被放到了虚函数表中原来父类虚函数的位置。

2）没有被覆盖的函数依旧。

这样，就可以看到对于下面这样的程序：

```
1        Base *b = new Derive();
2        b->f();
```

由 b 所指的内存中虚函数表的 f() 函数的位置已经被 Derive::f() 函数地址所取代，在实际调用发生时，是 Derive::f() 被调用了，这就实现了多态。

图 13-6 派生类的继承：有虚函数覆盖

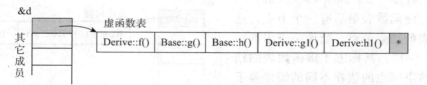

图 13-7 有虚函数覆盖时的虚函数表

在下面的例程中加入断点调试，可以清楚地看到多态的实现过程。

例 13.14 虚函数表示例。

```
1     #include <iostream>
2     using namespace std;
3     class Base
4     {
5       public:
6         virtual void f()
7         {
8             cout << "Base::f" << endl;
9         } virtual void g()
10        {
11            cout << "Base::g" << endl;
12        }
13        virtual void h()
14        {
15            cout << "Base::h" << endl;
16        }
17    };
18
19    class Derive1: public Base
20    {
21        virtual void f()
22        {
23            cout << "Derive1::f" << endl;
24        }
```

```
25          };
26      class Derive2: public Base
27      {
28          virtual void f()
29          {
30              cout << "Derive2::f" << endl;
31          }
32      };
33
34      void main()
35      {
36          Base *d;
37          Derive1 d1;
38          Derive2 d2;
39          d = &d1;
40          d->f(); //断点1
41          d = &d2;
42          d->f(); //断点2
43      }
```

通过对上面例程的调试，可以看到虚函数表里相应位置已被替换为子类重写的虚函数，这正是多态的实现过程，如图 13-8 所示。

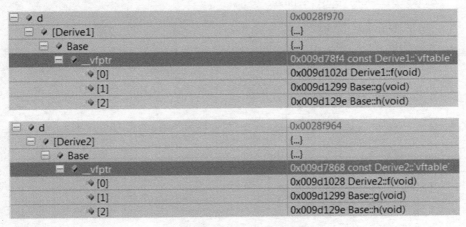

图 13-8　虚函数地址的变化

13.6　重载、隐藏和覆盖的区别

成员函数的重载、覆盖（override）与隐藏很容易混淆，必须要搞清楚概念，否则错误将防不胜防。

重载的特征：

1）处在相同的空间中，即相同的范围内。

2）函数名相同。

3）参数不同，即参数个数不同，或相同位置的参数类型不同。

4）virtual 关键字对是否够成重载无任何影响。

每个类维护一个自己的名字空间，即类域，所以派生类跟基类处于不同的空间之中，因此，虽然派生类自动继承了基类的成员变量及成员函数，但基类的函数跟派生类的函数不可能直接构成函数重载，因为它们处在两个不同的域中。

隐藏规则：

1）派生类的函数跟基类的函数同名，但是参数不同，此时，无论有没有 virtual 关键字，基类函数都将被隐藏。

2）派生类的函数跟基类的函数同名，且参数也一样，但基类没有 virtual 关键字，此时基类函数也将被隐藏。

下面举个例子可能好理解一些。

例 13.15　隐藏的示例。

```
1      #include <iostream>
2      class Base
3      {
4        public:
5          void g(float x)
6          {
7              cout << "Base::g(float) " << x << endl;
8          }
9          void h(float x)
10         { cout << "Base::h(float) " << x << endl;
11         }
12     };
13     class Derived: public Base
14     {
15       public:
16         void g(int x)
17         {
18             cout << "Derived::g(int) " << x << endl;
19         }
20         void h(float x)
21         {
22             cout << "Derived::h(float) " << x << endl;
23         }
24     };
25
26     int main(void)
27     {
28         Derived d;
29         Base *pb = &d;
30         Derived *pd = &d; // Bad : behavior depends on type of the pointer
31         pb->g(3.14f);      // Base::g(float) 3.14
32         pd->g(3.14f);
33         // Derived::g(int) 3 (surprise!) // Bad : behavior depends on type of
           // the pointer
34         pb->h(3.14f); // Base::h(float) 3.14 (surprise!)
35         pd->h(3.14f); // Derived::h(float) 3.14
36     }
```

参照隐藏规则，可以知道，派生类的成员函数都隐藏了基类的同名函数。

到这里可以讲一下对"隐藏"这个动词的理解了。所谓的隐藏，指的是派生类类型的对象、指针、引用访问基类和派生类都有的同名函数时，访问的是派生类的函数，即隐藏了基类的同名函数。隐藏规则的底层原因其实是 C++ 的名字解析过程。

在继承机制下，派生类的类域被嵌套在基类的类域中。派生类的名字解析过程如下：

1）首先在派生类类域中查找该名字。

2）如果第一步中没有成功查找到该名字，即在派生类的类域中无法对该名字进行解析，则编译器在外围基类类域中对所查找的该名字进行定义。

所以，准确来说，当基类跟派生类共享一个名字时，派生类成员是"隐藏了对基类成员的直接访问"，只要加上作用域限定，还是可以访问到基类成员的。

覆盖是指派生类函数覆盖基类函数，覆盖规则的定义如下：

1）不同的范围（分别位于派生类与基类）。

2）函数名字相同。

3）参数相同。

4）基类函数必须有 virtual 关键字。

本章小结

可以用一个指向基类的指针指向其公有派生类的对象。但却不能用指向派生类的指针指向一个基类对象。一个指向基类的指针可用来指向从基类公有派生的任何对象，这一事实非常重要，它是 C++ 实现运行时多态的关键途径。

如果基类中的函数是虚函数，当使用基类指针或引用访问派生类对象时，将基于实际运行时基类指针所指向的派生类对象类型来调用派生类的函数。

纯虚函数是没有定义函数语句的基类虚函数，派生类必须为每一个基类纯虚函数提供相应的函数定义。如果一个类中至少有一个纯虚函数，则该类称为抽象类。抽象类只能用作其他类的基类，抽象类不能建立对象。

习题 13

1. 分析下面程序有何错误，并修改正确。

（1）

```
class X
{
   protected : int  i , j ;
   public :
      void  get_ij ( ) { cout << "Enter two numbers:" ; cin >> i >> j ; } ;
      void  put_ij ( ) {cout << i << "  " << j << '\n' ; } ;
};
class  Y : private  X
{
    int  k ;
   public :
   int  get_k ( ) { return k ; };
      void  make_k ( ) { k = i * j ; } ;
} ;
class  Z : public  Y
{
   public :
      void  f( )
      { i = 2 ; j = 3 ;
      };
};

main ( )
```

```
{
   Y  var1;   Z  var2 ;
   var1 . get_ij ( ) ;
   var1 . put_ij ( ) ;
   var1 . make_k ( ) ;
   cout << var1 . get_k ( ) << '\n' ;
   var2 . put_ij ( ) ;
}
```

（2）

```
class  A
{
  public :
     void  setA ( int  x ) { a = x ; } ;
     void  showA( ) { cout << a << endl ; } ;
  private :  int  a ;
} ;
class  B
{
  public :
     void  setB ( int  x ) { b = x ; } ;
     void  showB ( ) { cout << b << endl ; } ;
  private :  int  b ;
} ;
class  C : public  A , private  B
{
  public :
     void  setC ( int  x , int  y , int  z ) { setA ( x ) ;  setB ( y ) ;  c = z ; } ;
     void  showC ( ) { showA ( ) ;  showB ( ) ;  cout << c << endl ; } ;
  private :  int  c ;
} ;

main ( )
{
  C  obj ;
  obj . setA ( 5 ) ;
  obj . showA ( ) ;
  obj . setC ( 6 , 7 , 9 ) ;
  obj . showC ( ) ;
  obj . setB ( 6 ) ;
  obj . showB ( ) ;
}
```

（3）

```
class  base
{
  public :
     virtual  void  vf1 ( ) {cout<<"vf1 in base"<<endl;};
     virtual  void  vf2 ( ) {cout<<"vf2 in base"<<endl;};
     virtual  void  vf3 ( ) {cout<<"vf3 in base"<<endl;};
     void  f ( ) {cout<<"f in base"<<endl;};
} ;

class  derived : public  base
{
```

```
  public :
    void  vf1 ( ) {cout<<"vf1 in derived"<<endl;};
    void  vf2 ( int ) {cout<<"vf2 in derived"<<endl;};
    char  vf3 ( ) {cout<< "vf3 in derived"<<endl;};
    void  f ( ) {cout<< "f in derived" <<endl;};
};

void  main ( )
{
    derived   d ;
    base  * bp = & d ;
    bp -> vf1 ( ) ;
    bp -> vf2 ( ) ;
    d.vf2(1) ;
    bp -> f ( ) ;
    derived  * dp = & d ;
    dp->f();
    dp->vf2(1) ;
};
```

2. 分析下面程序的输出结果。

（1）

```
class  base
{
   public :  int  a ,  b ;
            void f(){cout<<" f in base"<<endl;};
};
class  derived : public  base
{
  public :   int  b ,  c ;
            void f(){cout<<" f in derived"<<endl;};
} ;
void  main ( )
{
   derived  d ;
   d . a = 1 ;
   d . base :: b = 2 ;
   d . b = 3 ;
   d . c = 4 ;
   d . base::f();
   d . f();
};
```

（2）

```
#include <iostream.h>
class  parent_class
{
    int  private1 , private2 ;
  public :
    parent_class ( int  p1 , int  p2 ) { private1 = p1; private2 = p2; }
    int  inc1 ( ) { return  ++private1; }
    int  inc2 ( ) { return  ++private2 ; }
    void  display ( )
    {cout << "private1=" << private1 << " , private2=" << private2 << endl ; }
```

```
    } ;

    class  derived_class : private  parent_class
    {
        int  private3 ;
        parent_class  private4 ;
      public:
        derived_class ( int  p1 , int  p2 , int  p3 , int  p4 , int  p5 )
              : parent_class ( p1 , p2 ) , private4 ( p3 , p4 )
        { private3 = p5 ; }
      int  inc1 ( ) { return  parent_class :: inc1 ( ) ; }
      int  inc3 ( ) { return  ++private3 ; }
      void  display ( )
      { parent_class :: display ( ) ;
        private4 . parent_class :: display ( ) ;
        cout << "private3=" << private3 << endl ;
      }
    } ;

    main ( )
    {
      derived_class  d1 ( 17 , 18 , 1 , 2 , -5 ) ;
      d1 . inc1 ( ) ;
      d1 . display ( ) ;
    }
```

（3）

```
#include <iostream.h>
class A {
        protected:         int k;
        public:
                A( ) { k=3; }
                virtual int GetValue( ) { return k; }
};
class B: public A {
        public:
                virtual int GetValue( ) { return k*2; }
};

void F(A * p)
{      cout<<p->GetValue( )<<endl;
}

void main()
{
   B *bp=new B;
   F(bp);
}
```

（4）

```
#include <iostream.h>
class Base
{
   public:
```

```
        virtual void f(float x){ cout << "Base::f(float) " << x << endl; }
        void g(float x){ cout << "Base::g(float) " << x << endl; }
        void h(float x){ cout << "Base::h(float) " << x << endl; }
};
class Derived : public Base
{
  public:
        virtual void f(float x){ cout << "Derived::f(float) " << x << endl; }
        void g(int x){ cout << "Derived::g(int) " << x << endl; }
        void h(float x){ cout << "Derived::h(float) " << x << endl; }
};
void main(void)
{
    Derived d;
    Base *pb = &d;    Derived *pd = &d;
    pb->f(3.14f);     pd->f(3.14f);
    pb->g(3.14f);     pd->g(3.14f);
    pb->h(3.14f);     pd->h(3.14f);
}
```

（5）

```
class  Base
{
  public : virtual  void  who ( ) { cout << "base\n" ; } } ;

class  first_d : public  Base
{ public : void  who ( ) { cout << "First derivation\n" ; } } ;

class  second_d : public  Base
{public : void  who ( ) { cout << "Second derivation\n" ; } } ;

main ( )
{
  Base base_obj ;        Base * p ;
  first_d  first_obj ;      second_d  second_obj;
  p = & base_obj ;
  p -> who ( ) ;
  p = & first_obj ;
  p -> who ( ) ;
  p = & second_obj ;
  p -> who ( ) ;
}
```

3. 编程题。定义一个货物 Goods 类，它派生 3 种不同的电器子类：冰箱、彩电、空调。顾客购买了 3 种电器，比如海尔冰箱、长虹彩电、格力空调。即各创建一个实际的对象。使用虚函数，求这些电器价格之和。编程实现 3 种不同的电器子类，以及 main 函数。

附录 A   ASCII 码表

ASCII 码是 American Standard Code for Information Interchange（美国国家标准信息交换码）的缩写，由美国国家标准化协会制定，它给出了 128 个字符的 3 种进制的 ASCII 代码值。

字符	十进制	八进制	十六进制	字符	十进制	八进制	十六进制	字符	十进制	八进制	十六进制	字符	十进制	八进制	十六进制
NULL	0	000	00	SP	32	040	20	@	64	100	40	'	96	140	60
SOH	1	001	01	!	33	041	21	A	65	101	41	a	97	141	61
STX	2	002	02	"	34	042	22	B	66	102	42	b	98	142	62
ETX	3	003	03	#	35	043	23	C	67	103	43	c	99	143	63
EOT	4	004	04	$	36	044	24	D	68	104	44	d	100	144	64
END	5	005	05	%	37	045	25	E	69	105	45	e	101	145	65
ACK	6	006	06	&	38	046	26	F	70	106	46	f	102	146	66
BEL	7	007	07	,	39	047	27	G	71	107	47	g	103	147	67
BS	8	010	08	(	40	050	28	H	72	110	48	h	104	150	68
HT	9	011	09	)	41	051	29	I	73	111	49	i	105	151	69
LF	10	012	0A	*	42	052	2A	J	74	112	4A	j	106	152	6A
VT	11	013	0B	+	43	053	2B	K	75	113	4B	k	107	153	6B
FF	12	014	0C	,	44	054	2C	L	76	114	4C	l	108	154	6C
CR	13	015	0D	—	45	055	2D	M	77	115	4D	m	109	155	6D
SO	14	016	0E	.	46	056	2E	N	78	116	4E	n	110	156	6E
SI	15	017	0F	/	47	057	2F	O	79	117	4F	o	111	157	6F
DLE	16	020	10	0	48	060	30	P	80	120	50	p	112	160	70
DC1	17	021	11	1	49	061	31	Q	81	121	51	q	113	161	71
DC2	18	022	12	2	50	062	32	R	82	122	52	r	114	162	72
DC3	19	023	13	3	51	063	33	S	83	123	53	s	115	163	73
DC4	20	024	14	4	52	064	34	T	84	124	54	t	116	164	74
NAK	21	025	15	5	53	065	35	U	85	125	55	u	117	165	75
SYN	22	026	16	6	54	066	36	V	86	126	56	v	118	166	76
ETB	23	027	17	7	55	067	37	W	87	127	57	w	119	167	77
CAN	24	030	18	8	56	070	38	X	88	130	58	x	120	170	78
EM	25	031	19	9	57	071	39	Y	89	131	59	y	121	171	79
SUB	26	032	1A	:	58	072	3A	Z	90	132	5A	z	122	172	7A
ESC	27	033	1B	;	59	073	3B	[	91	133	5B	{	123	173	7B
FS	28	034	1C	<	60	074	3C	\	92	134	5C			124	174	7C
GS	29	035	1D	=	61	075	3D	]	93	135	5D	}	125	175	7D
RS	30	036	1E	>	62	076	3E	^	94	136	5E	~	126	176	7E
US	31	037	1F	?	63	077	3F	_	95	137	5F	del	127	177	7F

附录 B C 语言中的关键字

auto	break	case	char	const
continue	default	do	double	else
enum	extern	float	for	goto
If	int	long	register	return
short	signed	sizeof	static	struct
switch	typedef	union	unsigned	void
voltatile	while			

附录 C　C 语言中的常用库函数

　　库函数并不是 C 语言的一部分。它是由人们根据需要编制并提供给用户使用的。每一种 C 编译系统都提供了一批库函数，不同的编译系统所提供的库函数的数目和函数名及函数功能是不完全相同的。ANSI C++ 标准提出了一些某些 C 编译系统未曾实现的函数。考虑到通用性，本书列出 ANSI C++ 标准建议提供的、常用的部分库函数。对多数 C 编译系统，可以使用这些函数的绝大部分。由于 C 库函数的种类和数目很多（例如，还有屏幕和图形函数、时间和日期函数、与系统有关的函数等，每一类函数又包括各种功能的函数），限于篇幅，本附录不能全部介绍，只从教学需要的角度列出最基本的函数。读者在编制 C 程序时可能要用到更多的函数，请查阅所用系统的手册。

1. 数学函数

使用数学函数时，应该在该源文稿件中使用以下命令行：

`#include <math.h>` 或 `#include "math.h"`

函数名	函数原型	功　能	返回值	说　明
abs	int abs (int x)	求整数 x 的绝对值	计算结果	
acos	double acos (double x) ;	计算 arccos (x) 的值	计算结果	x 应在 -1 到 1 范围内。
asin	double asin (double x) ;	计算 arcsin (x) 的值	计算结果	x 应在 -1 到 1 范围内。
atan	double atan (double x)	计算 arctan (x) 的值	计算结果	
atan2	double atan2 (double x, double y);	计算 arctan (x/y) 的值	计算结果	
cos	Double cos (double x) ;	计算 cos (x) 的值	计算结果	x 的单位为弧度。
cosh	Double cos (double x);	计算 x 的双曲余弦 cosh (x) 的值	计算结果	
exp	Double exp (double x) ;	求 e^x 的值	计算结果	
fabs	double fabs (double x) ;	求 x 的绝对值	计算结果	
log	double log (double x) ;	求 $\log_e x$，即 $\ln x$	计算结果	
log10	double log10 (double x) ;	求 $\log_{10} x$	计算结果	
pow	double pow (double x, double y);	计算 x^y 的值	计算结果	
rand	int rand (void);	产生 -90 到 32 767 间的随机整数	随机整数	
sin	double sin (double x);	计算 sinx 的值	计算结果	x 的单位为弧度。
tanh	double tanh (double x);	计算 x 的双曲正切函数 tanh (x) 的值	计算结果	

2. 字符函数和字符串函数

ANSI C 标准要求在使用字符串函数时要包含头文件 "string.h"，在使用字符函数时要包含头文件"ctype.h"。有的 C 编译不遵循 ANSI C 标准的规定，而用其他名称的头文件。请在使用时查阅有关手册。

函 数 名	函 数 原 型	功　　能	返 回 值	说　　明
isalnum	int isalnum (int ch);	检查 ch 是否是字母 (alpha) 或数字	是字母或数字返回 1；否则返回 0	ctype.h
isalpha	int isalpha (int ch);	检查 ch 是否是字母	是，返回 1；不是则返回 0	ctype.h
isdigit	int sidigit (int ch);	检查 ch 是否是控制字符（其 ASCII 码在 0 和 0x1F 之间）	是，返回 1；不是，返回 0	ctype.h
isdigit	int isdigit (int ch);	检查 ch 是否是数字（0～9）	是，返回 1；不是，返回 0	ctype.h
strcat	char * strcat (char * str1, char * str2)	把字符串 str2 接到 str1 后面，str1 最后面的 '\0' 被取消	Str1	string.h
strchr	char * strchr (char *str, int ch);	找出 str 指向的字符串中第一次出现字符 ch 的位置	返回指向该位置的指针，如找不到，则返回空指针	string.h
strcmp	int strcmp (char * str1, char *str2)	比较两个字符串 str1、str2	str1<str2，返回负数；str1=str2，返回 0；str1>str2，返回正数	string.h
strcpy	char * strcpy (char * str1，char * str)	把 str2 指向的字符串拷贝到 str1 中	返回 str1	string.h
strlen	unsigned int strlen (char * str);	统计字符串 str 中字符的个数（不包括终止符 '\0'）	返回字符个数	string.h
strstr	char * strstr (char * str1, char * str2);	找出 str2 字符串在 str1 字符串中第一次出现的位置（不包括 str2 的串结束符）	返回该位置的指针。如找不到，返回到空指针	string.h
tolower	int tolower (int ch);	ch 字符转换为小写字母	返回 ch 所代表的字符的小写字母	ctype.h
toupper	int toupper (int ch);	将 ch 字符转换成大写字母	与 ch 相应的大写字母	

3. 输入输出函数（包括文件处理函数）

ANSI C 标准要求在使用这些函数时要包含头文件"stdio.h"。

clearerr	void clearer (FILE * fp);	清除文件指针错误指示器	无	
fclose	int fclose (FILE * fp);	关闭 fp 所指的文件，释放文件缓冲区	有错则返回非 0，否则返回 0	
feof	int feof (FILE * fp)	检查文件是否结束	遇文件结束符返回非 0，否则返回 0	
fgetc	int fgetc (FILE * fp)	从 fp 所指定的文件中取得下一个字符	返回所取的字符。若读入出错，返回 EOF	
fgets	char * fgets (char * buf, int n, FILE * fp)	从 fp 指向的文件读取一个长度为 n−1 的字符串，存入起始地址为 buf 的空间	返回地址 buf，若遇到文件结束或出错，返回 NULL	

（续）

fopen	FILE * fopen (char * filename, char * mode);	以 mode 指定的方式打开名为 filename 的文件	成功，返回一个文件指针（文件信息区的起始地址），否则返回 0	
fprintf	int fprintf(FILE*fp, char*format, args, …);	把 args 的值以 format 指定的格式输出到 fp 所指定的文件	实际输出的字符数	
fpuct	int fpuct (char ch, FILE * fp);	将字符 ch 输出到 fp 所指向的文件中	若成功，则返回该字符；否则返回非 0	
fputs	int fputs(char * str, FILE * fp);	将 str 指向的字符串输出到 fp 所指定的文件中	成功，则返回 0，若出错，则返回非 0	
fread	int fread(char*pt, unsigned size,unsigned n,FILE * fp);	从 fp 所指定的文件中读取长度为 size 的 n 个数据项，存到 pt 所指向的内存区	返回所读取的数据项个数，如遇文件结束或出错，则返回 0	
fscanf	int fscanf (FILE * fp, char format, args,…);	从 fp 所指定的文件中按 format 给定的格式将输入的数据送到 args 所指向的内存单元（args 是指针）	返回已输入的数据个数	
fseek	int fseek (FILE * fp, long offset, int base);	将 fp 所指向的文件的位置指针移到以 base 所指出的位置为基准、以 offset 为位移量的位置	成功，返回当前位置，否则返回 −1	
ftell	long ftell (FILE * fp);	返回 fp 所指向的文件中的读写位置	返回 fp 所指向的文件的读写位置	
fwrite	int fwtite (char * prt, unsigned n, FILE * fp);	把 prt 所指向的 n * size 个字节输出到 fp 所指向的文件中	返回写到 fp 文件中的数据项的个数	
getc	int getc (FILE * fp);	从 fp 所指向的文件中读入一个字符	成功，则返回所读字符，若文件结束或出错，返回 EOF	
getchar	int getchar (void);	从标准输入设备读取下一个字符	若成功，返回所读字符，若文件结束或出错，则返回 −1	
printf	int printf (char * format, args,…);	按 format 指向的格式字符串所规定的格式，将输出表列 args 的值输出到标准输出设备上	若成功，则输出字符的个数。若出错，则返回负数	format 可以是一个字符串，或字符数组的起始地址
putc	int putc (int ch, FILE * fp);	把一个字符 ch 输出到 fp 所指的文件中	若成功，输出字符 ch。若出错，返回 EOF	
putchar	int putchar (char ch);	把字符 ch 输出到标准输出设备上	若成功，输出字符 ch。若出错，返回 EOF	
puts	int puts (char * str);	把 str 指向的字符串输出到标准输出设备上，将 '\0' 转换，并回车换行	若成功，则返回换行符。若失败，返回 EOF	
rename	int rename (char * oldname, char * newname);	把由 oldname 所指示的文件改为由 newname 所指向的文件名	成功返回 0，出错返回 −1	

（续）

rewind	void rewind (FILE * fp);	将 fp 指示的文件中的位置指针置于文件开头位置，并清除文件结束标志和错误标志	无
scanf	int scanf (char * format, args,…);	从标准输入设备按 format 指向的格式字符串所规定的格式，输入数据给 args 所指示的单元	若成功，则返回读入并赋给 args 的数据个数。遇文件结束时返回 EOF，出错时，返回 0	args 为指针

4. 图形显示函数

使用图形显示函数时，必须在源程序前包含头文件 graphics.h。

initgraph	Void far Initgraph(int far *driver, int far *mode,char far *pathtodriver);	按照指定的参数初始化图形系统	无
closegraph	Void far Closegraph(void);	关闭图形系统，还原到文本系统	无
setbkcolor	Void far Setbkcolor(int color);	按参数 color 设置当前的背景颜色	无
setcolor	Void far Setcolor(int color);	按参数 color 设置当前的画笔颜色	无
setlinestyle	Void far Setlinestyle(Int linestyle, unsigned upattern, int thickness);	按参数设置当前直线的类型、宽度和样式	无
line	void far line(int x1, int y1, int x2, int y2);	以当前的设置从点（$x1, y1$）到点（$x2, y2$）画一条直线	无
lineto	void far lineto(int x, int y);	以当前的设置从当前点到点（x, y）画一条直线	无
moveto	void far moveto(int x,int y);	将当前的画笔点移至点（x, y）	无
circle	void far circle(int x ,int y, int radius);	以点（x, y）为圆心，以 radius 为半径画一个圆	无
rectangle	void far rectangle (int left,int top int right, int bottom)	按照给定参数画一个矩形	无
arc	void far arc (int x,int y,int stangle, int endangle,int radius);	以点（x, y）为圆心，以 radius 为半径，起始角度为 stangle，终止角度为 endangle 画一个圆弧	无
outtext	void far outtext (char *text-string);	在当前点输出一个字符串	无
outtextxy	void far outtextxy(int x, int y, char far *textstring);	在点（x, y）处输出一个字符串	无

5. 其他实用函数

数的转换函数、存储分配函数等一般实用函数的原型包含在 stdlib.h 中，使用这些函数时，必须在源程序前包含头文件 stdlib.h。

atoi	int atoi(const char *s);	将字符串转换为整数	返回字符串转换后的整数值，如不能转换，则返回 0	整数为十进制
Atof	Double atof(const char *s);	将字符串转换为浮点数	返回字符串转换后的浮点数，如不能转换，则返回 0	math.h stdlib.h

（续）

Atol	Long atoll(const char *s);	将字符串转换为长整数	返回字符串转换后的长整数，如不能转换，则返回 0	
Itoa	Char *itoa(int value, char *string,int radix);	将整数转换为 radix 进制的字符串	返回转换后字符串存放的首地址	转换后的结果在 string 所指向的内存空间中
ltoa	Char *ltoa(long value, Char *string, int radix);	将长整数转换为 radix 进制的字符串	返回转换后字符串存放的首地址	转换后的结果在 string 所指向的内存空间中
Ecvt	Char *ecvt(double value, int ndig, int *dec, int *sign);	将一个浮点数转换为字符串	返回转换后字符串存放的首地址	ndig 里存放转换字符串的位数；dec 所指单元存放的是整数位数；*sign 为 0，表示正数；为 1，表示负数
Malloc	void *malloc(size_t size);	为程序分配 size 字节的内存	返回新分配内存的首地址，如果分配失败，返回 NULL	alloc.h stdlib.h
Free	void free(void *block);	释放由 malloc 分配的内存		释放的指针一定是由 malloc 分配的非空指针

参 考 文 献

[1] 周纯杰，刘正林，等. 标准 C 语言程序设计及应用 [M]. 武汉：华中科技大学出版社，2005.

[2] 谭浩强. C 语言程序设计 [M]. 北京：清华大学出版社，1999.

[3] 秦友淑，曹化工. C 语言程序设计教程 [M]. 武汉：华中科技大学出版社，2002.

[4] 张长海，陈娟. C 语言程序设计 [M]. 北京：高等教育出版社，2004.

[5] 林锐，韩永泉. 高质量程序设计指南——C++/C 语言 [M]. 北京：电子工业出版社，2003.

[6] 李春葆. 数据结构（C 语言篇）——习题与解析 [M]. 北京：清华大学出版社，2002.

[7] Brain W Kernighan，Dennis M Ritchie. THE C PROGRAMMING LANGUAGE（Second Edition）[M]. New Jersey: Prentice-Hall international，Inc，1988.

[8] P J Deitel，H M Deitel. C 大学教程（原书第 5 版）[M]. 北京：电子工业出版社，2010.

[9] 教育部考试中心. 全国计算机等级考试：二级考试参考书——C 语言程序设计 [M]. 北京：高等教育出版社，2003.

[10] 陈学德，陈玲，陈珠海. 实用 C 程序设计教程 [M]. 北京：机械工业出版社，1994.

[11] 田淑清. 全国计算机等级考试二级教程——C 语言程序设计 [M]. 北京：高等教育出版社，2002.

[12] 裘宗燕. 从问题到程序——程序设计与 C 语言引论 [M]. 北京：北京大学出版社，1999.

[13] 网冠科技. C 语言时尚编程百例 [M]. 北京：机械工业出版社，2004.

[14] 周必水. C 语言程序设计 [M]. 北京：科学出版社，2004.

[15] 王士元. C 高级实用程序技术 [M]. 北京：清华大学出版社，1996.

[16] Bjarne Stroustrup. C++ 程序设计语言 [M]. 裘宗燕，译. 北京：机械工业出版社，2010.

[17] Bruce Eckel，Chuck Allison. C++ 编程思想 [M]. 刘宗田，袁兆山，潘秋菱，等译. 北京：机械工业出版社，2011.

[18] 杨明军，董亚卓，汪黎. C++ 实用培训教程 [M]. 北京：人民邮电出版社，2002.

[19] 林锐，韩永泉. 高质量程序设计指南：C++/C 语言 [M]. 3 版. 北京：电子工业出版社，2012.

[20] Scott Meyers. 改善程序与设计的 55 个具体做法（原书第 5 版）[M]. 侯捷，译. 北京：电子工业出版社，2011.

[21] Stanley B Lippman，Josee Lajoie，Barbara E Moo. C++ Primer（原书第 5 版）[M]. 王刚，杨巨峰，译. 北京：电子工业出版社，2013.

推荐阅读

云计算：概念、技术与架构

作者：Thomas Erl 等 译者：龚奕利 等 ISBN：978-7-111-46134-0 定价：69.00元

> "我读过Thomas Erl写的每一本书，云计算这本书是他的又一部杰作，再次证明了Thomas Erl选择最复杂的主题却以一种符合逻辑而且易懂的方式提供关键核心概念和技术信息的罕见能力。"
>
> —— Melanie A. Allison，Integrated Consulting Services

本书详细分析了业已证明的、成熟的云计算技术和实践，并将其组织成一系列定义准确的概念、模型、技术机制和技术架构。

全书理论与实践并重，重点放在主流云计算平台和解决方案的结构和基础上。除了以技术为中心的内容以外，还包括以商业为中心的模型和标准，以便读者对基于云的IT资源进行经济评估，把它们与传统企业内部的IT资源进行比较。